中国陆上深层大油气田形成与分布

胡素云　王铜山　等著

石油工业出版社

内 容 提 要

本书立足中国陆上重点含油气盆地，聚焦深层油气的生烃与成藏两大科学问题，通过分析深层油气藏的形成条件，研究深层大油气田形成主控因素与分布规律，预测中国陆上深层油气勘探前景。

本书可作为高等院校地质资源与地质工程、资源勘查工程、石油工程等专业的参考辅助教材，并可供从事油气勘探开发工作的科研和生产技术人员参考阅读。

图书在版编目（CIP）数据

中国陆上深层大油气田形成与分布 / 胡素云等著. —北京：石油工业出版社，2019.7
ISBN 978-7-5183-3432-2

Ⅰ．① 中… Ⅱ．① 胡… Ⅲ．① 陆相油气田 – 油气藏形成 – 研究 – 中国 ② 陆相油气田 – 油气藏 – 分布规律 – 研究 – 中国 Ⅳ．① P618.130.2

中国版本图书馆 CIP 数据核字（2018）第 101696 号

审图号：GS（2020）4264 号

出版发行：石油工业出版社
　　　　　（北京安定门外安华里 2 区 1 号　100011）
　　　　　网　址：www.petropub.com
　　　　　编辑部：（010）64523543　图书营销中心：（010）64523633
经　销：全国新华书店
印　刷：北京中石油彩色印刷有限责任公司

2020 年 7 月第 1 版　2020 年 7 月第 1 次印刷
787×1092 毫米　开本：1/16　印张：12.5
字数：240 千字

定价：100.00 元
（如出现印装质量问题，我社图书营销中心负责调换）
版权所有，翻印必究

《中国陆上深层大油气田形成与分布》
编写人员

胡素云	王铜山	汪泽成	刘　伟	徐安娜	姜　华
李秋芬	江青春	谷志东	石书缘	黄擎宇	赵振宇
王　坤	秦胜飞	方　杰	李永新	陈燕燕	马　奎
鲁卫华	徐兆辉	白　斌	何登发	何幼斌	李　军
赵　霞	翟秀芬	张月巧	薄冬梅	袁　苗	付　玲
林　潼	孙琦森				

前 言

随着油气勘探的进行，含油气盆地的中浅层勘探已很难获得大的突破，深层油气勘探对油气田区增储稳产具有重要的意义。近些年来世界油气勘探向深部扩展已成趋势，同时高温超深油气藏的发现挑战了传统油气地质认识。开展深层油气地质研究，具有重要的学术意义，更具有重大的社会经济价值。

本书立足四川盆地，兼顾塔里木、鄂尔多斯等中国陆上重点含油气盆地近年来在深层油气方面的勘探研究及最新进展，系统分析并总结了深层油气田的形成条件、分布规律与主控因素，预测中国陆上深层油气的勘探前景，为深层油气勘探突破、规模增储提供理论认识指导与技术支撑。重点针对深层古老烃源岩生烃机理、古老地层跨构造期成藏与油气富集规律、膏盐岩—碳酸盐岩共生组合与盐下油气成藏潜力、深层油气田形成主控因素与分布规律、深层重大接替领域等内容开展分析与论述。初步得出深层大油气田形成与分布的地质认识，即两类源灶充分供烃、三大岩性规模成储、"三古"源控优势聚集、跨重大构造期成藏。

全书分为五章，第一章由胡素云、王铜山、徐兆辉、赵霞等编写；第二章由王铜山、李永新、秦胜飞、陈燕燕、马奎、方杰等编写；第三章由刘伟、江青春、石书缘、李秋芬、黄擎宇、王坤、赵振宇、何幼斌、张月巧、翟秀芬、白斌等编写；第四章由王铜山、刘伟、姜华、薄冬梅、何登发等编写；第五章由汪泽成、徐安娜、江青春、谷志东、石书缘、徐兆辉、鲁卫华、李军、袁苗、付玲、林潼、孙琦森等编写。全书由胡素云、王铜山统一定稿。

赵文智院士、高瑞祺教授、顾家裕教授、罗平教授、张宝民教授等专家对书稿编写及审查提出了宝贵建议，在此一并表示衷心的感谢。

由于深层油气勘探研究的复杂性，加之编者水平有限，书中尚有诸多不妥之处，敬请广大读者批评指正。

目 录

第一章 绪论 … 1

第一节 全球深层油气田勘探及地质特征 … 1
一、深层定义 … 1
二、全球深层油气田勘探与分布 … 1
三、全球深层油气田形成条件 … 6

第二节 中国陆上深层油气田勘探与挑战 … 8
一、中国深层油气田勘探历史及现状 … 9
二、中国深层油气勘探趋势 … 10
三、中国深层油气地质特征 … 11
四、中国深层油气勘探问题与挑战 … 16

第二章 深层烃源岩及成烃机理 … 19

第一节 深层油气烃源灶类型及特征 … 19
一、常规烃源灶 … 19
二、液态烃裂解型源灶 … 22

第二节 中—新元古界烃源岩及成烃机理 … 27
一、中—新元古界烃源岩分布 … 28
二、中—新元古界烃源岩成烃机理 … 30

第三节 咸化环境烃源岩及成烃机理 … 40
一、膏盐岩及碳酸盐岩组合发育优质烃源岩 … 41
二、咸化环境成烃机理 … 44

第四节 煤成气新模式 … 46

第三章 深层储层的形成机制 … 50

第一节 深层碳酸盐岩成储机制 … 50
一、优势沉积相叠加后期建设性成岩作用 … 50

二、膏盐岩与碳酸盐岩组合储层 ……………………………………………… 55

　　三、微生物岩叠加储层 …………………………………………………… 74

　第二节　深层碎屑岩成储机制 ………………………………………………… 84

　　一、三种孔隙保持机制 …………………………………………………… 84

　　二、高温高压下砂岩快速溶蚀 …………………………………………… 87

　　三、断裂及裂缝改善孔隙 ………………………………………………… 88

　第三节　深层火山岩成储机制 ………………………………………………… 89

　　一、陆上火山岩分布及两类有效储层 …………………………………… 89

　　二、四级内幕结构控制下的储层储集空间类型 ………………………… 93

第四章　深层大油气田的形成与分布 …………………………………………… 98

　第一节　深层大油气田形成条件 ……………………………………………… 98

　　一、烃源灶的充分性 ……………………………………………………… 98

　　二、储层的规模性与有效性 ……………………………………………… 99

　　三、输导体系有效性与输配规模性 …………………………………… 103

　　四、盖层的封闭性与有效性 …………………………………………… 106

　第二节　深层油气跨构造期成藏机制 ……………………………………… 110

　　一、石油跨构造期成藏 ………………………………………………… 110

　　二、天然气跨构造期成藏 ……………………………………………… 113

　　三、川西复杂构造带天然气跨构造期成藏 …………………………… 118

　第三节　深层油气成藏模式 ………………………………………………… 125

　　一、深层碳酸盐岩油气成藏模式 ……………………………………… 125

　　二、深层碎屑岩油气大面积成藏模式 ………………………………… 128

　　三、深层火山岩油气近源成藏模式 …………………………………… 131

　第四节　深层碳酸盐岩大油气田分布规律 ………………………………… 132

　　一、深层油气分布具有源控性 ………………………………………… 133

　　二、古隆起及斜坡、古台缘、古断裂带控藏 ………………………… 136

　　三、深层多勘探黄金带 ………………………………………………… 140

第五章　中国陆上深层油气田勘探展望 ……………………………………… 144

　第一节　中国陆上深层油气勘探前景 ……………………………………… 144

　　一、深层油气资源潜力 ………………………………………………… 144

二、深层油气勘探前景 ·················· 145

　第二节　深层油气有利勘探领域 ·················· 148

　　一、膏盐岩—碳酸盐岩组合 ·················· 149

　　二、中—新元古界 ·················· 150

　　三、冲断带深层多层系 ·················· 155

　第三节　深层油气地质评价技术 ·················· 157

　　一、深层油气资源经济性评价技术 ·················· 158

　　二、深层油气勘探有利区带评价技术 ·················· 164

　　三、典型地区有利勘探区带评价 ·················· 168

参考文献 ·················· 178

图版 Ⅰ ·················· 185

图版 Ⅱ ·················· 186

图版 Ⅲ ·················· 187

第一章　绪　论

随着油气能源供给压力和能源安全风险日益增大，油气勘探向深层和超深层扩展已成为必然趋势。近年来，随着勘探开发技术的完善，分布于深海、深层、极地等极端环境下的油气藏被确定为勘探开发的主要方向，深层油气勘探发现了一批大、中型油气田。与中浅层油气相比，深层油气成藏理论不够成熟，系统总结深层油气藏的地质认识，加强深层油气地质研究，推动深层油气勘探发展，才能满足国内油气资源供给的基础地位。

第一节　全球深层油气田勘探及地质特征

深层油气田勘探尽管起步晚，但是在全球各含油气盆地均取得重大的发现及突破，油气产量逐年递增。深层油气田的形成条件有别于中浅层，随着深层油气勘探工作的开展，地质总结及勘探技术的不断进步，深层油气储量将会大幅度提高。

一、深层定义

关于深层的定义，国际上尚没有严格的标准，不同国家、不同机构对深层的定义并不相同（谯汉生等，2000；国土资源部，2005；赵文智等，2014；张光亚等，2015）。俄罗斯将勘探深度大于4000m定义为深层，美国和巴西将勘探深度超过4500m定义为深层，道达尔公司将深度超过5000m定义为深层。2005年，国内全国矿产储量委员会颁发的《石油天然气储量计算规范》，将埋深3500～4500m定义为深层，大于4500m定义为超深层；中国钻井工程采用埋深介于4500～6000m之间为深层、大于6000m为超深层这一标准。基于国内东、西部地区温压场的变化以及勘探实践，将东部地区埋深在3500～4500m的地层定义为深层，大于4500m为超深层；将西部地区埋深在4500～6000m的地层定义为深层，大于6000m定义为超深层。深层既有深度概念，又有层系内涵，"深，古老"是基本特点。按照这一定义，国内近年油气勘探获得的重要发现大多属于深层至超深层的范畴。

二、全球深层油气田勘探与分布

（一）深层油气勘探历史及形势

近年来，全球深层油气勘探发现了一批大、中型油气田，然而深层油气勘探可追溯至20世纪50年代。1956年，美国在阿纳达科盆地Carter Knox气田埋深4663m的中奥陶统碳酸盐岩中发现了世界上第一个深层气藏。之后，伴随着深层钻井和完井等技术的突破，1977年，在Mills Ranch气田8097m深处的寒武系—奥陶系Arbuckle群白云岩内发现了气藏。1984年，在意大利Villifortuna Trecate油田6400m深处的三叠系白云岩内发现了油藏。自1980年起，深层油气勘探由陆上逐渐向海域拓展，如1980年在阿拉伯盆地Fateh气田埋深4500m的二叠系Khuff组石灰岩内发现了气藏。目前全球最深的油田是美国Anchor油田，深度大于10000m，探明可采储量44×10^8t；全球最深气田是美国米尔斯兰奇气田，深度7663~8083m，探明可采储量$112\times10^8m^3$。深层油气勘探在墨西哥湾、巴西东部、西非等深水和超深水区及北极地区（俄罗斯蒂曼—伯朝拉盆地）均已取得重大突破（O'Brien、Lerche，1988；Lerche、Lowrie，1992；Aase、Walderhaug，2005；Ehrenberg等，2008；Ajdukiewicz等，2010；翟光明等，2012；Cao等，2013；白国平等，2014）。

全球深层及超深层油、气产量总体逐年增加，目前深层油、气探明储量和产量所占比例均较小，但增长速度较快（图1-1）。近年全球大于6000m超深层发现的油气藏数量明显增加，在海上，2000年以来，大于6000m超深层发现油气田106个；在陆上，2000年以来，大于6000m超深层发现油气田51个。截至2015年底，全球共发现178个埋深大于6000m的工业性油气田（据IHS）。据资源评价初步结果，待发现深层油气资源量为345×10^8t，勘探潜力巨大。2013年IHS统计，深层探明储量原油115.5×10^8t、天然气76×10^8t油当量，分别占全球油气总储量的3.3%和3.2%；其中超深层探明储量原油15×10^8t、天然气6.2×10^8t油当量，分别占深层油、气总储量的13%和8.2%。据2013年Wood Mackenzie等的统计数据（张光亚等，2015），2012年全球在深度大于4500m产层的原油年产量为1.1×10^8t，占全球原油总产量的2.7%，主要产自美国墨西哥湾、哈萨克斯坦、巴西。产层深度大于6000m的原油年产量为0.26×10^8t，占全球总产量的0.63%，主要产自美国的墨西哥湾。2012年，全球深度大于4500m产层的天然气产量为0.77×10^8t油当量，占全球总产量的2.86%，主要产自印度KG盆地D6区，其次是美国墨西哥湾。产层深度大于6000m的天然气年产量为0.25×10^8t油当量，占全球总产量的1%，主要产自印度D6区和阿塞拜疆Shah Deniz气田。

（二）深层油气资源分布

世界深层油气资源主要分布在北美洲的Gulf Coast盆地、Permian盆地、Anadarko盆地、Rocky Mountain盆地、California盆地和Alaska盆地等；中南美洲的Maracaibo盆地、Santa Cruz-Tariji盆地和Sureste盆地；原苏联地区的

(a) 深度大于4500m油气年产量

(b) 深度大于6000m油气年产量

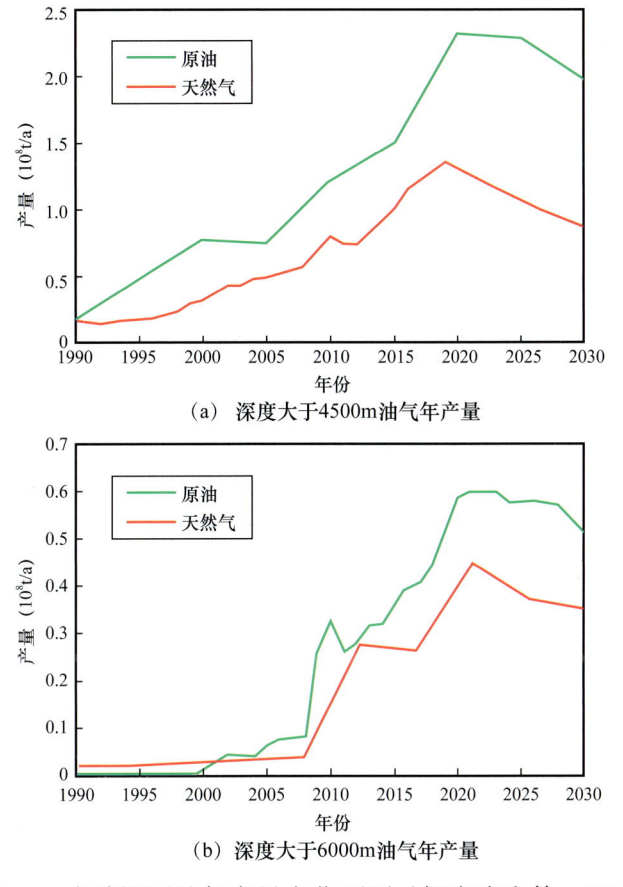

图1-1 全球深层油气产量变化预测（据童晓光等，2014）

Dnieper-Donets 盆地、Vilyuy 盆地、North Caspian 盆地、South Caspian 盆地、Middle Caspian 盆地、Amu-Darya 盆地、Azov-Kuban 盆地和 Fergana Valley 盆地；欧洲的 Po Vally 盆地和 Aquitaine 盆地；中东的 Oman 盆地以及非洲的 Sirte 盆地等（王宇等，2012）。

在全球现已发现的深层油气资源中，据张光亚等（2015）统计数据，在拉美地区已探明的深层油、气储量最多，分别占深层油、气总储量的65%和37%（图1-2）。北美地区油气探明和控制可采储量可达 38.28×10^8t 油当量，绝大部分分布于墨西哥湾的深水和超深水区。中东是深层天然气和凝析油发现最多的地区，大约为 34.20×10^8t 油当量，其中深层天然气56%分布于阿拉伯盆地。从深度和层位看（图1-3），已发现的深层油气储量随深度递减，深层油气田最深超万米，主要发现在4500~5500m的油、气储量分别占深层油、气总储量的80%和84%；中生界和新生界，特别是白垩系、古近系和新近系深层油气储量最集中，其中深部白垩系油、气储量占深层油、气总储量的48%和24%，古近系和新近系占21%和34%。同时，随储层时代变老，深层天然气在深层油气总量中所占的比例增大。

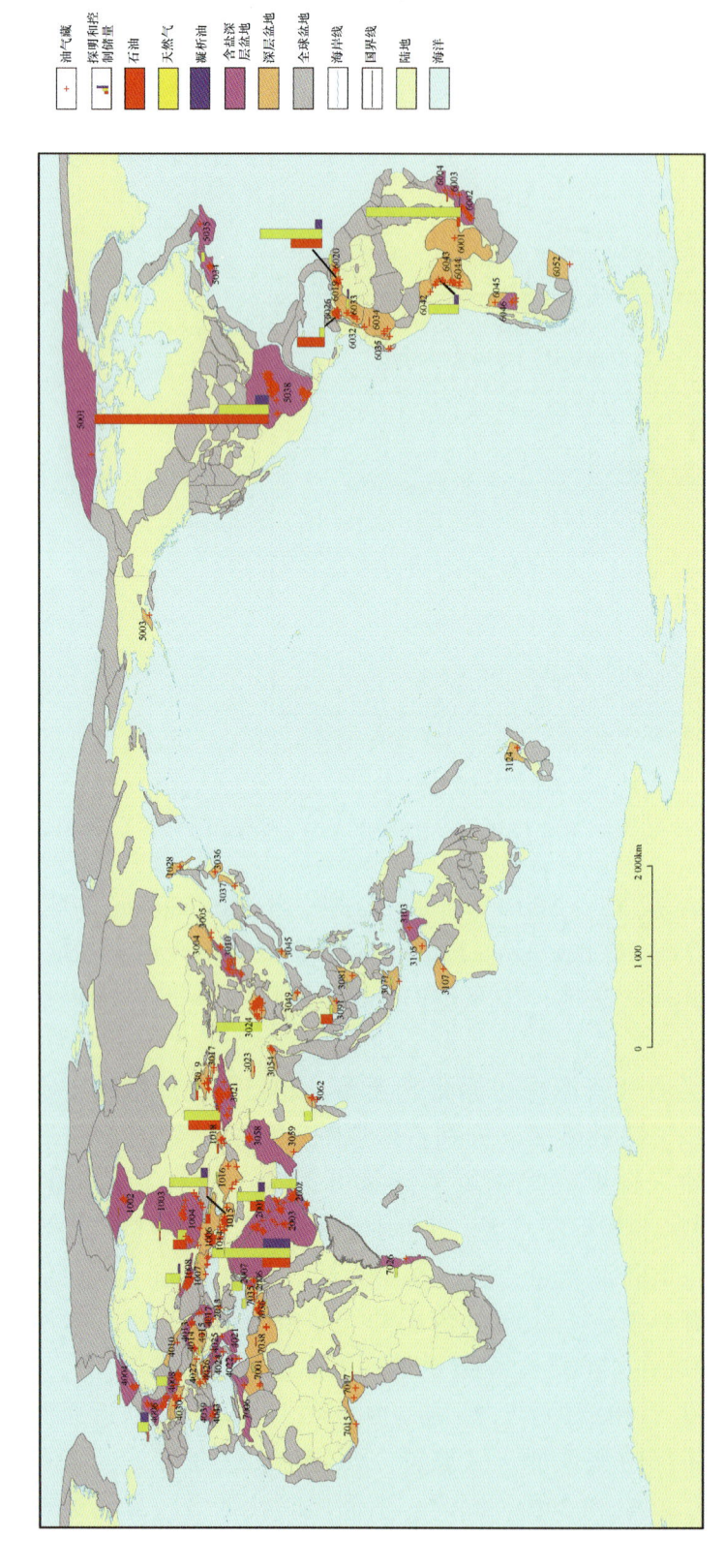

图 1-2 全球深层含油气盆地和深层油气藏分布（据白国平等，2014）

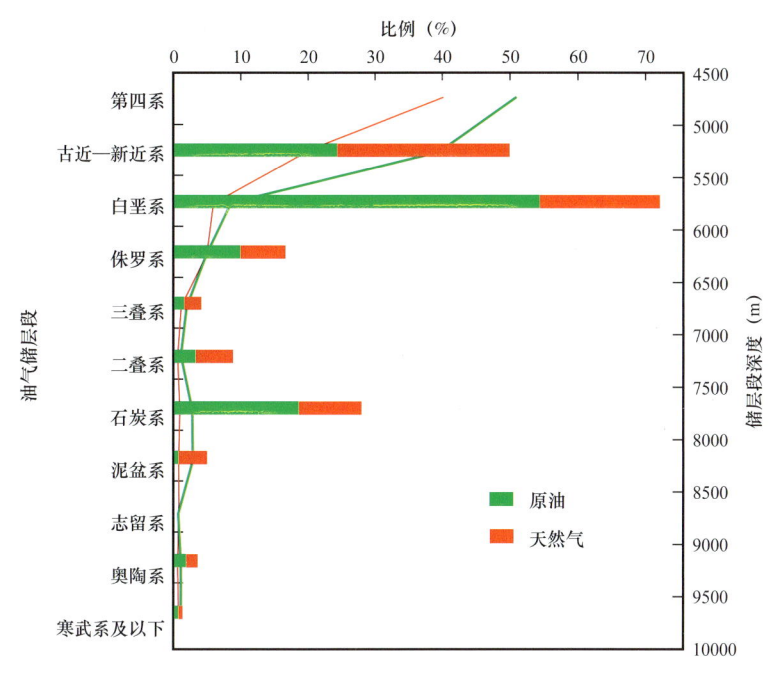

图 1-3 全球深层油气储量分布深度和层系

一般而言，这些盆地一般具有以下几个特征：（1）沉积厚度一般超过 8km，有的盆地沉积厚度甚至可达 20~25km，如 North Caspian 盆地和 South Caspian 盆地沉积厚度达 25km 以上；（2）多为老油气区，多数盆地也发育大量中浅层的油气藏，如美国 Gulf Coast 盆地、原苏联的滨里海盆地等都是著名的含油气区，都经过多年的开发（王宇等，2012）；（3）深部储层多发育在 5500~6000m 以下，其中 Anadarko 盆地 Mills Ranch 气田是目前世界上最深的气田。其最深的产气层是寒武—志留系阿巴克尔组的白云岩层，深度达 7965m；（4）地温梯度较低，并且具有较高的异常压力。

从盆地类型来看，现已发现的深层油气田主要集中在被动陆缘、前陆盆地、克拉通盆地中下组合和裂谷盆地中（表 1-1）。全球被动陆缘盆地深层油气田主要发现于墨西哥湾陆上及深海盆地、巴西桑托斯盆地、东地中海列维坦盆地、澳洲西北陆架布劳斯盆地、非洲尼日尔三角洲盆地、印度东部海域克里希达—格达瓦里盆地等。这些深层油气田主要分布在深水和超深水区，以中生代和新生代的砂岩油气藏为主。克拉通深层油气田主要发现于中东阿拉伯台盆、滨里海盆地盐下、阿姆河盆地盐下、美国二叠盆地等，以生物礁碳酸盐岩储层和地层构造型圈闭为主。前陆盆地深层油气田主要发现于扎格罗斯褶皱带、安第斯前陆马拉开波盆地、东委内瑞拉盆地、查科盆地、南里海盆地、阿纳达科盆地等，以与褶皱及逆冲断层相关的构造圈闭为主，碳酸盐岩和砂岩储层均发育。裂谷盆地深层油气田主要分布在北海中部地堑、维也纳盆地，深层砂岩油气藏具普遍高温高压特征。

表 1-1 全球深层主要油气田勘探领域分布

勘探领域	盆地		储层	储层埋深（m）	典型油气田
克拉通区中下组合	克拉通边缘	阿拉伯台盆区	泥盆系 Juaf 组砂岩	4900	加瓦尔油田
			侏罗系碳酸盐岩	4570~4920	Umm Niqa 气田
		阿姆河	侏罗系生物礁灰岩	4295~4795	Yashlar 气田
	克拉通内	滨里海	盐下石炭系石灰岩	3900~4600	卡沙甘油田
		二叠	志留系碳酸盐岩	4785~5715	Vermejo/moore-Hopper 气田
前陆盆地	扎格罗斯褶皱带		中生界碳酸盐岩	4500~5200	Ramin 油田、Marun 气田
	阿纳达科		志留—泥盆系碳酸盐岩	5395~6001	Mills Rance 气田
	东委内瑞拉		白垩系砂岩	4650	Santa Babara 油田
	查科		泥盆系砂岩	4410~5037	San Alberta 气田
	南里海深水		上新统砂岩	5600~6265	Shah Deniz 气田
被动陆缘盆地	漂移层序	墨西哥苏雷斯特	侏罗—白垩系碳酸盐岩	3900~4720	Bermudez 油田
		墨西哥湾深海	古近系深海浊积砂岩	>8000	Tiber 油田
		克里希达—格达瓦里	白垩系浊积砂岩	4205~5061	Deen Dayal 气田
	裂谷层序	布劳斯	中侏罗统砂岩	5012	Poseidon 1 油田
		巴西桑托斯	白垩系介壳灰岩	4900	Lula 油田
裂谷盆地	北海盆地中部地堑		侏罗系砂岩	5350~5630	Elgin-Franklin 气田
	九龙盆地基岩		中生界基岩裂缝	4500~5500	Bach Ho 油田

三、全球深层油气田形成条件

中浅层油气勘探总结的油气地质理论与认识，在进行指导深层油气勘探受到了很大的限制。经典石油地质理论认为（Tissot、Welte，1978；赵文智等，2005），世界上绝大部分已发现的石油均存在于"液态窗"内（温度范围65.5~149℃），高于此温度石油将被天然气所取代。然而深层油气勘探证实石油存在的温度已远远越过了上述界限（妥进才等，1999），如北海油田、美国华盛顿油田、巴尔湖油田、墨西哥湾盆地的帕拉顿、列依克、别尔油田及波斯湾 Marun 油田，甚至俄罗斯滨里海盆地布拉海油藏在 295℃下仍有液态烃聚集。深层油气田勘探总结的经验和理论能够更好地指导油气勘探，使得深层油气藏的生成、运移、保存及其分布规律得到更全面的认识，促进了深层油气相关理论研究的迅速发展。

截至目前，许多学者对深层油气勘探已做了较多的研究（赵文智等，2007；刘文汇等，2009；庞雄奇等，2010），主要集中在以下几个方面：深层油气的温度、深层油气形成的物质基础、深层油气的稳定性、控制深部储层物性的主要因素、异常高压对油气成藏的影响以及对典型深部油气田（藏）石油地质条件的分析。通过对世界多个深层盆地油气藏地质要素的分析表明，深层油气田的形成需要具备以下条件。

（一）优质的烃源岩

同中浅层油气的形成一样，深层油气藏的形成同样需要具备一定含量有机质的烃源岩作为成烃的物质基础。深层烃源岩的存在，是深层油气藏形成不可缺少的条件。超深层烃源岩的有机碳含量仍然很高，且含油气盆地超深层烃源岩分布范围也很大，岩性主要为陆源碎屑岩和碳酸盐岩，有机碳含量介于 0.25%～6% 之间。超深层烃源岩有机碳含量主要受控于烃源岩的沉积相及其中的有机质，与烃源岩的埋藏深度没有关系。超深层烃源岩的成熟度除受温度和压力的影响外，还与盆地沉积速率有关。晚期快速沉积与沉积速率基本不变的沉积相比，其烃源岩的成熟期较晚，生烃速率也较大。

（二）良好的储盖组合

深部储集体存在多种类型，有孔隙型、裂缝型、溶洞—裂缝型、孔隙—裂缝型及其他类型的碎屑岩和碳酸盐岩储集体。与一般深度的储层相比，超深层油气藏储层的孔隙度并不低，但以次生孔隙为主；与一般的油气藏相比，储层物性除了受压力和温度的控制外，还受到应力的影响。超压环境下，压实、胶结和溶解作用降低，从而使得超深层的储层具有相对高孔高渗的储集性能。在超深层油气藏中，气藏、凝析气藏所占的比例明显上升。有利的沉积相带、表生风化淋滤作用、成岩作用中胶结物溶解和白云岩化作用、异常高压、早期油气充注、裂缝发育均可在深部形成优质储层并接受油气充注。

在深部储层中，由于埋深大，温度较高，油气稳定性较差，在长时间的地质作用过程中易向上散失或裂解成气，所以，具备良好的储盖组合，尤其是区域性盖层的存在是深层油气保存的关键控制因素。超深层油气藏的优质盖层主要为盐岩和泥岩。盐岩致密并且易变形，有很强的韧性，是超深层油气藏特别是大型油气藏的最优质盖层，如滨里海盆地的田吉兹油田（黄娟等，2016）。如果盆地存在优质的盖层，有可能随埋深的增大，油气藏规模越大。

（三）异常压力

世界深层油气的统计表明，在深层油气藏聚集地区异常高压的发育比较普遍，超压对深层烃源岩热演化和储层孔渗条件都有重要的控制作用（Hunt，1990；Caillet 等，1997；Wilkinson 等，1997；何海清等，1998；郝芳等，2002；Hao 等，2007；冯佳睿等，2016）。异常压力的增大可以明显抑制有机质热演化和油气生成作用，使得传统模式已经进入准变质作用阶段的深层烃源岩，可能仍保持在有利的生烃、排烃阶段，成为深层油气聚集的有效烃源岩。超压的发育能够更好地保持深层储层孔隙度和渗透率，超压系统的有效应力降低，导致压实作用减弱并抑制了压溶作用，使得深部储层具有较高的孔隙度和渗透率，从而为深层油气聚集提供了较好的储集条件。

（四）有利的盆地构造背景

大地构造背景控制盆地的发育、类型以及沉积相带的充填，从而控制深层油气烃源岩和储盖组合，特殊的大地构造背景形成特殊的油气藏类型（李江海等，2014）。被动陆缘、前陆盆地、克拉通盆地中下组合和裂谷盆地是深层油气田发育的有利盆地类型，因为：（1）能够形成较厚的沉积层，具备深层油气生成和保存的物质条件；（2）容易形成异常高压，抑制烃类的生成和排出，使得生油窗深度下降，且储层中超压的存在还能使储层保持较好的孔渗条件；（3）这两种类型的盆地深部容易形成大量的裂缝和破裂，增加储层的孔隙度和渗透率，有利于油气的排出和运聚；（4）在裂谷盆地和前陆盆地有利于大量构造圈闭的形成，尤其是与断层相关的和与背斜相关的构造发育，形成良好的圈闭条件。

现今，深层油气田所占油气总储量的比例越来越高。在美国，深层发现的油气田的平均储量已经超过中、浅层油气田。在俄罗斯，深层与中、浅层的平均油气储量基本相等（石昕等，2005）。可以预见，随着深层油气勘探工作的开展，技术的不断进步，深层油气总储量将会大幅度地提高。

第二节　中国陆上深层油气田勘探与挑战

中国深层油气勘探刚刚起步，近年来陆上油气勘探不断向深层—超深层拓展，发现了一系列大油气田，展示出巨大的油气勘探潜力，同时，在深层油气生成与保存条件、储层形成机理、勘探潜力与油气资源评价及勘探工程技术方面取得了一系列新认识、新进展。但深层油气地质研究还不完善，尚未形成可以直接指导油气勘探生产的理论认识，关键地质问题与勘探评价技术尚处在探索之中，亟须研究解决。

一、中国深层油气田勘探历史及现状

中国深部油气藏的勘探始于 20 世纪七八十年代。1966 年国内打了第一口深井松辽盆地松基 6 井（4719m），1976 年打了第一口超深井女基井（6011m），1978 年打了关基井（7175m）。这些宝贵的深井资料蕴含了重要的深部信息，为国内深层油气地质认识打下了坚实的基础。

20 世纪 80 年代末，随着东部主力油田逐渐进入开发中后期，石油地质学家开始将目光聚焦到深层领域（周世新等，1999；张之一，2005；邱中建等，2009），持续开展了攻关研究。在此期间在东北及塔里木盆地经过了几次勘探会战，在沙参 2 井、克拉 2 井等取得了突破，发现了轮南、塔中、东河塘、哈德逊等优质整装油田。深层油气勘探潜力逐渐被勘探家重视，相关理论认识得到了较快发展。

进入 21 世纪，随着国家能源需求的不断增长和中浅层油气产量的衰竭，深层油气作为增储上产的重要接替领域，在油气工业发展中的地位日显重要，国家和各油公司都加大了深层油气地质研究和勘探生产支持度。国家设立多个"973"项目和国家重大油气专项，有力推动了深层油气地质学科的发展。这一阶段，油气地质研究的科技工作者相继提出了一系列对深层油气勘探有重要指导意义的理论认识。如烃源岩研究方面提出的有机质"接力生气"理论、高过成熟烃源岩"双峰式"生烃理论模型、海相烃源岩多元生烃理论认识等（汪泽成等，2002；赵文智等，2005；戴金星等，2008；王兆云等，2009；刘文汇等，2009，2012）。储层研究方面提出的顺层岩溶和层间岩溶作用是古老碳酸盐岩层系规模有效储层重要的成因机制，特定地质条件下深层碎屑岩发育异常高孔隙段和次生孔隙带、火山岩发育原生型和次生风化型两种类型有效储层等。油气成藏研究方面提出的递进埋藏与退火受热耦合，液态窗可以长期保持；源灶的多期性、储层发育的多阶段性、油气多期成藏与晚期有效性，叠合盆地深层具有多个勘探"黄金带"；叠合盆地深层油气复合成藏机制以及海相层系油气成藏具有"源盖控烃，斜坡枢纽控聚"的成藏特征等，大大丰富了深层油气地质学学科内涵。与此同时，针对深层油气勘探多部学术著作相继问世，其中代表性著作有《中国深盆气田》《中国东部深层石油地质》《深部流体活动及油气成藏效应》等（谯汉生，2002；王涛，2002；金之钧等，2007；罗晓容等，2016）。这些专著从不同角度，研究总结了中国深层油气发育地质条件、油气生成与演化、大中型深层油气田成藏模式与分布规律等。

近些年来，深层油气勘探在中国重点含油气盆地获得了一系列重大突破，不断有油气发现。在塔里木盆地发现轮南、塔河、塔中等海相碳酸盐岩大油气区及大北、克深等陆相碎屑岩大气田（金之钧，2005；康玉柱，2008；邱中建等，2009；朱光有等，2010；赵政璋等，2011；赵文智等，2012；徐春春等，2017）。东河塘油田深度最大，油藏最大埋深达6130m，获得探明储量$3251×10^4$t。此外，牙哈油田、桑塔木油田、羊塔克油田、塔河油田、羊塔克气田均包含超过5000m深度的储层。准噶尔盆地石西油田石炭系火山岩（王京红等，2011）油藏最大埋深为4530m，在西北缘克拉玛依油田、车排子油田、玛北油田、南缘的呼图壁气田、卡因迪克油田及腹部的莫索湾凸起、莫北凸起深层不断有油气新发现，油气藏埋深多处于3500～4000m。2016年发现的顺北油田，资源量达到$17×10^8$t，其中石油$12×10^8$t、天然气$5000×10^8m^3$，平均埋藏深度超7300m，具有超深、超高压、超高温的特点，是国内深层油气勘探的重大突破。在四川盆地也先后发现了普光、龙岗、高石梯等碳酸盐岩大气田（黄籍中等，1993；宋文海，1996；马永生等，2007；刘树根等，2008；孙龙德等，2013；魏国齐等，2013；杜金虎等，2014）。五百梯气田主要储层为石炭系黄龙组中部的白云岩（沈平等，1998；郑荣才等，2014），最大埋深4595m，为一个大型地层—构造复合圈闭气藏，探明储量$587.11×10^8m^3$。国内最深的含气构造就位于四川盆地的老君庙，深度达7153.5～7175m。鄂尔多斯盆地靖边气田主要储层为奥陶系马家沟组马五段，部分位于3500m以下的深层，气藏最大埋深已达3600m。渤海湾盆地于1977年已开始进行深层油气藏的勘探，隶宁油田宁古1白云岩潜山中获得$73×10^4$t的地质储量，其最大埋深为5300m。现今已发现深层油气藏数目超百个，探明的石油地质储量超$2×10^8$t。松辽盆地深层主要是指泉头组以下地层，埋深通常超过3000m，如徐家围子断陷北部西翼斜坡带的昌德气田，气藏埋深已接近3600m。近年来，在松辽盆地深层火山岩天然气勘探获得一系列突破，徐家围子断陷徐深1井、卫深5井、肇深10井、汪深1井日产均超过$10×10^4m^3$，一个上千亿立方米储量的气田已初具规模。

二、中国深层油气勘探趋势

现如今，国内陆上油气勘探深度不断向深层—超深层拓展，东部地区在4500m以下、西部地区在6000m以下均获得重大勘探突破，油气勘探深度整体下延1500～2000m，深层已成为中国陆上油气勘探重大接替领域。以中国石油为例，从探井平均井深看，从2000年的平均2296m增加到2018年的3190m，增加了894m。其中东部地区探井深度持续增大，已突破6000m，如2011年牛东1井已达6027m。而中西部地区探井深度增幅明显，已突破8000m，如2010年克深7井达8023m，2018年五探1井达8060m。自2000年以来，中国石油深层新增油气储量的比例不断攀升，2010年前深层石油储量占比平均为6.8%，2010年以来其占比增至13.4%；2010年前深层天然气储量占比平均为31.6%，2010年以来，其占比增至57.2%（图1-4）。

国内陆上深层油气勘探正处于突破发现期，更多的深部油气田还有待勘

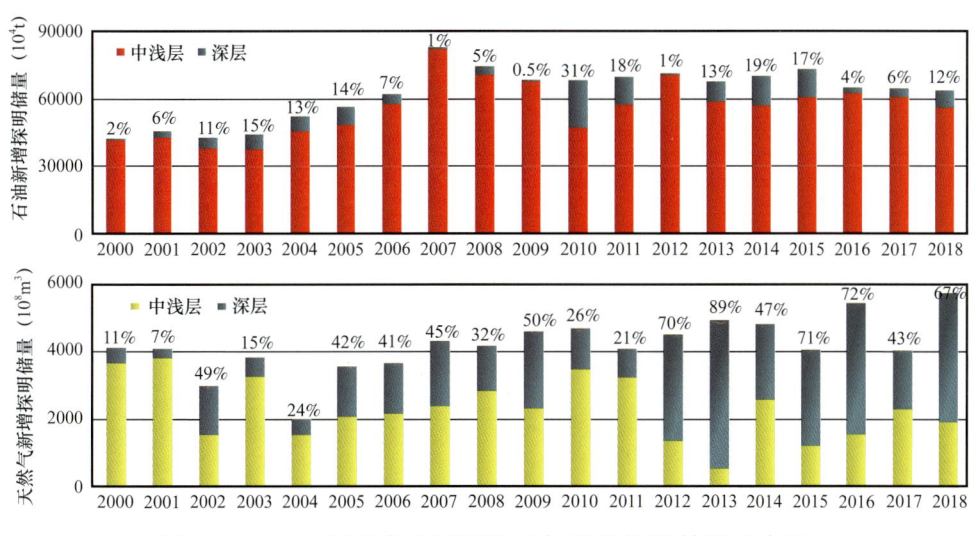

图 1-4　2000 年以来中国石油油气新增探明储量分布图

探和开发。以中国石油为例,近期深层油气勘探获得 14 项重要发现,其中石油 5 项、天然气 9 项。在碳酸盐岩领域,发现了塔里木盆地塔北和塔中两个超 $5×10^8$t 储量区、四川盆地龙岗礁滩超 $3000×10^8$m³ 储量区;在碎屑岩领域,发现了塔里木盆地库车万亿立方米大气区、松辽盆地和渤海湾盆地歧口深层潜力区;在火山岩领域,发现松辽盆地徐深和准噶尔盆地克拉美丽两个千亿立方米以上气区以及牛东 $5000×10^4$t 油区。然而,国内深层油气资源丰富,其中深层(>4500m)石油资源量 $304.08×10^8$t,占全国石油总资源的 28%;深层(>4500m)天然气资源量 $29.12×10^{12}$m³,占全国天然气总资源量的 52%。中国石油矿权内,深层石油资源量 $144.37×10^8$t,占中国石油资源总量的 29%;深层天然气资源量 $26.73×10^{12}$m³,占中国石油总资源量的 56%。从剩余油气资源潜力来看,中国石油深层石油剩余资源量 $128.09×10^8$t,探明率仅为 11.3%;深层天然气剩余资源量 $23.11×10^{12}$m³,探明率 13.5%,远低于中、浅层探明率,深部将成为增储上产的重要领域之一。

三、中国深层油气地质特征

我国深层油气资源丰富,勘探潜力巨大。但是国内含油气盆地有其独特性,多在小型克拉通块体基础上发育,块体规模小,稳定性偏差,沉积环境横向变化大,原型盆地多被强烈改造破坏,台地内部构造及沉积分异明显,为油气资源的形成和聚集创造了条件。同时,中国克拉通板块形成早,经历了多期构造演化,因此国内含油气盆地多表现为叠合盆地,发育上、下两套沉积构造(图 1-5),上构造层(中浅层)一般以陆相沉积为主,下构造层(深层至超深层)一般以海相沉积为主。由于深层油气埋深大、地层老、成岩历史长、热演化程度高,与中浅层相比油气地质特征差异很大。

-11-

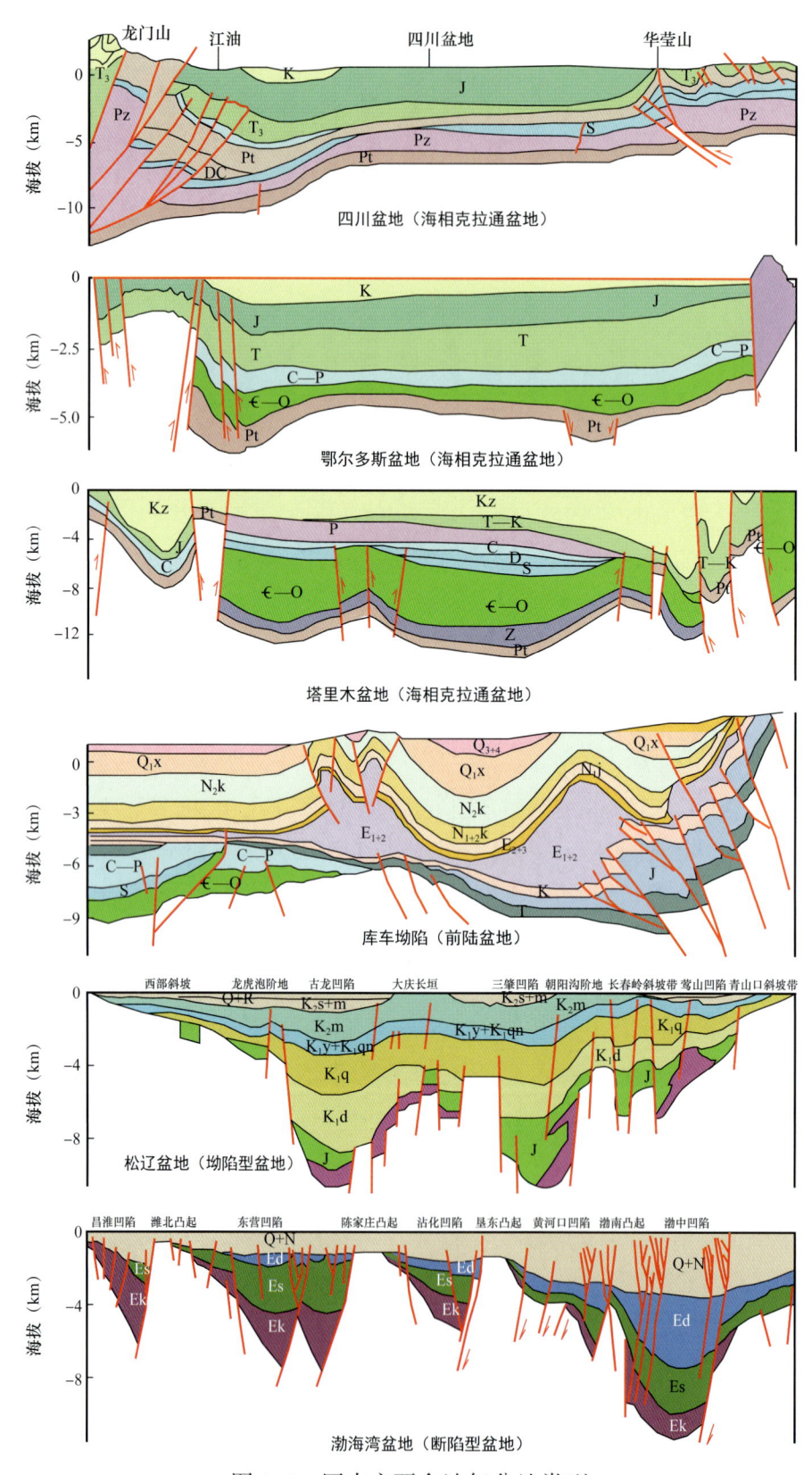

图 1-5 国内主要含油气盆地类型

（一）发育可规模供烃的两类烃源灶：常规烃源灶和液态烃裂解气源灶

常规烃源灶主要包括泥岩、碳酸盐岩和煤系烃源岩，多层系且大面积分布。如塔里木古生界已发现 5 套烃源岩，面积 $26 \times 10^4 \text{km}^2$。液态烃裂解气源灶包括古油藏、烃源岩内滞留液态烃裂解。研究表明，液态烃裂解生气潜力是同等数量干酪根的 2～4 倍，主生气期晚，R_o 一般在 1.6%～3.2%，有利于天然气晚期的成藏与保存。

（二）深层油气存在多种生烃机理，深层勘探突破油气"死亡线"

传统生烃机理是基于干酪根初次裂解生排烃的过程建立起来的，未考虑压力对有机质初次裂解成油后，油二次裂解成气和催化作用的影响。"深层超高压生烃滞后机理"研究表明（查明等，2002），在温度和压力的双重作用下，压力异常高会抑制有机质热演化过程，进而抑制烃类的生成和分解，使生烃作用迟滞，导致深部晚期仍然可以规模生烃。"残留烃接力生烃机理"研究揭示源外分散可溶有机质（残留烃）具有生烃能力强、数量巨大的特点（图 1-6、图 1-7）。在鄂尔多斯、四川和塔里木盆地古老海相地层中，由于多期构造的叠加使得残留烃广泛分布于盆地的各个层段。赵文智等（2005，2011）实验分析表明分散可溶有机质的生气能力大约是干酪根的 2～4 倍。此理论还揭示了源外分散可溶有机质的热演化进程晚于源内有机质的热演化进程，由此造成源外与源内分散可溶有机质热演化形成接替。"有机—无机复合生烃机理"认为深部流体中氢的加入可显著提高烃源岩的生烃效率。在深部流体影响下，盆地深部广泛分布的贫氢烃源岩（如较高成熟度烃源岩）仍具有较好的生烃潜力，丰富了干酪根生烃的物质基础。多种生烃机理的提出，深化了对深层油气资源潜力的认识，为深层油气藏的形成提供了理论依据。

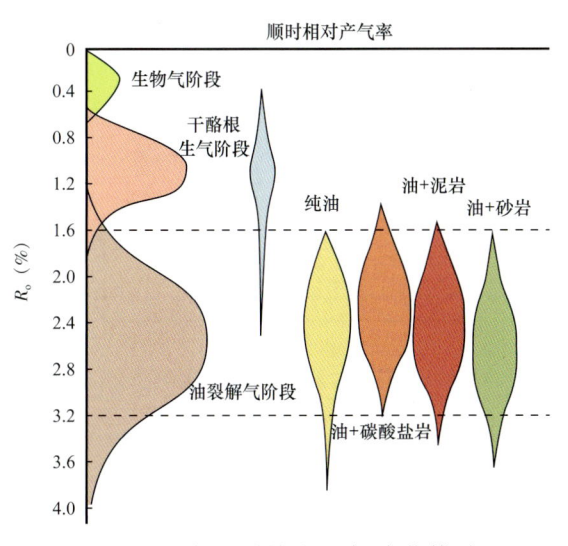

图 1-6 有机质接力生气演化模式

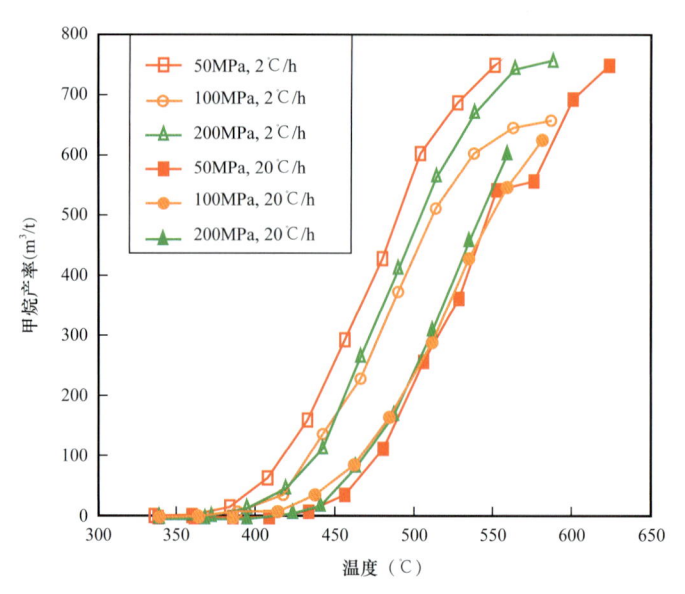

图 1-7　不同压力条件下原油裂解生气数量对比图

传统的石油地质理论认为，石油和天然气的形成与温度密切相关。挪威比约库姆研究认为地下温度60～120℃地带储藏了世界上90%的石油和天然气，是油气勘探的黄金地带。但近年来的深层油气勘探突破了传统的"液态窗""气态窗"和黄金地带，拓展了石油和天然气的消亡界线（表1-2）。张光亚等（2015）对全球油气产层深度大于5000m的428个油气田统计发现，油层温度大于150℃的油气田有83个，最高油层温度达375℃；压力系数大于1.2的油气田有198个，其中油田60个、气田138个，压力系数最高为2.8。

表 1-2　传统理论与深层勘探实践的"油（气）窗"与储层"死亡线"对比

对比	液态窗 R_o（%）	液态窗 温度（℃）	气态窗 R_o（%）	气态窗 温度（℃）	石油消亡线 R_o（%）	石油消亡线 温度（℃）	天然气消亡线 R_o（%）	天然气消亡线 温度（℃）	储层底深（km）
传统中浅层	0.5～1.35	60～150	1.35～3.6	180～250	<5	150～170	<10	250～375	<4.5
深层油气	上限>1.35 最高达7～8	150～295	上限>4	>300 实验<800	>5	>170 实验<400	>10	>375	>4.5

（三）深部储层岩性与类型多样，多种成储机理

深埋地质条件下，由于上覆地层压力加大和成岩胶结作用增强，储层物性总体致密。近年的深层油气勘探揭示，在储层埋深超过传统"死亡线"4500m时，储层有效孔隙度仍可达5%～10%，甚至更高。近期研究表明，中国陆上

深层及超深层仍能发育碳酸盐岩、碎屑岩和火山岩规模储层，为油气成藏提供聚集场所。以碳酸盐岩为例，受顺层、层间两类岩溶和埋藏、热液两类白云石化作用，深层、超深层碳酸盐岩仍可以发育规模有效储层。如塔里木盆地塔北隆起斜坡区埋深6000m以下的奥陶系鹰山组，在顺层岩溶作用下斜坡及斜坡低部位广泛发育呈层状分布的岩溶储层，储层分布面积超过$1.5×10^4km^2$。统计塔里木、四川两个盆地5860块碳酸盐岩样品储层物性与深度关系，埋深6000m以下储层孔隙度大于5%的样品仍占统计样品的35%，孔隙度最大可达22%。深层储层类型多样化，发育碳酸盐岩、碎屑岩、火山岩和变质岩多种类型储层。深层储集空间多元化，发育孔隙、溶洞、裂缝等多种类型储集空间，非均质性强。深层储集体规模化，四川盆地高石梯—磨溪地区龙王庙组滩相储层$3000km^2$、库车深层碎屑岩有利储层面积$1856km^2$、克拉美丽气田火山岩储层面积$5000km^2$。

深层优质储层可分为原生优质储层保持和次生优质储层形成两种情况。前者包括深部超压保护作用、深水浊积砂体和生物礁滩发育；后者包括碳酸盐岩白云石化作用、溶蚀作用和裂缝作用。

（1）深部超压保护。盆地的快速沉降与沉积物的快速充填及早期地层欠压实与后期构造挤压应力改造，都可以在深层形成超压。深层超压的存在，有效减弱机械压实程度，可使储层保持较多原生孔隙。同时，超压还可以减弱深部流体流通性引起的化学胶结作用。

（2）深水浊积砂体。大、中型古河流向被动大陆边缘供给丰富优质砂体，经深水重力流的整体搬运，砂体快速堆积，形成优质储层，具有形成晚、成岩弱和物性好的特点。这些砂体平面呈无根的舌状体，分布厚且广，剖面上呈块状、椭球状。

（3）生物礁储层。

（4）白云石化作用。石灰岩的白云石化作用会大大提高储层的孔隙度和脆性，进而形成碳酸盐岩次生储层。近年来的勘探实践揭示，埋藏白云石化和热液白云石化作用亦有利于形成深部优质储层。塔里木盆地埋藏白云石化作用形成的白云岩有效储层埋深可超过8000m，如塔深1井埋深8104m的白云岩储层孔隙度仍可达5.2%。热液白云石化作用主要受深部富镁流体沿区域断裂和裂缝向上侵入的影响，交代形成白云岩储层，呈网栅状分布。塔里木盆地中古9井6218～6314m钻遇的此类成因白云岩储层，孔隙度为12.6%。

（5）溶蚀作用。深部溶蚀作用主要体现在碳酸盐岩顺层岩溶和层间岩溶作用。顺层岩溶作用受水头差驱动，大气水向斜坡顺层径流，溶蚀深度可达数百至数千米，可形成层状、大面积分布的优质储层。近年来的实验研究表明，高温高压条件下，砂岩也能快速溶蚀，在温度大于150℃以后，砂岩溶蚀速率会提高2~3倍。库车地区白垩系孔隙度与声波对应关系研究表明，在约5800m深度砂岩孔隙度仍然存在高值，推测为砂岩溶蚀的贡献。此外，火山岩储层物性受压实作用影响小，溶蚀作用可大大改善储层。例如新疆北疆石炭系距不整合顶界距离越短，孔隙度越高。

（6）裂缝作用。无论是碳酸盐岩、碎屑岩，还是火成岩，深部储层的普遍特点是裂缝发育，特别是在断裂带附近，裂缝分布密集，成网络状。从塔里木盆地深井来看，碳酸盐岩储层自5700m埋深开始，裂缝型储层已逐渐占据优势，厚度在不断增大。在7000m以下深度，裂缝型储层已成主体。对于库车地区的砂岩来说，7000m以下埋深的储层孔隙度一般小于5%~8%，而渗透率在1~100mD，如此致密的砂岩能够成为有效储层且获得高产气流，与裂缝对储层的改善作用密切相关。

（四）成岩作用强，储层连通性差，油水分布及关系复杂

由于成岩作用强，深层储层连通性差，不同尺度的缝、洞体共存，碳酸盐岩油气藏"一洞一藏"。盆地深层经历了复杂多变的温—压演化过程，温压条件特殊，有机质的热演化过程与成烃特征与中浅部层系差异极大。首先，油水分布关系复杂，边水、底水发育，层间水与油气间互共存；其次，烃类流体相态复杂。从目前勘探实践看，深层高温高压条件下烃类相态复杂，但仍有规模储量。如四川盆地磨溪地区发现寒武系龙王庙组高压整装大气田（温度141.4℃，压力系数1.65）；而塔里木盆地塔北南坡金跃1井在7200m（>180℃）仍发现正常原油（邹才能等，2014）。

（五）多元多期供烃、多期充注与改造，油气藏呈集群式分布、大面积成藏演化历史长，经历多期构造运动，成烃、成藏过程复杂

与国外相比，国内含油气盆地成盆演化经历了极其复杂的演化历史。大体可分为三大演化阶段：第一是台盆与坳拉槽阶段，表现为离散作用；第二是克拉通坳陷阶段，表现为整体沉降；第三是类前陆盆地的盆山对立阶段，表现为挤压作用。深层层系在经历了上述多期构造变革之后，大多已被改造，有些甚至面目全非。相应的，深层油气也经历了多期的运聚成藏、调整、改造，运聚成藏过程与机理往往明显有别于中浅部层系。

四、中国深层油气勘探问题与挑战

近年来中国深层油气勘探取得了一些重要成果，但由于深层油气地质的特殊性，成烃、成储、成藏环境及机制有别于中浅层，使得深层油气规模勘探、

有效开发，以及工程技术等面临诸多挑战，传统的石油地质学理论和技术体系已不能有效指导深层油气勘探，影响了重大接替领域选择。

（一）古老烃源岩（前寒武系）识别与生烃机理

前人已经开展了高温高压条件下烃源岩生烃机制的探索，但在古老烃源岩识别、生烃机理、分散液态烃裂解生气潜力等方面仍然存在较大的差距，制约了勘探领域与方向选择。前寒武系是全球重要的含油气层系之一，如东西伯利亚与安曼地区的主要油田就发现于前寒武系储层之中。在中国，华北、扬子和塔里木三大古陆块新元古界—寒武系均处于烃源岩发育的有利构造环境，四川盆地已经在震旦系和寒武系发现规模储量。但是，这类古老烃源岩的形成环境、物质组成和空间分布尚不明确，需要深入研究；此外，我国古老烃源岩埋深普遍偏大，成熟度偏高，高过成熟烃源岩在高温高压环境下生烃机理尚不明确，对分散液态烃成气潜力评价还未形成有效手段，这影响了对深层烃源岩的评价和对油气资源潜力的认识，古老烃源岩物质组成、生烃机理、成藏潜力等尚不明确。

（二）深部储层的成储及保存机制

深部储层多期成岩作用叠加，成因复杂，高温高压环境储层成岩、孔隙发育机制、规模有效储层保存机制及多期叠加改造作用、规模优质储层发育主控因素与分布预测、分布规律认识不清，制约了勘探有利区和目标优选。

（三）跨构造期成藏与油气分布规律方面

高温高压环境下，油气跨构造期成藏机理、成藏过程与油气分布认识不清，制约了勘探目标和突破点的选择；高温高压条件下油气充注机制、膏盐—碳酸盐岩组合成藏机理、油气成藏模式及大油气田分布等方面，不能满足勘探目标评价需求。国内沉积盆地多为叠合盆地，经历了多期构造活动的改造，深层地质条件复杂，油气成藏机制与大油气田形成主控因素研究有待深入，突出表现在：（1）高温高压封闭体系成藏动力与充注机制，主要包括高温高压环境流体相态与充注机制、高温高压封闭环境下的油气运聚动力；（2）膏盐岩—碳酸盐岩组合成藏机理与成藏过程，包括膏盐环境对成烃、成藏影响及膏盐岩—碳酸盐岩组合成藏机制与过程；（3）跨构造期油气成藏过程与成藏效率，主要包括构造演化与油气富集关系、跨构造期油气成藏机制与成藏过程；（4）高温高压条件大油气田的形成与分布，主要包括宽缓构造背景油气运聚机制与成藏模式、深层大油气田形成条件与富集规律、深层油气富集区评价与预测技术等。这些问题造成深层勘探突破领域与重点区带选择难度大，规模勘探面临重大接替领域与区带选择难度大等难题。

本书针对上述关键地质问题，立足四川盆地，兼顾塔里木、鄂尔多斯等中国陆上重点含油气盆地近年来在深层油气方面的勘探研究及最新进展，系统分析并总结了深层油气田的形成条件、分布规律与主控因素，预测中国陆上深层油气的勘探前景，为深层油气勘探突破、规模增储提供理论认识指导与技术支撑。

第二章 深层烃源岩及成烃机理

深层大油气田的烃源岩埋深较大，烃源灶是否具有规模以及是否有效，是深层烃源岩评价的难点问题。以往研究往往关注泥质烃源岩有效性、古油藏及源内滞留烃生烃潜力等问题，然而近些年来深层烃源岩相关问题引起人们的关注和讨论，如咸化环境烃源岩发育模式与生烃机理研究、前寒武系古老烃源岩物质组成、发育环境与成烃机理、煤成气模式等。明确两类烃源灶（常规烃源灶和液态烃裂解烃源灶）规模生烃是深层大油气田形成的物质基础。

第一节 深层油气烃源灶类型及特征

深层海相层系一般发育两种类型烃源灶，一是常规海相烃源灶，具有以早期生油、晚期生气为主的特点，经历了完整的"生油"和"生气"两个高峰，烃源岩生烃时间长，演化充分，生成的烃类资源总量大；二是不同赋存状态的液态烃在高—过成熟阶段规模生气形成的气源灶。两类烃源岩灶是深层油气的物质来源。

一、常规烃源灶

常规烃源灶一般发育于泥质岩、碳酸盐岩及煤系烃源岩，呈大面积分布。塔里木盆地发育五套，以泥岩、泥质灰岩为主，TOC为1.24%~5.52%，平均为1.45%，累计厚度250~750m，面积$26×10^4km^2$；四川盆地发育四套，以泥页岩、碳质泥岩为主，TOC为1.04%~6.52%，平均为2.58%，累计厚度750~950m，面积$19×10^4km^2$；鄂尔多斯盆地共两套，主要是泥页岩与泥质灰岩，TOC为0.5%~2.91%，平均为1.03%，累计厚度20~160m，面积$8×10^4km^2$。这些厚度大、分布广、有机质丰度高的烃源岩，奠定了深层大油气田形成的物质基础（图2-1）。

以扬子地块西北部的四川盆地为例，对扬子地区（梁狄刚等，2008）寒武系烃源岩、震旦系陡山沱组烃源岩、南华系大塘坡组烃源岩分布、厚度、演化程度及生烃潜力进行了综合评价。基底由太古宇至古元古界的结晶基底、中元古界褶皱基底与新元古界下震旦统过渡基底三层所组成，形成于晋宁运动。新元古代，受全球性拉张伸展作用的影响，华南板块发生裂解，扬子地块边缘发生裂解、沉降，形成裂谷、被动大陆边缘，川中地块发生裂陷作用，形成规模

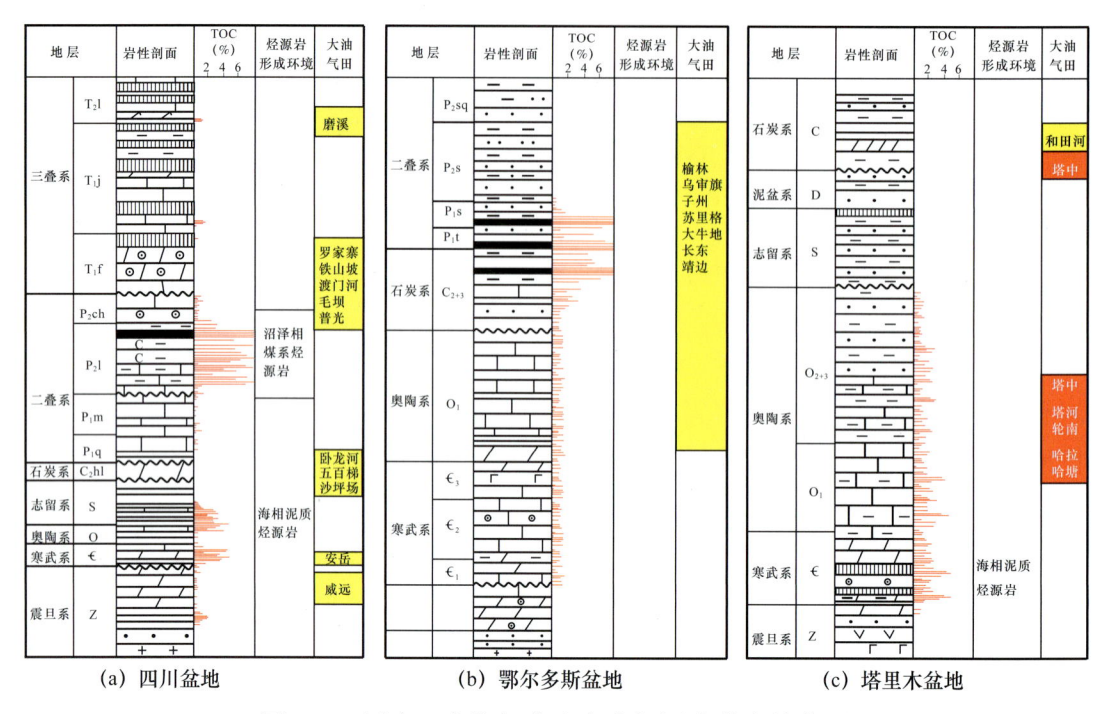

图 2-1 国内三大海相盆地主力烃源岩分布柱状图

不等的裂谷，在裂谷内发育灯影组、麦地坪组、筇竹寺组三套优质烃源岩，累计厚度300~450m，有机碳含量0.5%~8.49%，平均1.959（409个）。晚震旦世至早寒武世，水体较深，主要以深水的还原环境为主，沉积物有机质丰度高，如裂陷内的高石17井寒武系筇竹寺组TOC分布在0.37%~6.0%，平均为2.17%；麦地坪组TOC分布在0.70%~4.0%，平均为1.67%（图2-2）。

震旦系灯三段沉积时期，发生了一次大规模的海侵，但裂陷发育尚处于早期，受物源供给及裂陷发育规模的影响，裂陷北部地区厚度相对较大，一般为20~30m，高石梯—磨溪地区泥岩厚度较薄，一般在10~30m，且分布局限，盆地南部宜宾至绥江地区，灯三段泥岩也较发育，厚度一般为5~10m（图2-3）。裂陷区之外，灯三段厚度不足2m，两者相差2~10倍。早寒武世的海侵作用使得克拉通内裂陷区沉积充填了麦地坪组、筇竹寺组黑色泥页岩。麦地坪组烃源岩也主要分布在裂陷内，厚度在50~100m，而周缘地区仅1~5m，两者相差10倍以上（图2-3），筇竹寺组泥质烃源岩的分布则更为明显地显示出裂陷的控制作用，沿裂陷方向烃源岩厚度最大，厚度一般在300~350m，裂陷两侧烃源岩厚度明显减薄，裂陷主体部位筇竹寺组烃源岩厚度是邻区的3~5倍（图2-3）。总体上，裂陷槽的发育对于烃源岩的规模发育，起到重要控制作用。扬子陆区陡山沱组烃源岩主要分布在中、下扬子台盆、斜坡和深水盆地，其厚度介于30~379m，一般厚度为60~149m。主要集中分布于宜昌峡区—鹤峰—石门铜仁—遵义地区，德兴—开化—宁国地区及黎平—三江—临

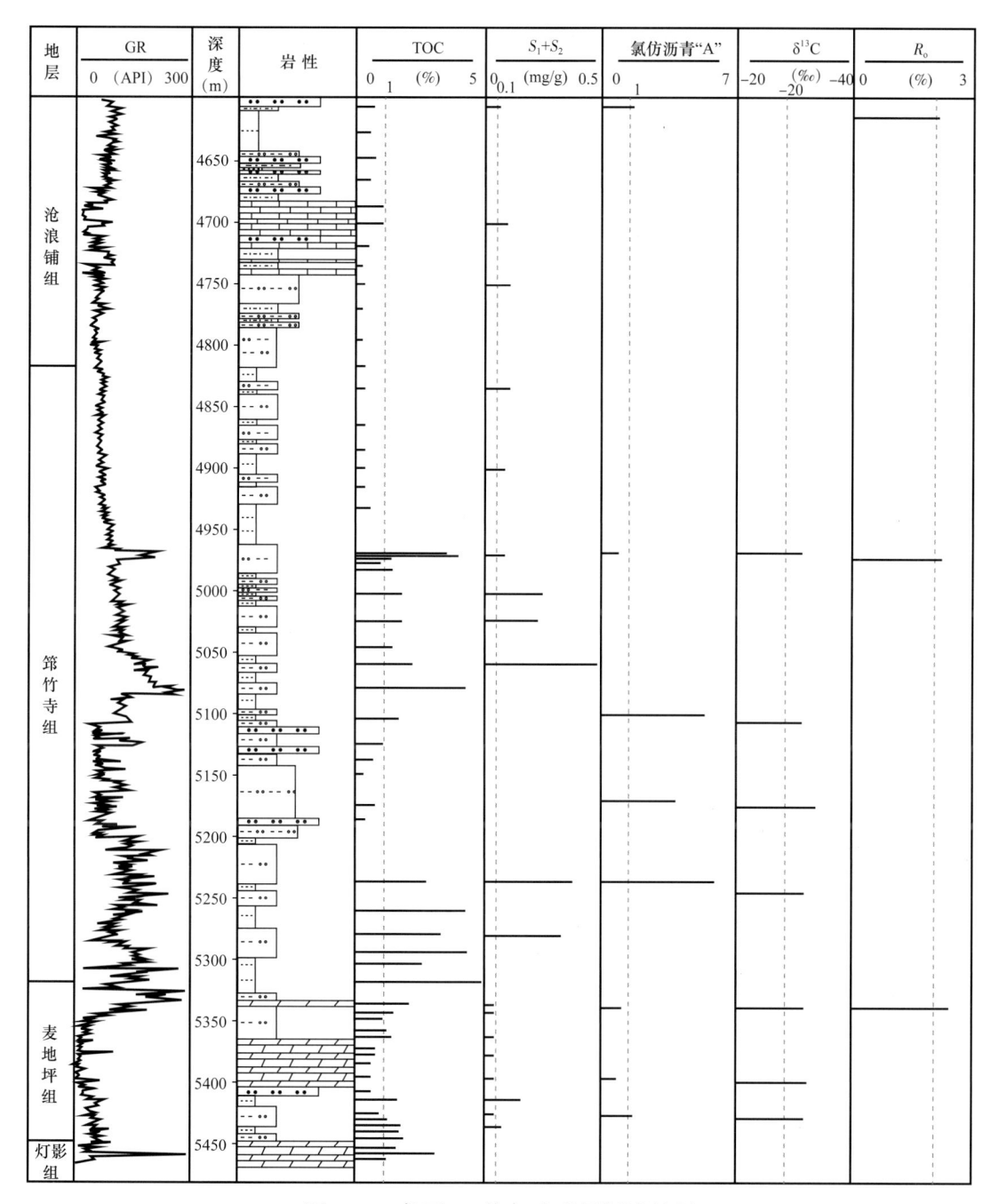

图 2-2 高石 17 井寒武系烃源岩特征

桂—全州地区（图 2-3）。其厚度一般大于 60m，最厚在鹤峰，达 379m。其厚度等值线呈南西—北东向延伸，在黎平—三江—临桂—全州地区，厚度等值线呈北西—南东向延伸。此外在陕西宁强和万源—城口一带厚度较大，在宁强胡家坝厚 579m，在万源大竹厚 310m，在城口明月厚 309m。除上述地区外，其他地区烃源岩厚度小于 60m，而上扬子烃源岩厚度为零。

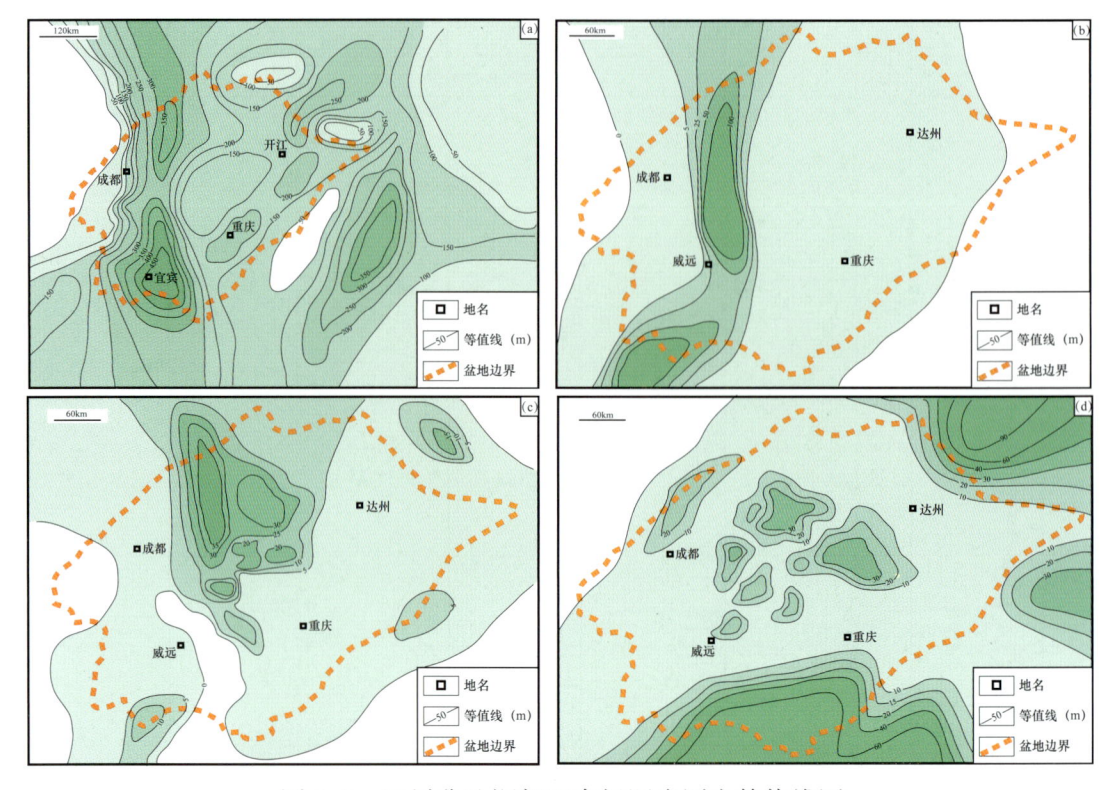

图 2-3　四川盆地深部四套烃源岩厚度等值线图
（a）四川寒武系筇竹寺组烃源岩厚度图；（b）四川寒武系麦地坪组烃源岩厚度图；
（c）四川震旦系灯三段烃源岩厚度图；（d）四川震旦系陡山沱组烃源岩厚度图

二、液态烃裂解型烃源灶

针对国内深层古老烃源岩埋藏深、经历多期构造演化及"双峰式"生烃的特点，提出了液态烃裂解型烃源灶的概念（赵文智等，2005，2006，2008，2015）。液态烃裂解型烃源灶既是生烃母质富集过程，也是常规、非常规两类资源晚期规模成烃与富集成矿的重要条件。液态烃裂解型烃源灶实际上是指地质条件下三种赋存状态的液态烃晚期裂解成气形成的气源灶（图 2-4）：一是聚集型古油藏的藏内裂解气，即源外富集型液态烃；二是半聚半散型"泛油藏"途中裂解，即源外分散型液态烃；三是滞留烃源灶内的晚期裂解，即源内分散型液态烃。源外分散型液态烃是指排出的液态烃在聚集成藏过程中，由于构造平缓、岩性致密等因素导致富集度低而未形成油藏，仍以分散状或半聚半散形式赋存于地层中，这部分统称为源外分散液态烃。三种赋存状态液态烃的数量及分配比例受内因和外因多种因素控制。

油裂解生气是海相烃源岩成气的重要途径，其形成必须具备两个必要条件，一是在生油窗阶段有大量油的生成，二是原油必须经历较高的温度，达到裂解成气的热力学条件。

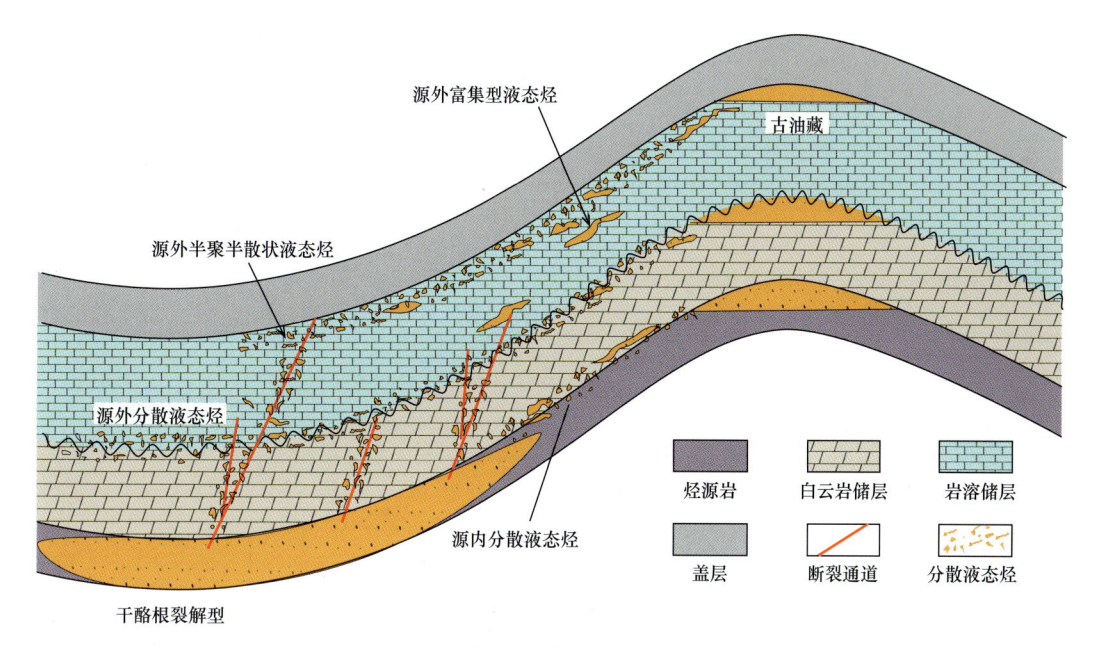

图 2-4 液态烃裂解型烃源灶赋存状态示意图

液态烃裂解型烃源灶物质基础充分，成气效率高。与干酪根相比，液态烃裂解生气的时期偏晚，且生气量大，这一点已经被模拟实验所证实。在高温高压、半开放体系中的生气母质类型、数量及其生气时限，深入探讨高过成熟阶段天然气物质来源、烃源岩中滞留烃的成藏贡献等科学问题，通过逼近地下环境排烃模拟实验和不同赋存状态有机质成气机理研究，发现液态烃裂解成气期晚于干酪根，最佳时机为 R_o 在 1.6%～3.2% 时，产气量是等量干酪根的 2～4 倍，晚期成藏潜力巨大（图 2-5），可以作为深层碳酸盐岩天然气成藏的主要贡献者。

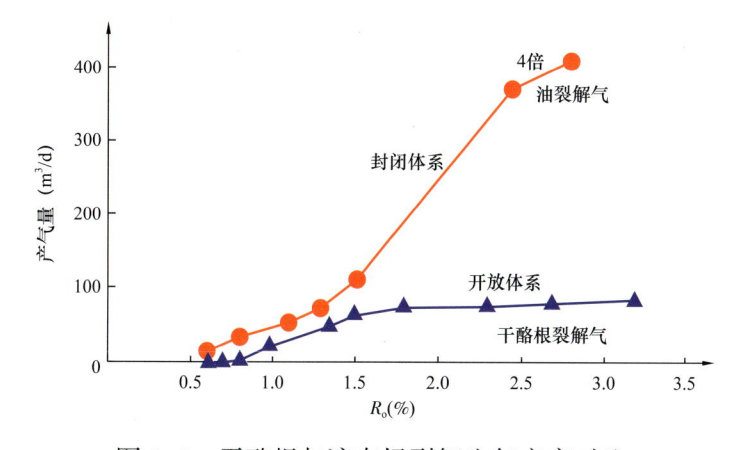

图 2-5 干酪根与液态烃裂解生气产率对比

油气的裂解过程伴随相态转化，压力的变化会在一定程度上影响其热稳定性。不同温度和压力条件下的裂解实验表明，相对于温度，压力的变化对原油的裂解速率的影响要微弱得多,且裂解速率对压力的响应并非是线性增加或降低,存在一个极大值(Behar等,1996)。在海相盆地中原油裂解气是天然气的主体,由于深部地层地温较高,为原油裂解提供了有利的地质条件,埋深越大原油裂解气的资源量可能更大。最近在四川盆地震旦—寒武系发现了丰富的原油裂解气也印证了这一观点。四川盆地由于古地温梯度较高,古生界海相地层大部分地区的古地温可能超过230℃(图2-6),在长兴—飞仙关组尽管大部分地区地温低于230℃,但由于TSR作用降低了原油的稳定性,促进了原油裂解转化成气的过程,原油裂解成气完全裂解的地温降低到120~160℃。因此,长兴—飞仙关组烃类均以气态存在,勘探仍然以天然气为主。

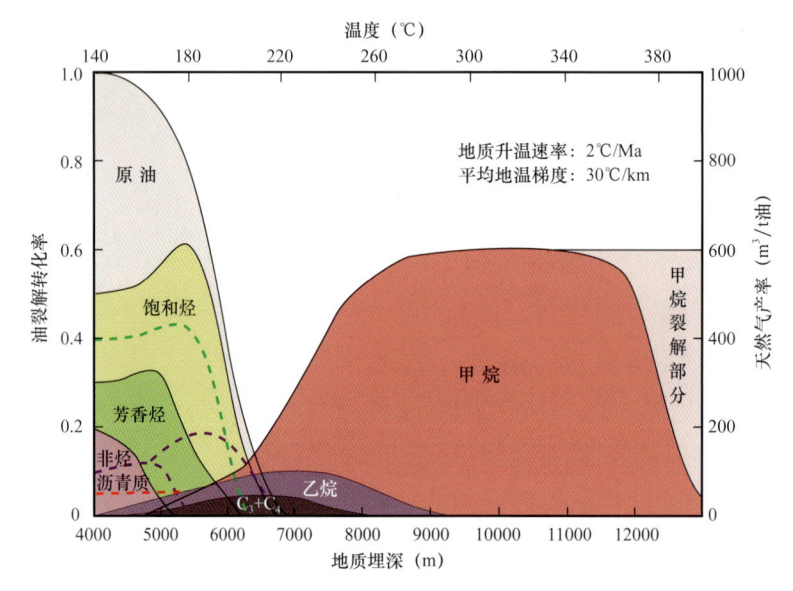

图2-6 四川盆地液态烃裂解及族组分演化模式

正是由于液态烃裂解的时限长,才使得天然气能够跨构造期晚期成藏。以四川安岳大气田为例(图2-7),二叠纪—中三叠世,震旦—寒武系有机质达到生油高峰阶段,油气向隆起带顶部及上斜坡运移,资阳古圈闭、安岳古圈闭、威远古斜坡及磨溪—高石梯地区形成规模较大的古油藏。晚三叠世以来的前陆盆地堆积厚达3000~5000m的地层,使得震旦—寒武系被深埋,即使在乐山—龙女寺古隆起轴部,震旦—寒武系埋深达到7000~8000m,地层温度超过200℃。如此高温,使得震旦—寒武系古油藏及分散液态烃大量裂解成气,成为重要的气源。川中古隆起斜坡带"半聚半散"型液态烃与核部古油藏共同为安岳大气田提供气源型气源灶。三类烃源灶对于大气田的形成都有贡献,其中古油藏裂解气$36.05×10^{12}m^3$,形成资源量$(1.8~3.6)×10^{12}m^3$,占58%~61%;储层分散液态烃裂解气$76.59×10^{12}m^3$,形成资源量$(0.77~1.53)×10^{12}m^3$,占25%~26%;烃源岩滞留烃裂解气$362.44×10^{12}m^3$,形成资

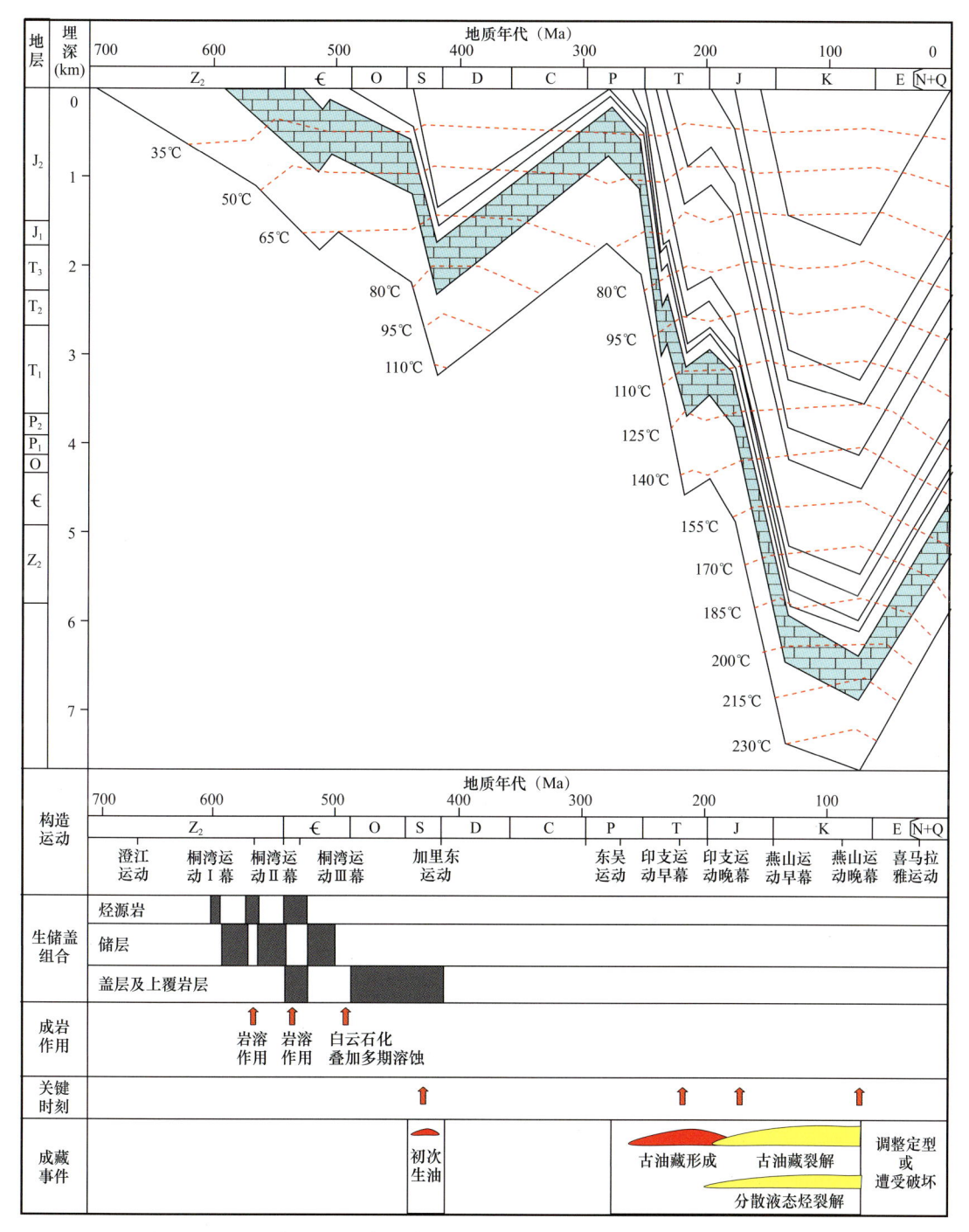

图 2-7 四川盆地安岳气田气田震旦—寒武系天然气晚期成藏事件图

源量（0.36~1.08）×$10^{12}m^3$，占 12%~17%，可见分散液态烃对大油气田形成的作用不可忽视。同时，川中古隆起沥青含量超过 3% 的面积达 5000km^2，沥青含量在 1%~3% 的面积可达 6×10^4km^2（图 2-8），为古油藏及半聚半散型液态烃裂解残留产物（图 2-9，以及图版Ⅰa—e）。

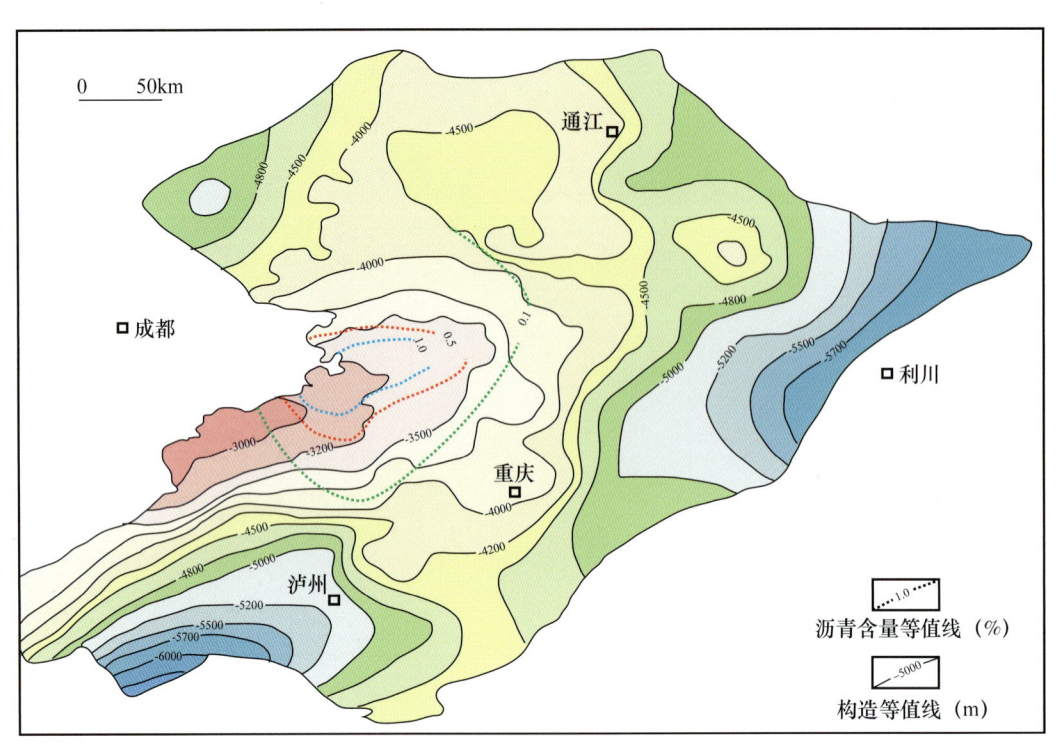

图 2-8 四川盆地侏罗系沉积前龙王庙组底界面古构造图与沥青含量叠合图

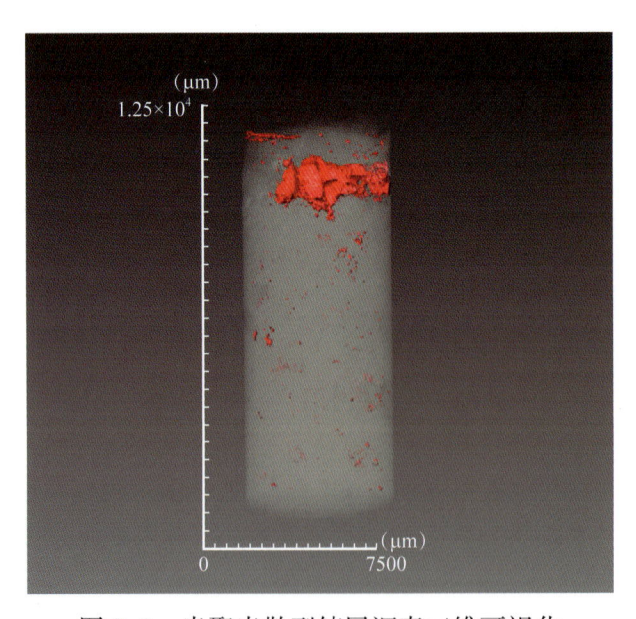

图 2-9 半聚半散型储层沥青三维可视化

据中国海相大气田的成藏期统计（表 2-1），大部分气田或气藏的主成藏期都比较晚，其主力烃源灶往往以液态烃裂解为主。比如，四川盆地川东北地区的礁滩气藏，多以古油藏裂解为主，磨溪—荷包场地区的气藏主力源灶多以古油藏和半聚半散液态烃联合贡献。

表 2-1 中国海相大气田成藏期统计

盆地	大油气田	储层	主成藏期	烃源灶类型
塔里木	塔中、古城	O	E—N	古油藏+源内滞留烃
四川	罗家寨、渡口河、普光、龙岗、元坝等	P—T	N—Q	古油藏
四川	天东、大天池、卧龙河、福成寨	C	N—Q	古油藏
四川	磨溪、高石梯、龙女寺、荷包场	Z—∈	N—Q	古油藏+半聚半散液态烃
四川	威远、资阳	Z	N—Q	古油藏
鄂尔多斯	靖边	O	K	煤系为主

液态烃裂解型烃源灶是常规—非常规天然气有序共生的重要条件。以四川盆地震旦系—寒武系为例，有充足的液态烃裂解型气源供给，不但向邻近储层供气，形成了震旦系灯影组的缝洞型气藏和寒武系龙王庙组孔隙型常规气藏（图2-10），而且还在寒武系筇竹寺组页岩气和志留系龙马溪组两套烃源岩中形成了非常规页岩气藏。由于液态烃裂解型烃源灶的充分供烃，从烃源岩到储层，均形成规模天然气资源，常规—非常规天然气在空间上有序共生。

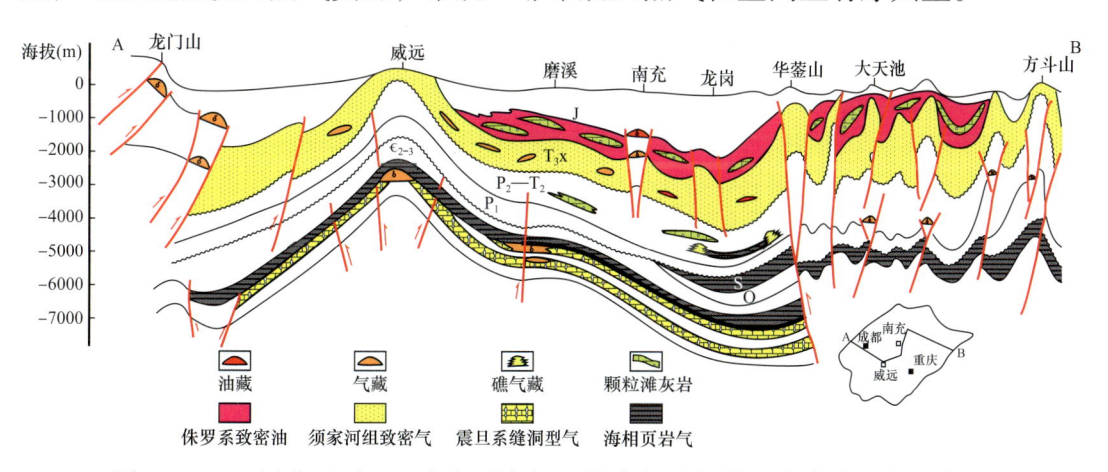

图 2-10 四川盆地震旦—志留系常规、非常规油气藏"有序共生"示意图

第二节 中—新元古界烃源岩及成烃机理

世界范围内多个国家和地区发现了与元古宇烃源岩有关的油气资源，如俄罗斯、中亚、北非和澳大利亚。截至2016年，俄罗斯在东西伯利亚盆地发现80个油气田、150个油气藏，原油探明储量 $6.28 \times 10^8 t$，天然气 $2.02 \times 10^{12} m^3$，油气储量 $22.36 \times 10^8 t$ 油当量。阿曼新元古界烃源岩的石油探明储量 $16.4 \times 10^8 t$。印度巴格哈瓦拉油田新元古界—寒武系油田地质储量约 $6.28 \times 10^8 bbl$。

中国学者早在20世纪70—80年代就开展了元古宇油气地质研究，而四川盆地震旦系—寒武系安岳特大型气田的发现，证明中国中—新元古界找油气前景广阔。中国中—新元古界作为潜在的油气勘探领域，能否实现突破的一个关键因素就是"源"的问题。将微生物作为切入点，利用有机地球化学、元素地球化学、生物化石鉴定、微生物培育实验等多种手段，对元古宇古海洋生产力、有机质富集和生烃潜力进行研究，探讨微生物对古老烃源岩发育的影响，为元古宇油气资源评价和勘探选区提供实验依据。

一、中—新元古界烃源岩分布

国外研究表明，中—新元古界含油气系统受气候条件、构造古地理环境控制，温室气候期冰川融化可导致海平面上升，有利于富有机质沉积物堆积，是中—新元古界重要油气源岩沉积的主要时期。元古宙诸多的大地构造事件显示，那个时期就已存在诸多大陆。尽管现今各大陆之间相距遥远，但元古宙相距远小于现今，因而各大陆的沉积物特征、沉积相带的规模、沉积层序的横向稳定性、构造事件的地质作用以及由此产生的石油地质条件应该存在诸多的共性、相似性和可比性（赵文智等，2018）。在国内华北、扬子和塔里木三大克拉通（图2-11）的中—新元古界，同样都发育有规模的优质烃源灶。

大量露头及钻井资料揭示，中国中—新元古界发育厚度较大、有机质丰度高的烃源岩，现今成熟度普遍偏高，R_o值主体分布在1.6%~3.8%，处于液态烃裂解生气主窗口范围内。华北克拉通长城系串岭沟组和洪水庄组、下马岭组、寒武系马店组，扬子克拉通南华系大塘坡组、震旦系陡山沱组及塔里木克拉通震旦系，均在野外露头剖面或关键钻井见到良好烃源岩（表2-2）。

表2-2 中国三大克拉通中—新元古界有效烃源岩统计表

地区/盆地		层系	厚度（m）	TOC（%）	R_o（%）	资料位置
华北	合肥	震旦系 凤台组	>60	1.09~3.56/2.2	2.1~3.7/2.5	安徽霍邱
	燕辽	中元古界 下马岭组	>260	3~21/5.2	0.6~1.4/1.1	河北下花园
		中元古界 洪水庄组	>90	1~6/4.1	0.8~2.1/1.6	河北宽城
		中元古界 串岭沟组	>240	0.6~15/2	1.2~2.5/2.2	
	鄂尔多斯	中元古界 崔庄组	>40	0.2~1.5/0.52	2.5~3.0/2.6	山西永济
		中元古界 书记沟组	100~300	0.8~17/3.8	2.0~3.0/2.2	内蒙固阳
扬子		新元古界 陡山沱组	20~40	0.5~14/2.9	2.1~3.8/2.8	遵义六井
		新元古界 大塘坡组	25~35	0.9~6.8/4.4	2.1~2.4/2.3	贵州松林
塔里木		南华—震旦系	130~320	0.6~4.9/2.9	1.1~1.4/1.2	库鲁克塔格

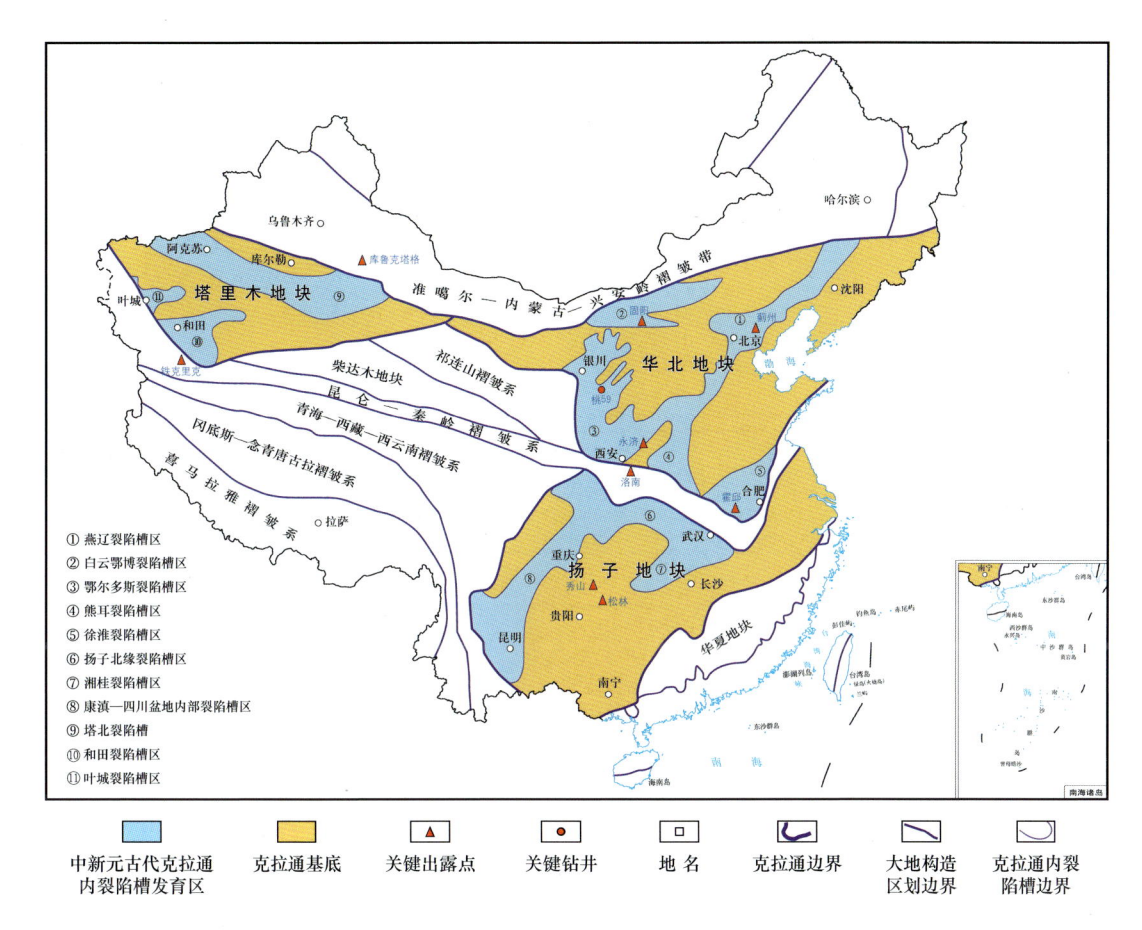

图 2-11 华北、扬子和塔里木克拉通中—新元古代古构造及烃源岩发现点位图

中元古界长城系和蓟县系烃源岩是中国目前发现的最古老的烃源岩，主要见于华北克拉通。鄂尔多斯盆地周缘露头及盆地内部分钻井钻遇烃源岩进行的研究结果表明，长城系烃源岩在鄂尔多斯盆地北缘（书记沟组）有机质丰度高，TOC 平均 3.8%，烃源岩厚 100～400m，厚度大，但成熟度偏高，R_o 值约为 2.0%～3.0%；在盆地南缘长城系崔庄组 TOC 平均 0.52%，丰度偏低；烃源岩厚 20～40m，厚度较薄；T_{max} 平均 580℃，等效 R_o 约 2.5%～3.0%。盆地内桃59 井在 4630～4632m 及 4656～4657m 钻遇灰黑色泥岩，累计厚度约 3m（未穿），岩屑热解分析 TOC 值约为 3%～5%，T_{max} 约 460～500℃，等效 R_o 值约为 1.8%～2.2%。从地震剖面上看该套烃源岩极有可能规模发育（图 2-12）。

新元古界南华系大塘坡组、震旦系陡山沱组、灯影组等烃源岩主要分布在扬子克拉通区（王剑，2005，2006）。近期在华北克拉通南部的合肥盆地，笔者发现了震旦系间冰期钙质泥页岩烃源岩，累计厚度大于 60m，自下而上有 3 套，黑色钙质泥页岩与冰碛砾岩间互发育（图 2-13）。烃源岩的 TOC 为 1.09%～3.56%，平均值为 2.2%，T_{max} 值平均为 508℃，等效 R_o 值约为 2.5%。

- 29 -

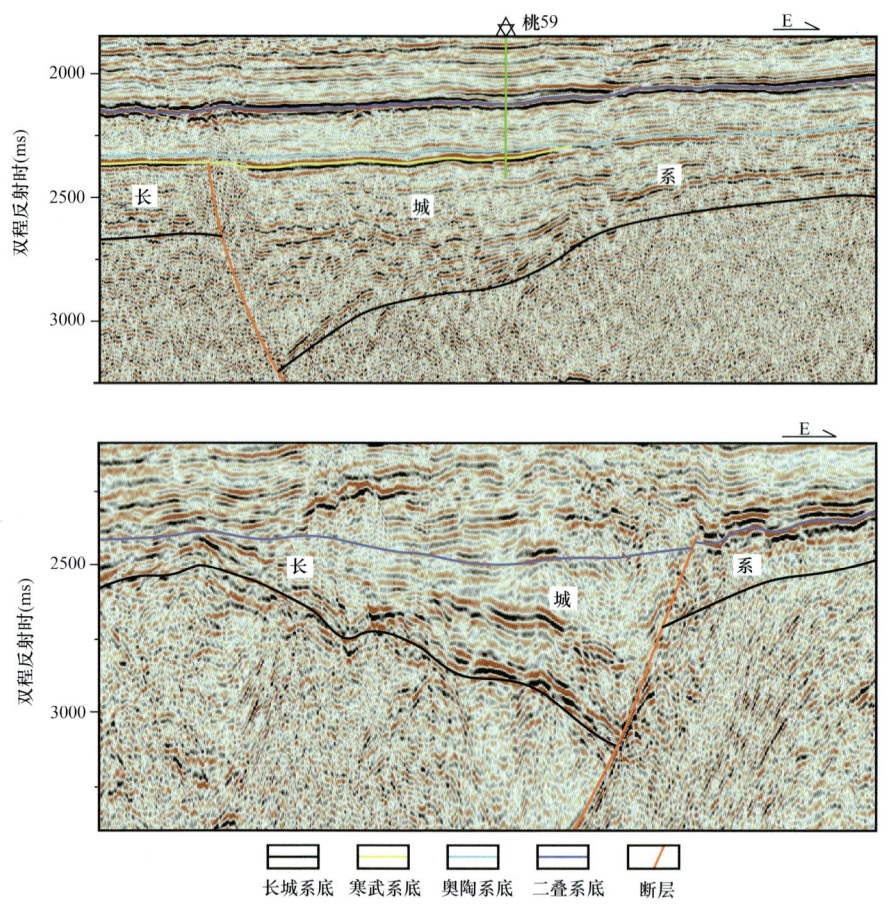

图 2-12　鄂尔多斯盆地过桃 59 井及典型地震剖面长城系响应特征

该套烃源岩与陕西洛南、宁夏黄旗口等剖面的震旦系层状泥岩时代相当，区域上可对比推测华北克拉通南缘、西缘等都可能发育这套烃源岩，是一套值得重视的烃源岩层系。

中国三大克拉通中—新元古界烃源岩成熟度普遍偏高（表 2-2），R_o 值一般在 2.0% 以上，已达高—过成熟阶段，根据有机质"接力成气"的观点，早期干酪根降解生气阶段的 R_o 值小于 1.6%，晚期液态烃裂解生气阶段 R_o 值主要为 1.6%～3.2%，且液态烃裂解成气潜力是同等数量干酪根的 2～4 倍。据此判断，中—新元古界古老烃源岩尚处液态烃裂解生气高峰阶段，找油机会相对偏小，但找气潜力值得高度重视。

二、中—新元古界烃源岩成烃机理

（一）低等微体古生物繁盛

元古宙至早古生代，特别是寒武纪生物大爆发之前，地球上生物圈以古细菌、蓝细菌等原核生物以及疑源类、绿藻等真核生物为主，如此低等生物在有

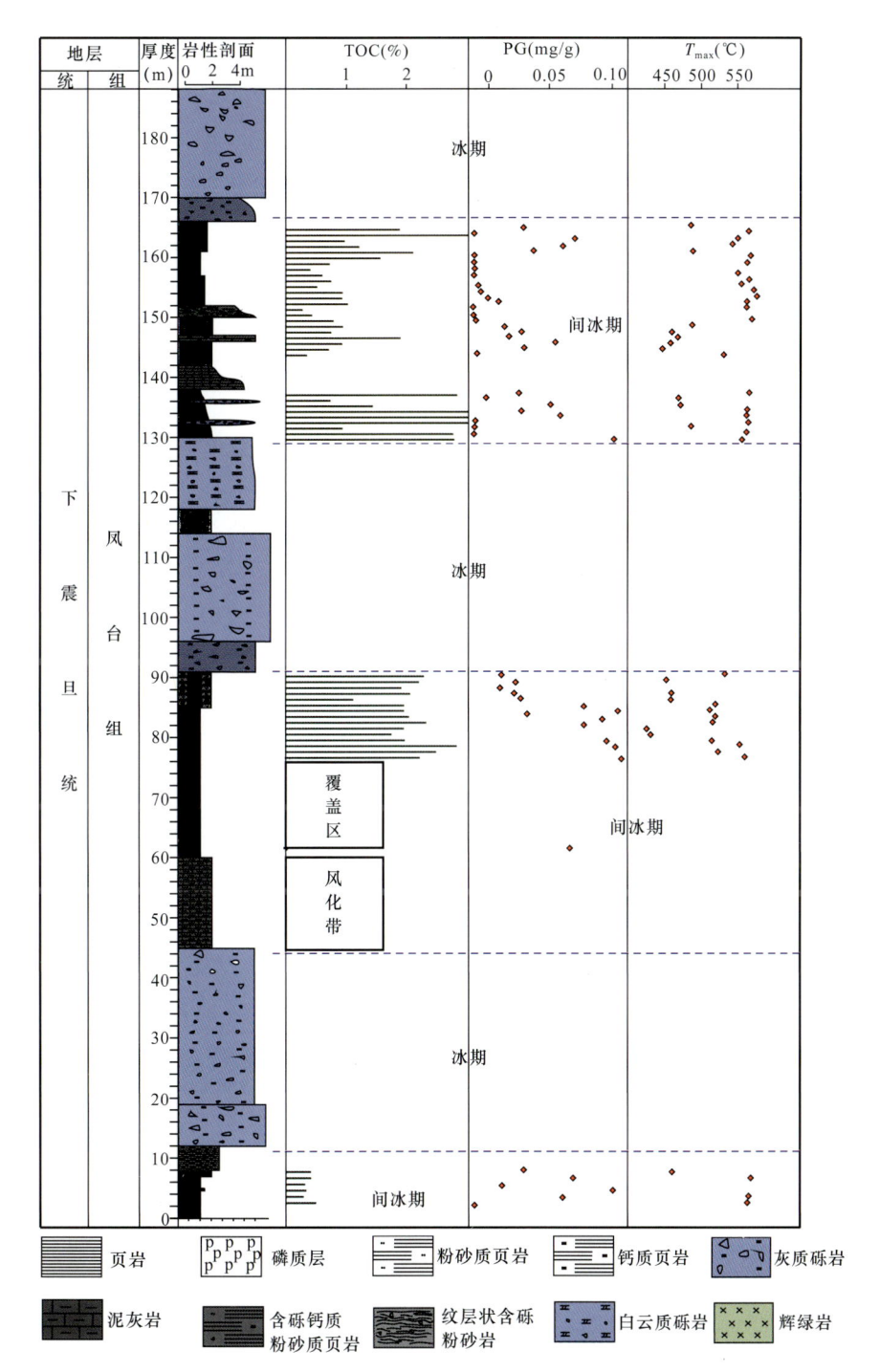

图 2-13　南华北盆地新发现下震旦统间冰期优质烃源岩

氧环境下极难保存，但在无氧环境下就可以富集堆积。元古宙地球生命虽然低等，但已非常繁盛，真核生物、原核生物已占据生命舞台。繁盛的微生物为有机质富集和优质烃源岩的发育奠定了良好的物质基础（Visser，1991；王铁冠等，2011；张健等，2012；汪泽成等，2014）。

1. 有氧及无氧条件下生物的种属

古元古代（距今 2.4—2.2Ga）、新元古代（距今 1Ga 年）曾出现过两次氧含量升高事件，对原核生物向真核生物及单细胞生物向多细胞生物的演化都产生了重要的促进作用。但由于大气中氧含量总体偏低，生物种群以发育蓝细菌、藻类和疑源类等低等生物为主。

华北元古宙微生物类型多样，即有原核生物、真核生物以及不同形态的疑源类，为有机质的富集奠定了物质基础。在采集的样品中发现了丰富的生物标志化合物以及多种不同形态的疑源类化石组合，指示了元古宙各个阶段的具有相似的生物组合特征。其中在 1800Ma 年前的串岭沟组发现了丰富的甾烷类（图 2-14）以及球面藻类（图版 I f—i），代表其含有真核生物细胞膜，说明当时真核生物的出现。在下花园剖面下马岭组（1Ga 前，图版 I j—m）及洪水庄组（图版 I n—o）发现三环萜烷（厌氧菌及未知藻类）、藿烷类化合物（原核生物或真细菌膜类脂）、伽马蜡烷（原核生物）及大量类似现生褐藻的拟昆布膜片，说明有底栖藻类广泛繁衍。

2. 间冰期与微生物繁盛

元古宙曾出现多个冰期—间冰期旋回，包括古元古代的休伦冰期和新元古代"雪球事件"，总体特征表现为温室—冰室环境的交替。冰期形成的深海有机质储库在间冰期得以释放，水体营养增加，引起低等生物繁盛。间冰期引起低等生物繁盛的原因有二：（1）深海有机质释放的轻碳通过上升洋流进入表层海洋，生物再次吸收，增加有机质初始生产力；（2）深海有机质释放大量 CO_2，产生温室效应，冰川融化使得陆表径流增加，营养物质输入海洋，生物进一步勃发。天津蓟县剖面的串岭沟组、山西永济剖面的崔庄组等距今 1.6Ga 的烃源岩中，不仅检测到大量来自蓝细菌管状衣鞘的丝状藻类化石（原核生物来源），还检测到大量甾烷类标志化合物和直径大于 10μm 的孢型微体化石（真核生物来源）（图 2-15）。

温暖气候引起的风化作用及热水活动的存在为这些微生物带来了大量的营养元素。温暖的气候条件也跟火山活动释放 CO_2 引起温室效应有关。研究表明，在整个元古宙，华北地区的气候条件经历了多个演变阶段。古元古代长城纪，由于蒸发作用加强，气候处于由湿热向干热的转化阶段。常州沟组至串岭沟组沉积早、中期为湿热的气候条件，雨水的补给大于蒸发。至串岭沟组沉积晚期，降水量减小，且大量蒸发，水体开始逐渐咸化，直至团山子组沉积晚期出现与干热气候有关的盐岩假晶。高于庄组沉积时期华北板块古纬度更靠近赤道方向，气候升温导致蒸发量加大，盆地保持水体高盐咸化环境。蓟县系的华北陆块仍属炎热湿润的气候条件。但在 720—635Ma 的新元古代，地球经历了两次极端的冰期与超级温室气候之间的快速转换，位于低纬度和赤道附近的大

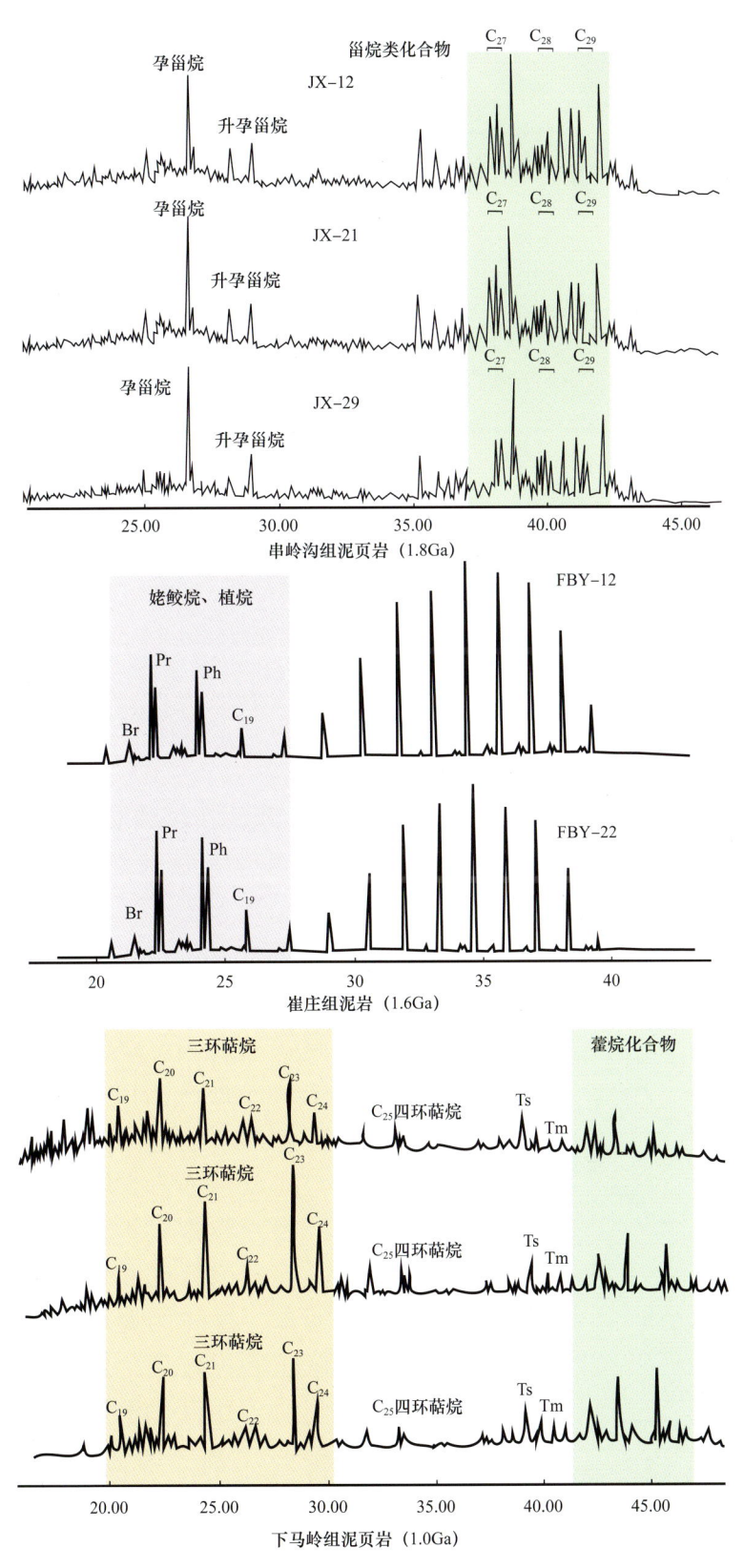

图 2-14 中—新元古界中的甾烷、萜烷类生物标志化合物

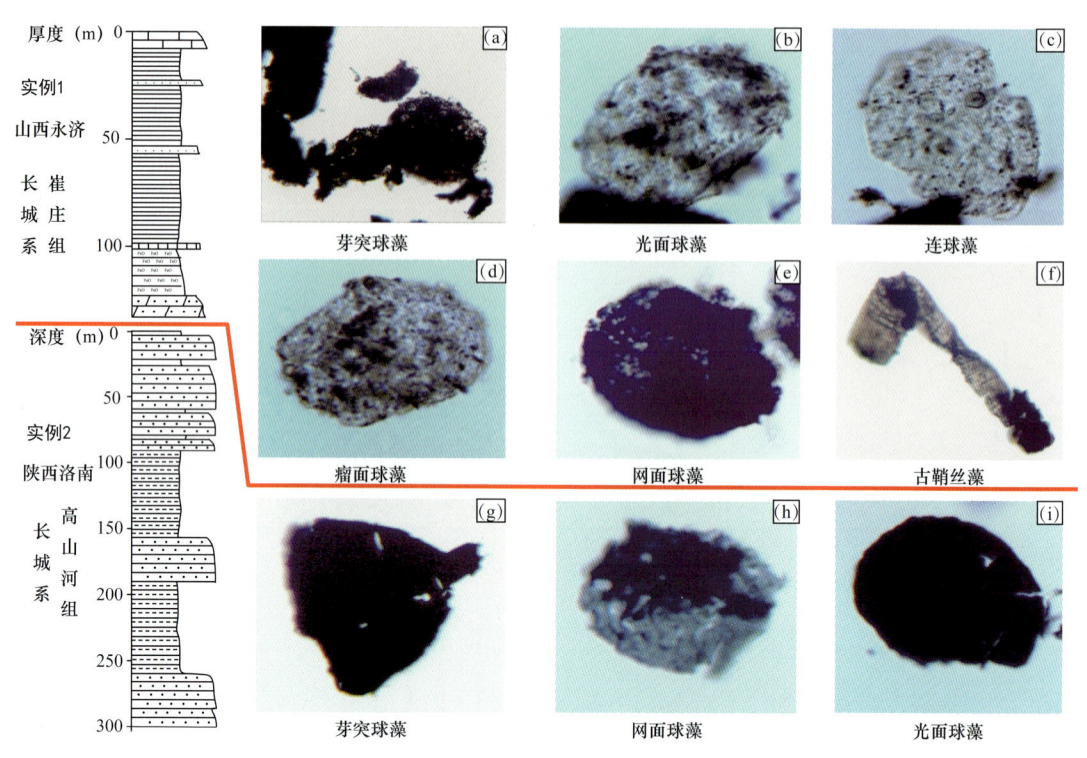

图 2-15 鄂尔多斯西南缘崔庄组（a—f）和高山河组（g—i）疑源类化石资料

陆以及全球海洋均被冰覆盖，形成雪球地球，随后在超级温室效应作用下冰期快速消失。

3. 陆源剥蚀与生物富集

地壳上升运动使得古海洋沉积物露出水面成为陆壳，而风化剥蚀作用则将这些古沉积物搬运入海，当地壳下降导致的裂陷盆地遭遇海侵时，古风化壳表面将再次接受沉积，进而形成不整合面，这些不整合面将早期沉积物，甚至是远古大陆的古老基岩的剥蚀产物，与相对年轻的海洋沉积结合在一起，二者之间可能具有上亿年的时间差，这样的地层缺失伴随着强烈的风化剥蚀作用，地表遭受风和水流的剥蚀，并且化学风化作用将其中的一些金属离子释放到海水里，使得古海洋深部化学条件发生剧烈变化（图 2-16），而海水化学组成的变化可能是生命大爆发的驱动力。

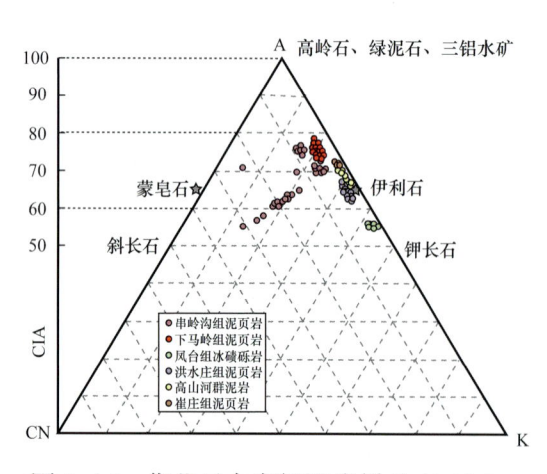

图 2-16 华北元古宇烃源岩样品在 Al_2O_3-（$CaO+Na_2O$）—K_2O（A-CN-K）三角图显示 CIA 风化

-34-

4. 火山活动与生物富集

火山活动可以满足优质烃源岩的基本条件，即有机物的大量富集与良好保存。陆地或水下喷发所产生的火山物质降落到湖泊和海洋等水体中，其中诸多无机元素的加入及水解作用所提供的无机盐类会促使水体中的生物勃发或死亡，进而影响着优质烃源岩的生成。降落的火山灰及其中含有的气体溶于水形成的还原环境，可以在一定程度上对有机质起保护作用。火山活动可以形成生物生存的特殊环境，从而提供额外的生油母质（赵岩等，2016）。火山活动带来的氮、磷营养物质及放射性能促进微生物繁盛。同时，也会释放如铜和锌等有害物质以及氯化氢、氯气等有毒气体，造成生物大规模死亡。火山活动释放的可溶性气体，如 H_2S、CH_4、SO_2、CO_2 等，均可与水中的氧和水起化学反应，致使海水缺氧并发生重力分异而使海水分层，缺氧海水分布于下部，这种水底缺氧或还原的环境有利于有机质保存。

微生物培育实验（图 2-17 及图版 Ⅱ）证明，氮、磷、铀等营养元素可以促进微生物的生长或油脂的累积。总体来说，随着含磷（K_2HP_4）浓度的增加，微生物生长率一直增加；而含氮（$NaNO_3$）及含铀（U_3O_8）浓度的增加，微生

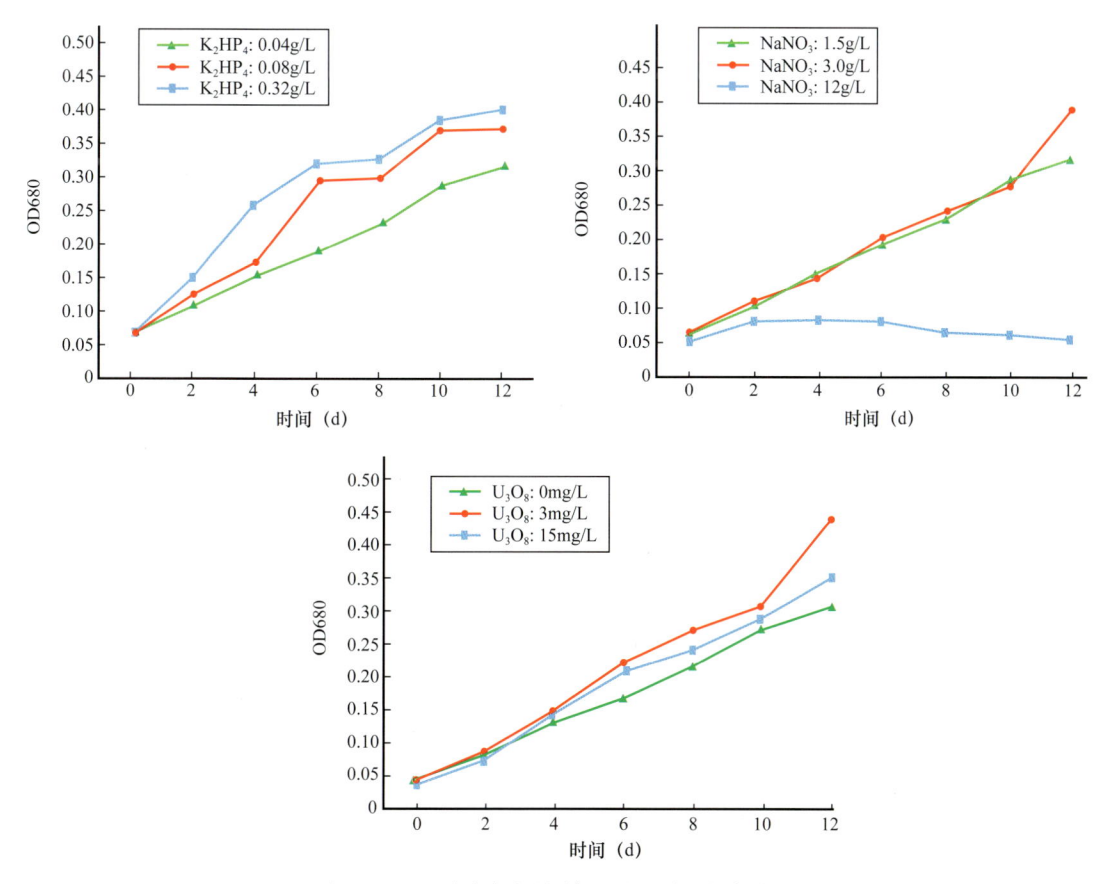

图 2-17 不同浓度培养基微生物培育实验

物生长率呈现先增加后降低的特点（图2-18）。以氮、铀元素为例，结果显示，在培育周期的前4天，当NaNO₃浓度为3g/L、6g/L时，对微囊藻的生长具有一定的微弱的促进作用；第4～9天则表现为抑制作用；第9天以后则有转换较为明显的促进作用。当NaNO₃的浓度为12g/L时，在整个培育过程对微囊藻的生长则有明显的抑制作用，当KNO₃浓度为1.5g/L时，对紫球藻的生长具有一定的促进作用，并且在处理30天后，其生长状况与对照无明显差异；但当KNO₃的浓度为3g/L及6g/L时，对该藻的生长则有抑制作用。同样，不同铀浓度对紫球藻的生长影响也显示同样的特征。

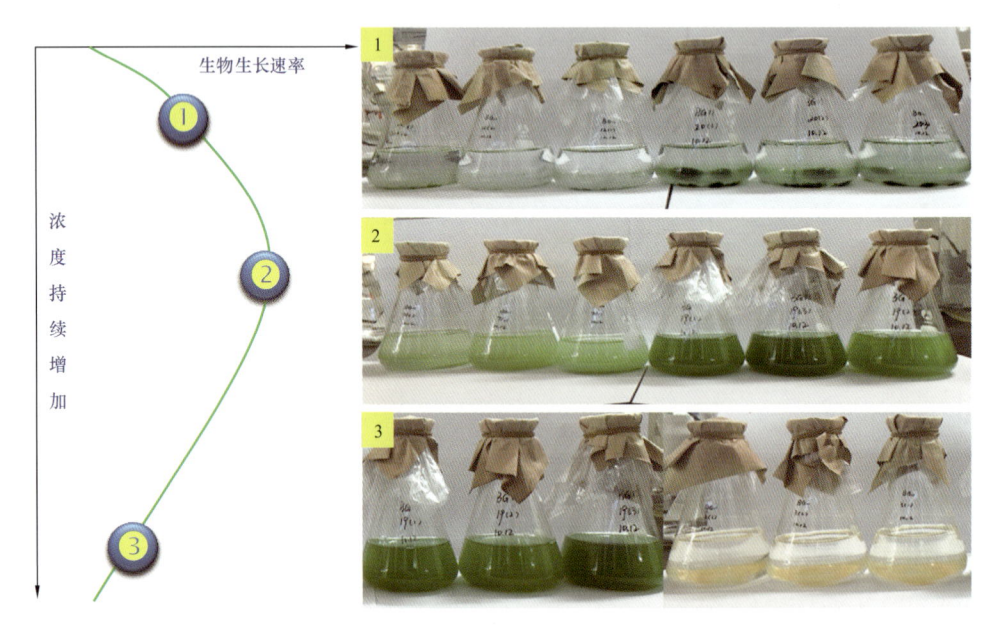

图2-18 营养物质（N、U）增加对微生物生长的影响

高浓度硝酸盐对微囊藻油脂含量的影响，硝酸盐浓度为12g/L时，直接导致微囊藻的死亡，因此无法测定其油脂含量。但KNO₃浓度6g/L时，与对照组（1.5g/L）相比，其油脂含量略有提高。不同硝酸盐对紫球藻油脂含量的影响表现为KNO₃浓度的升高，有利于油脂的积累，其中KNO₃的浓度为3g/L时，油脂含量最高可达47.17%。但随着硝酸盐浓度的增加，油脂含量有所下降，但均比对照组高。透射电镜的结果也表明，相比于正常条件组，KNO₃浓度为3g/L、6g/L和12g/L时，微囊藻细胞内部结构无明显差异；同样，高浓度的KNO₃并未对紫球藻细胞产生破坏，但随着硝酸盐浓度的升高，其胞外胶被层逐渐增厚。

（二）有机质富集模式

华北元古宇存在两种水体环境，不同的水体环境下分布着不同的微生物群落，并控制着两种不同模式的有机质富集（张宝民等，2007）：一种以下马岭组为代表的强滞留咸化水体的贫氧—缺氧环境有机质富集模式（图2-19），生烃母源以原核生物为主；另一种以洪水庄组为代表的缺氧—硫化环境有机质富集模式（图2-20），生烃母源既有原核生物也有真核生物。

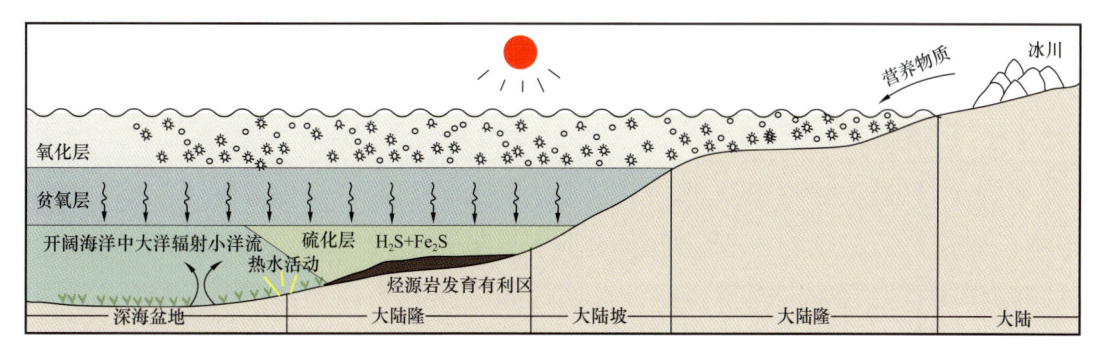

图 2-19　中—新元古代弱滞留缺氧—硫化水体环境有机质富集模式

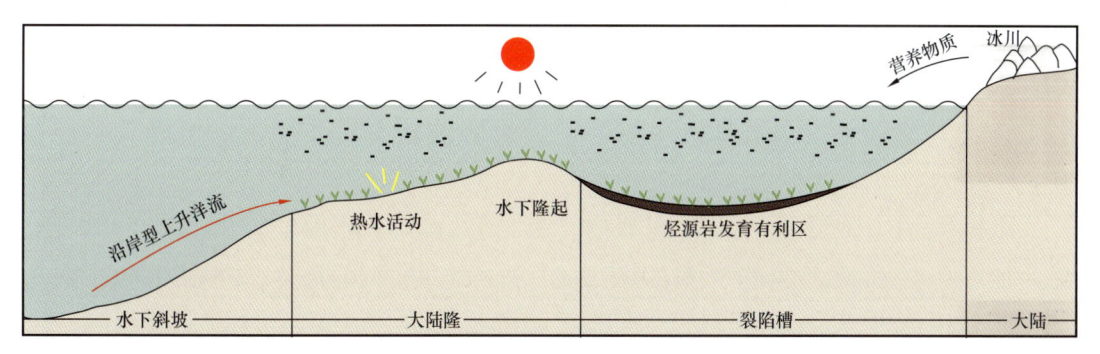

图 2-20　中—新元古代强滞留贫氧—缺氧咸化水体环境有机质富集模式

1. 弱滞留缺氧—硫化水体环境有机质富集模式

微生物群落对水体盐度尤为敏感，盐度高或低都不利于其生存。元素地球化学分析表明，洪水庄组沉积期的沉积水体环境为开阔的弱滞留水体环境，当盆地发生海侵作用时，有利于盆地的水体与外界开阔水体保持沟通，此时的海洋水体具有正常的盐度条件。这种滞留强度弱且盐度合适的水体环境有利于大量的真核浮游藻类繁盛，这些真核浮游藻类为洪水庄组有机质形成提供了大量物质基础，且球形藻群构成了这些真核浮游生物群落的主体，其次还有少量的异形微生物群落，不仅种类多，且繁盛程度高。而在较浅的水体环境主要分布有原核底栖生物群落。前面的生物标志化合物和化石资料也显示洪水庄组沉积时期的古海洋生物既有原核底栖藻类也有真核浮游藻类。

2. 强滞留贫氧—缺氧咸化水体环境有机质富集模式

在强滞留水体环境下，盆内水体与外界水体的连通性减弱，水体的补给受限，导致水体的蒸发量大于淡水的补给量，水体的含盐度增加开始咸化，不利于浮游型微生物的生长。而这种水体环境有利于底栖型微生物生长繁盛，这就是下马岭组沉积期海洋微生物群落的分布状态。生物标志化合物和化石资料也显示下马岭组沉积时期的古海洋生物主要是以原核底栖藻类为主。热水活动、火山活动、风化作用和上升流带来的大量营养元素和营养盐，导致底栖生物的大爆发。同样这些微生物有机质在下沉过程中，消耗了水体中大量的氧气，形成了缺氧环境，有机质大量保存和富集。

（三）烃源岩生烃潜力

元古宇烃源岩生烃潜力大，不同类型的微生物对元古宇有机质生烃潜力有影响。通过对原核生物、真核生物的类干酪根及低成熟度的下马岭组干酪根进行高温高压黄金管生烃模拟实验，证明原核生物和真核生物的类干酪根都具有较强的生烃潜力，但真核生物的生烃潜力明显高于原核生物，且真核生物以生气为主，而原核生物以生油为主。低成熟度的下马岭组干酪根最高的生烃产率可达 301.66mg/g，表现出较高的生烃潜力。下马岭组有机质的生烃母质主要以底栖原核生物为主，而热模拟实验证明真核生物的生烃潜力高于原核生物，由此推测认为华北元古宇以真核生物为生烃母源的富有机质烃源岩可能具备更高的生烃潜力。

原核生物（微囊藻）和真核生物（紫球藻）类干酪根模拟试验产生的气态烃、非气态烃和液态烃的产率如图 2-21 所示。两种藻类类干酪根在生烃潜力上既具有相似性，又具独特性。所选实验的模拟温度和反应时间完全相同，但均代表着低熟阶段、成熟阶段和高成熟阶段的生烃特点。所以，模拟实验结果存在可比性。

总烃产率：两种类干酪根的总烃产率变化曲线基本一致。在整个生烃过程中，紫球藻类干酪根总烃产率一直大于微囊藻干酪根。两种藻类的类干酪根在 500℃ 的总烃产率达到最大，微囊藻为 216.22mg/g，紫球藻为 326.34mg/g。结果表明两种藻类具有较强的生烃潜力，真核生物生烃潜力高于原核生物。气态烃和液态烃产率随着温度的升高，两种藻类产生气体的产率增加。在 200~400℃，气态烃的产率增幅明显，液态烃的产率急剧减少，是由于高分子质量的液态烃发生 C—C 键断裂，形成低分子质量的气态烃。并且紫球藻生成的气态烃产率一直高于微囊藻，但液态烃的产率是低于微囊藻。推测认为以紫球藻为代表的真核浮游生物以生油为主，以紫球藻为代表的原核底栖生物以生油为主。该结论支持了前人提出的"浮游藻类生油，底栖藻类生气"的观点。轻烃产率：两组藻类的轻烃产率高峰均在 150~200℃ 达到最大，可能对应于过成熟生湿气阶段。200℃ 以后，轻烃产率急剧减少，发生热解，生成了大量气态烃，此阶段对应的是过成熟阶段，紫球藻在整个生烃过程中的轻烃产率高于紫球藻。

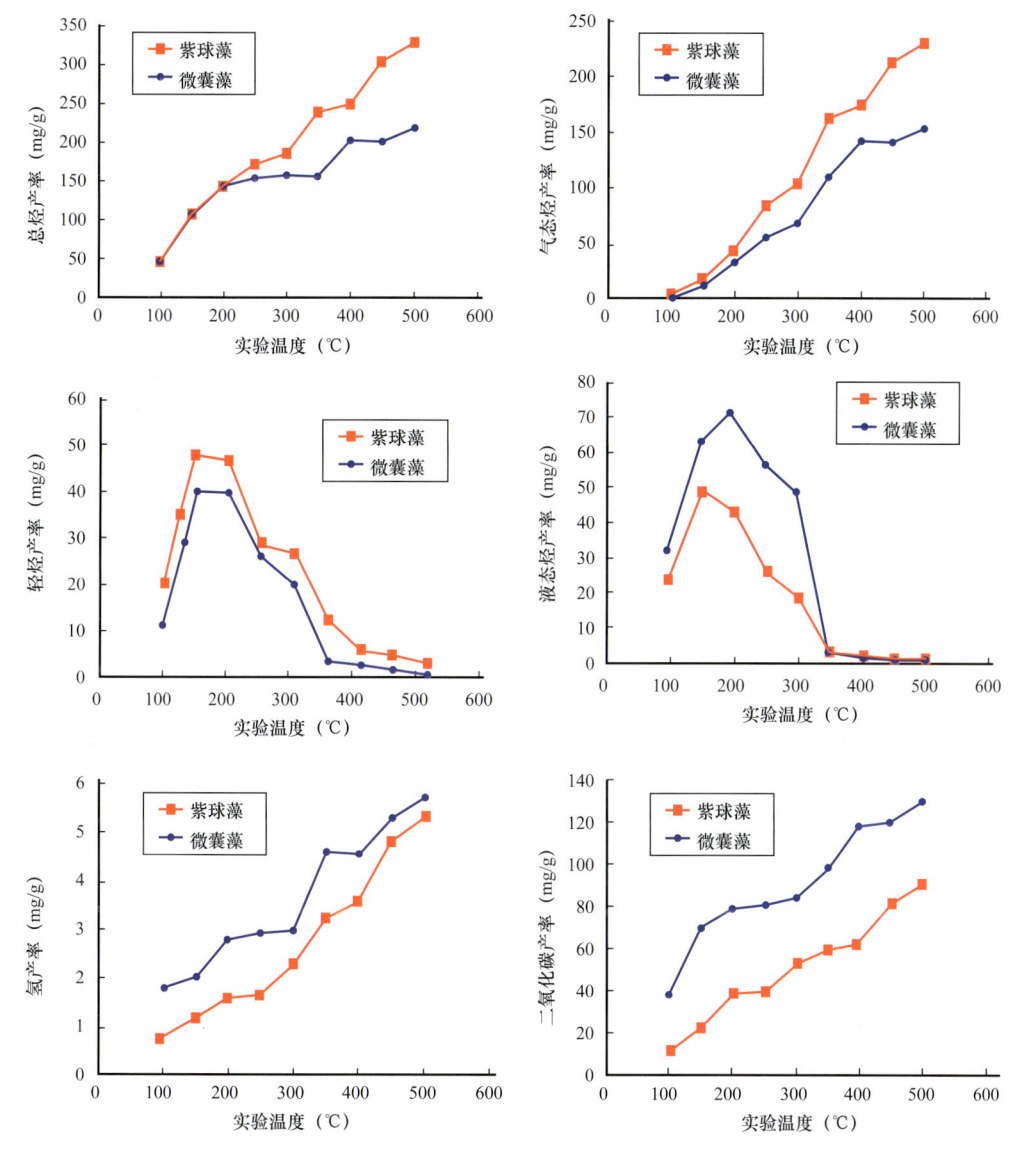

图 2-21 微囊藻和紫球藻类干酪根烃类和非烃类产率变化图

通过对真核生物紫球藻和原核生物微囊藻的类干酪根生成的烃类进行对比分析，认为两种微生物都具有较强的生烃潜力，但真核生物的生烃潜力明显高于原核生物，且真核生物以生气为主，而原核生物以生油为主。

华北克拉通中—新元古代裂陷槽发育，控制元古宇烃源岩分布，油气资源前景广阔。根据钻井资料、野外剖面和地震资料，结合裂陷槽的分布特征，可以对华北元古宇烃源岩展布范围和厚度进行预测（图 2-22）。

野外露头和盆地腹部的部分钻井资料均揭示裂陷槽发育区有烃源岩存在，在没有钻井资料的区域，主要通过地震资料约束烃源岩的分布。结果显示，燕辽裂陷槽元古宇烃源岩厚度最高可达 1500m，分布面积为 $169\times10^4 km^2$；东豫裂陷槽烃源岩厚度最高可达 1800m，分布面积为 $115\times10^4 km^2$；熊耳裂陷槽烃

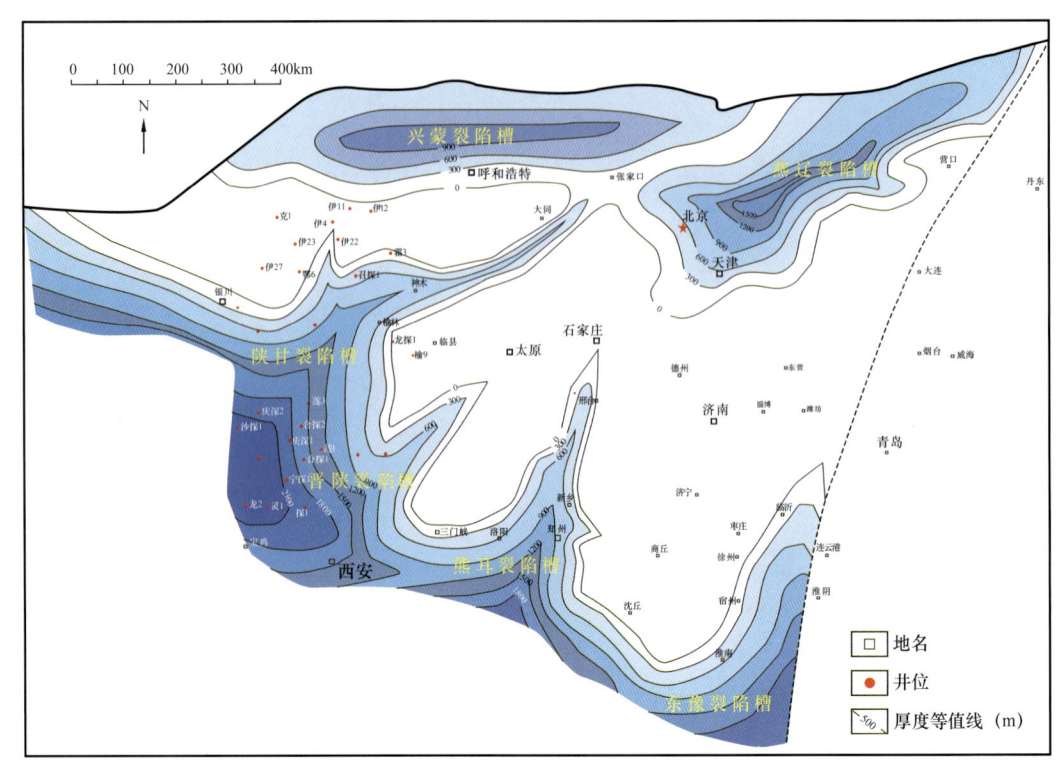

图 2-22 华北元古宇烃源岩分布预测图

源岩厚度最高可达 1800m，分布面积为 $160\times10^4km^2$；陕甘裂陷槽烃源岩厚度最高可达 2100m，分布面积为 $156\times10^4km^2$；晋陕裂陷槽烃源岩厚度最高可达 2100m，分布面积为 $180\times10^4km^2$；北缘裂陷槽烃源岩厚度最高可达 900m，分布面积为 $148\times10^4km^2$。总体上，元古宇烃源岩在华北六个裂陷槽均规模发育，厚度大且分布面积广。利用成因法对华北元古宇的油气资源生烃潜量进行计算，结果表明烃源岩的总体面积达 $928\times10^4km^2$，最厚可达 2100m。其中燕辽裂陷槽的油气资源生烃量达到 79.4×10^8t，，东豫裂陷槽油气资源生烃量达到 80.2×10^8t，熊耳裂陷槽的油气资源生烃量达到 32.5×10^8t。相比燕辽裂陷槽和东豫裂陷槽，熊耳裂陷槽较低的油气资源潜量可能是由于其有机质的物质基础沉积在古元古代，主要以生烃潜力较低的原核生物为主，当时的海洋初级生产力较低。在进行油气资源评价和勘探选区块优选时，建议根据裂陷槽的展布特征和不同烃源岩层系的生烃母质类型，来进行分区、分类别计算烃源岩生烃量。

第三节 咸化环境烃源岩及成烃机理

国外关于咸化环境蒸发岩与规模优质烃源岩共生的实例很多，并建立了相应的沉积模式，即蒸发岩形成初期，底部水体活动近于停滞，大量生物死亡，随着盐度的增加，逐渐形成还原环境，利于有机质保存。而国内中—新生代陆相盆地优质烃源岩均与咸化湖盆有关（金强等，2008），而海相深层小克拉通主要为浅水环境，膏盐岩与碳酸盐岩共生体系中同样发育优质烃源岩。在咸化环境中膏盐岩促进干酪根生烃，尤其在高—过成熟阶段催化作用明显；与此同时地层流体镁离子对原油裂解有催化促进作用，形成高含硫天然气。

一、膏盐岩及碳酸盐岩组合发育优质烃源岩

国内中—新生代陆相盆地除煤系沉积之外，优质烃源岩均与咸化湖盆有关，如渤海湾盆地、柴达木盆地、江汉盆地、苏北盆地和珠江口盆地等。前人应用沉积学、地球化学理论和油源对比等方法，对国内咸化湖盆优质烃源岩的形成与分布进行了研究。结果表明，断陷湖盆和前陆湖盆优质烃源岩是与碳酸盐、硫酸盐和氯化盐等蒸发盐类矿物相伴生的，有机质沉积的有利环境是半咸水、咸水和盐水湖泊。松辽盆地青一段和嫩一段是公认的主力烃源岩，近十多年的研究表明与水侵作用有关，可能是咸化湖盆缺氧环境的产物，其中有机质富集层中碳酸盐岩含量超过15%，而且油页岩就是由黏土质碳酸盐纹层与富有机质的黏土纹层组成。鄂尔多斯盆地三叠系原先被认为是大型淡水湖泊沉积，其中的延长组由五个段组成，延二段和延三段是烃源岩集中段，也是碳酸盐含量较高的层段，应是咸化环境的沉积。湖水在重力作用下易形成盐度分层，表层水盐度小，适于广盐和嗜盐性浮游生物的生存；深水部位的底层水盐度大、缺乏游离氧，适于有机质的保存；表层水生物高产率区与底层水缺氧区的叠合部位就是优质烃源岩的发育区。由气候变化引起的突发性洪水会破坏分层水体，使得湖水淡化，形成有机质含量较低的烃源岩，因此咸化优质烃源岩与淡化普通烃源岩常呈互层分布，咸化沉积物数量越多，生烃潜力越大。

国内深部地层主要为浅海沉积，蒸发环境沉积的膏盐对成烃有无影响，膏盐与碳酸盐岩共生体系中能否发育优质烃源岩？

虽然国内深层小克拉通蒸发岩系通常形成于碳酸盐岩台地内部，具有分布面积较小、厚度较薄、纵向连续性差的特点，但是浅水沉积环境的膏盐与碳酸盐岩共生体系可以发育优质烃源岩。鄂尔多斯盆地奥陶系马家沟组，在蒸发潮坪—潟湖环境中发育有效烃源岩。以城探1井奥陶系马家沟组为例，通过沉积微相和有机碳系统分析，探讨台地膏盐环境中烃源岩发育特征。该套烃源岩以暗色云质泥岩为主，属云泥坪环境，自然伽马曲线处于相对高值，在150API左右，集中分布于马三上亚段，其次是马三中—下亚段和马一段（图2-23）。根据岩性数据统计，云质泥岩总体上单层厚度较薄，在10～20m，累计厚度大，可占地层厚度的30%～50%，TOC一般为0.3%～

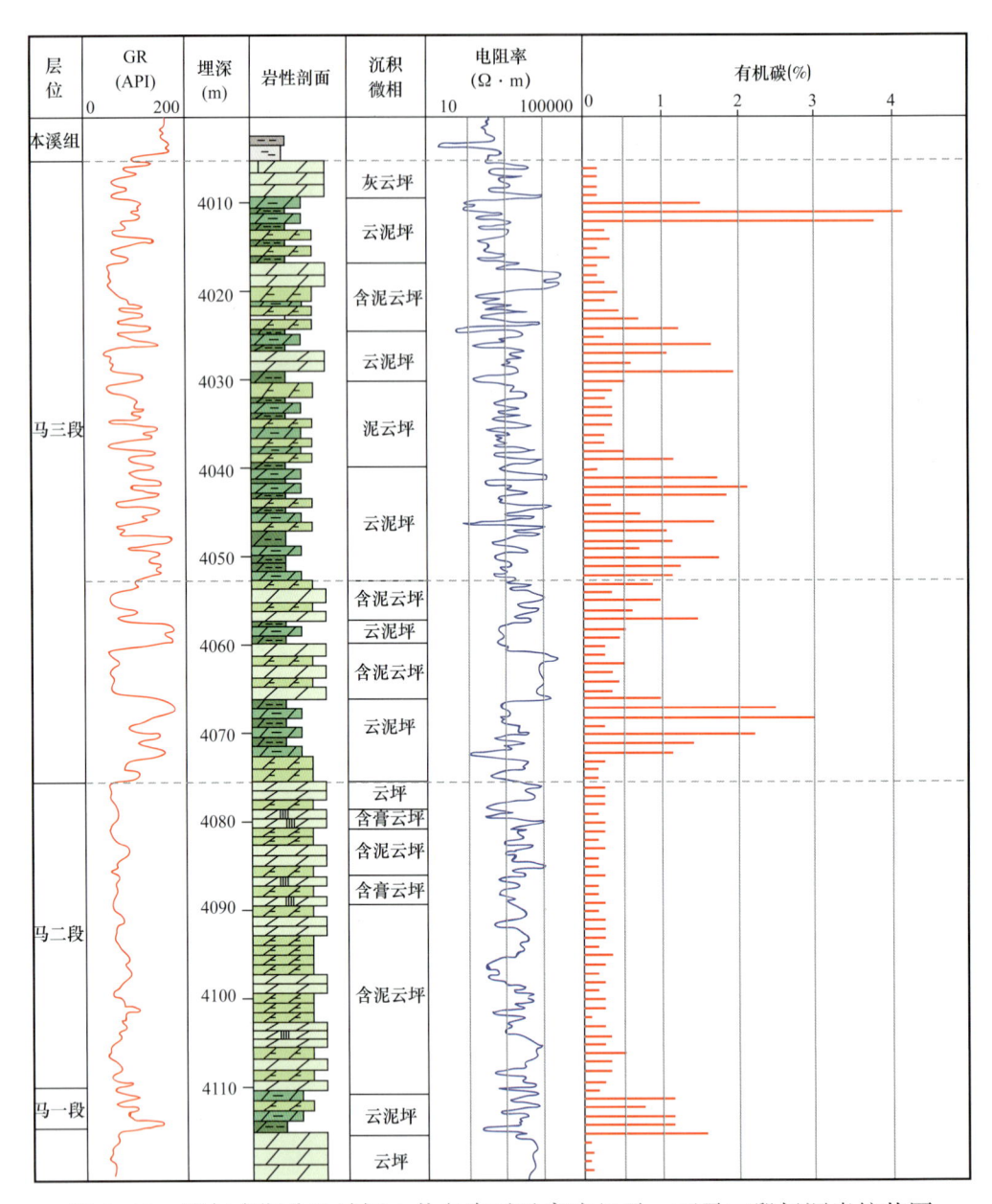

图 2-23 鄂尔多斯盆地城探 1 井奥陶系马家沟组马一至马三段烃源岩柱状图

5.14%，平均1.35%；烃源岩干酪根碳同位素偏重，特别是高丰度（TOC）烃源岩比低丰度（TOC）烃源岩干酪根的 $\delta^{13}C$ 值偏重 3‰~4‰，反映咸化水体环境，与咸化程度有关。总体来说，在奥陶纪交替发生三次海侵和海退，海侵期为开阔浅水碳酸盐岩台地沉积环境，不利于烃源岩形成，而在海退期的蒸发潮坪—潟湖环境则有利于烃源岩形成。烃源岩在平面上环"盐洼"分布（图 2-24），受含膏云坪和次级洼陷控制。在小克拉通碳酸盐岩台地膏盐环境中可以形成和保护有效烃源岩，云泥坪和潟湖是烃源岩发育的有利沉积环境。

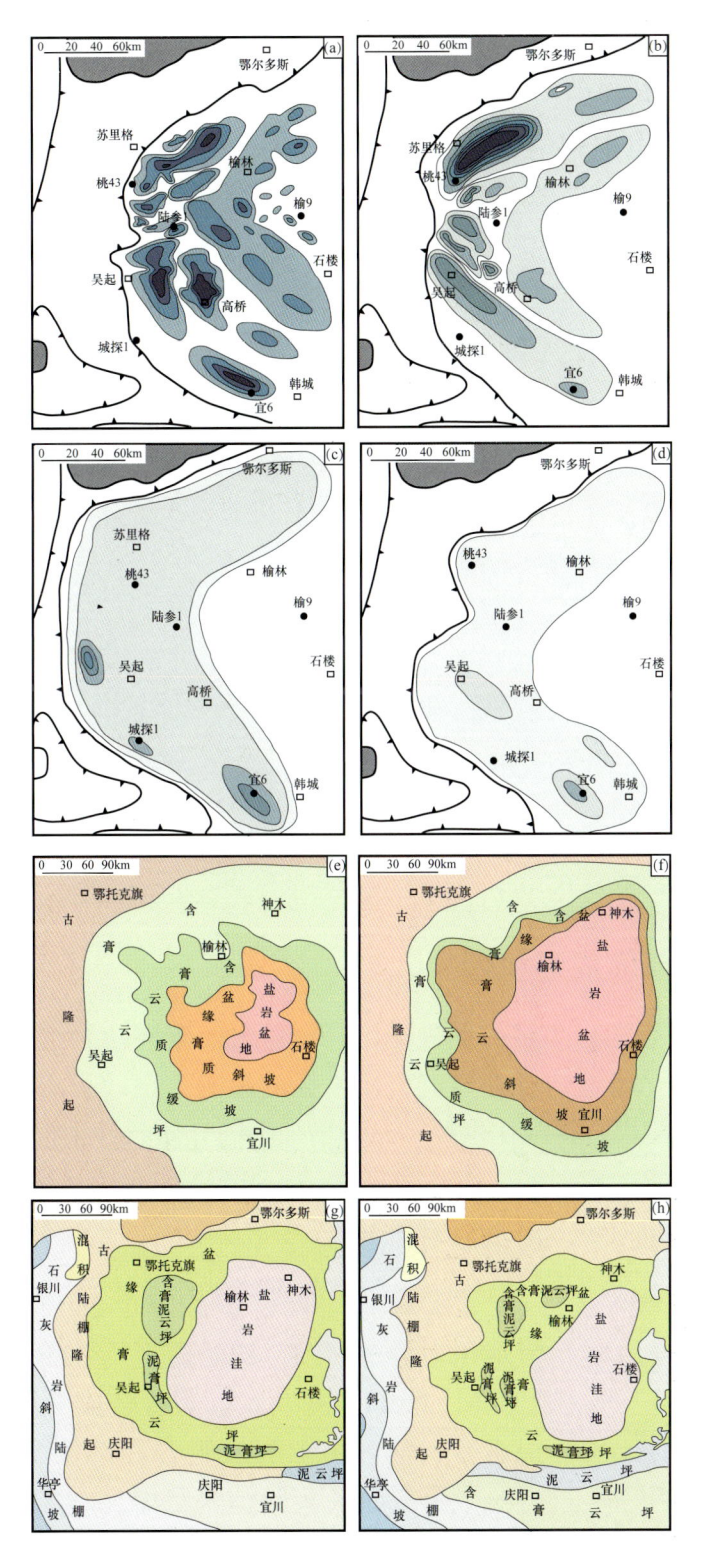

图 2-24 鄂尔多斯盆地奥陶系蒸发潮坪—潟湖环境发育的有效烃源岩分布

（a）马五上亚段有效烃源岩等厚图；（b）马五$_{5-10}$亚段有效烃源岩等厚图；（c）马三段有效烃源岩等厚图；（d）马一段有效烃源岩等厚图；（e）马五$_4$亚段岩相古地理图；（f）马五$_6$亚段岩相古地理图；（g）马三段岩相古地理图；（h）马一段岩相古地理图

四川盆地川东地区寒武系盐下是否发育烃源岩，也是值得研究的问题。该区含盐层系为中—下寒武统，目前盐下发育的筇竹寺组烃源岩已确定（图2-25），盐下沧浪铺组是否有烃源岩发育，即中—下寒武统咸化前，是否发育烃源岩值得研究。初步判断应该有发育烃源岩的环境条件，如果有烃源岩发育，潜力将会大大提升。

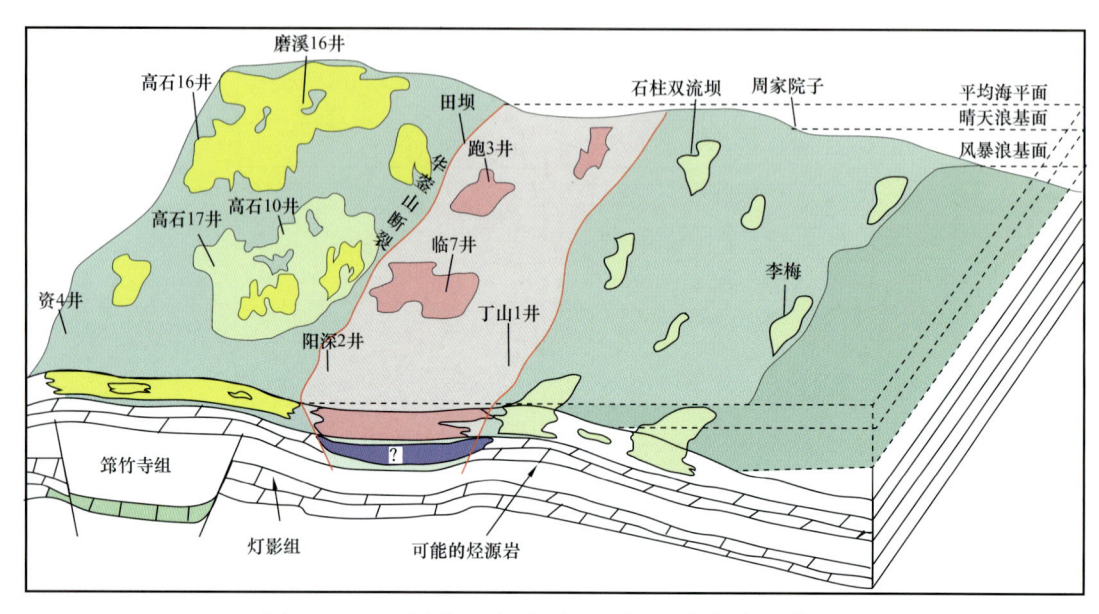

图 2-25　四川盆地寒武系盐下烃源岩发育示意图

二、咸化环境成烃机理

膏盐环境对烃源岩生烃有促进作用，膏盐岩—碳酸盐岩组合有机质生烃潜力变大。为了揭示膏盐岩存在对有机质生烃的影响，设计了两类模拟实验，一是将膏盐岩与干酪根直接配比生烃，二是增加不同介质条件模拟原油裂解生气。

（一）膏盐岩促进干酪根生烃，高—过成熟阶段催化作用明显

实验模拟岩性模型如图2-26所示，实验条件：恒定压力为35MPa，初始温度为325℃，升温速率为2℃/h，每25℃测一点。实验分成三组：膏岩＋干酪根组合、盐岩＋干酪根组合和纯干酪根组合。膏盐岩—干酪根生烃实验结果数据显示（图2-27），小于525℃（$R_o<2.2\%$）时，膏岩和盐岩抑制甲烷生成，大于525℃（$R_o>2.2\%$）时，则促进甲烷的生成；小于475℃（$R_o<1.8\%$）时膏岩和盐岩抑制C_{2+}重烃气的生

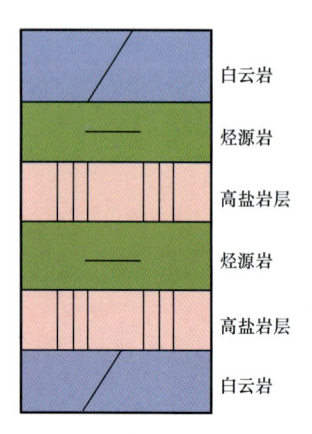

图 2-26　膏盐岩与干酪根生烃模拟实验示意图

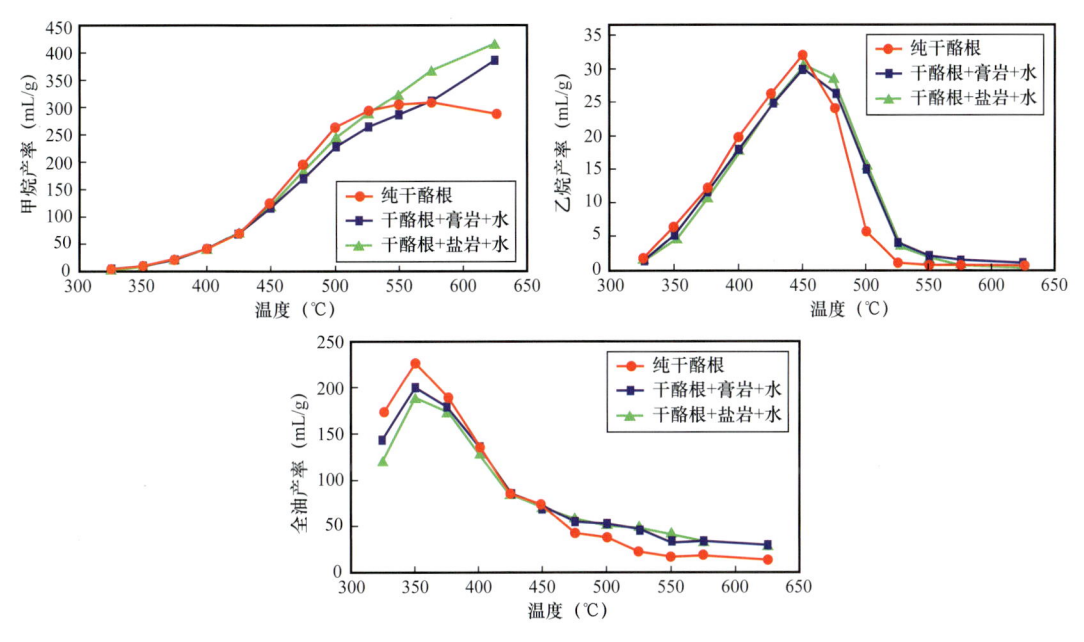

成，大于475℃（$R_o>1.8\%$）则促进 C_{2+} 重烃气的生成；小于500℃（$R_o<2.0\%$）时膏岩和盐岩抑制液态烃生成，大于500℃（$R_o<2.2\%$）则促进液态烃生成。因此，可以得到两点结论：中低熟阶段抑制生气，高—过成熟阶段促进生气；中低熟—高成熟早期抑制生油，高成熟晚期—过成熟阶段促进生油。

图 2-27 膏盐岩与干酪根生烃产率变化曲线

（二）地层流体 Mg^{2+} 对原油裂解有催化促进作用，形成高含硫天然气

实验模拟岩性模型如图 2-28 所示，实验条件：恒定压力为 50MPa，初始温度为 365℃，时间范围为 0～168 小时。实验分成四组：原油加硫酸镁、原油加碳酸钙、原油加硫酸钙和纯原油组合，模型如图 2-28 所示。介质条件油裂解实验结果（图 2-29）显示，$MgSO_4$ 体系中，甲烷、乙烷、丙烷、总气烃的产率高于其他体系，气烃产率明显增大。而 $MgSO_4$ 体系近似于膏盐岩—白云岩组合地层流体，明显发生 TSR，形成高含硫天然气。这改变了"膏岩+水+烃类"形成高含硫天然气的传统认识，揭示了 Mg^{2+} 有重要催化作用，反应过程如下。

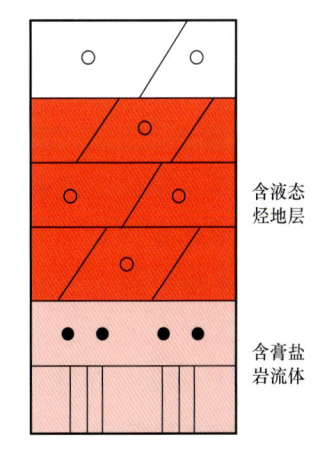

图 2-28 不同介质条件原油裂解生气实验

$$C_nH_{2n+2} + SO_4^{2-} + H_2O \xrightarrow{Mg^{2+}} H_2S\uparrow + CH_4\uparrow + CO_2\uparrow$$

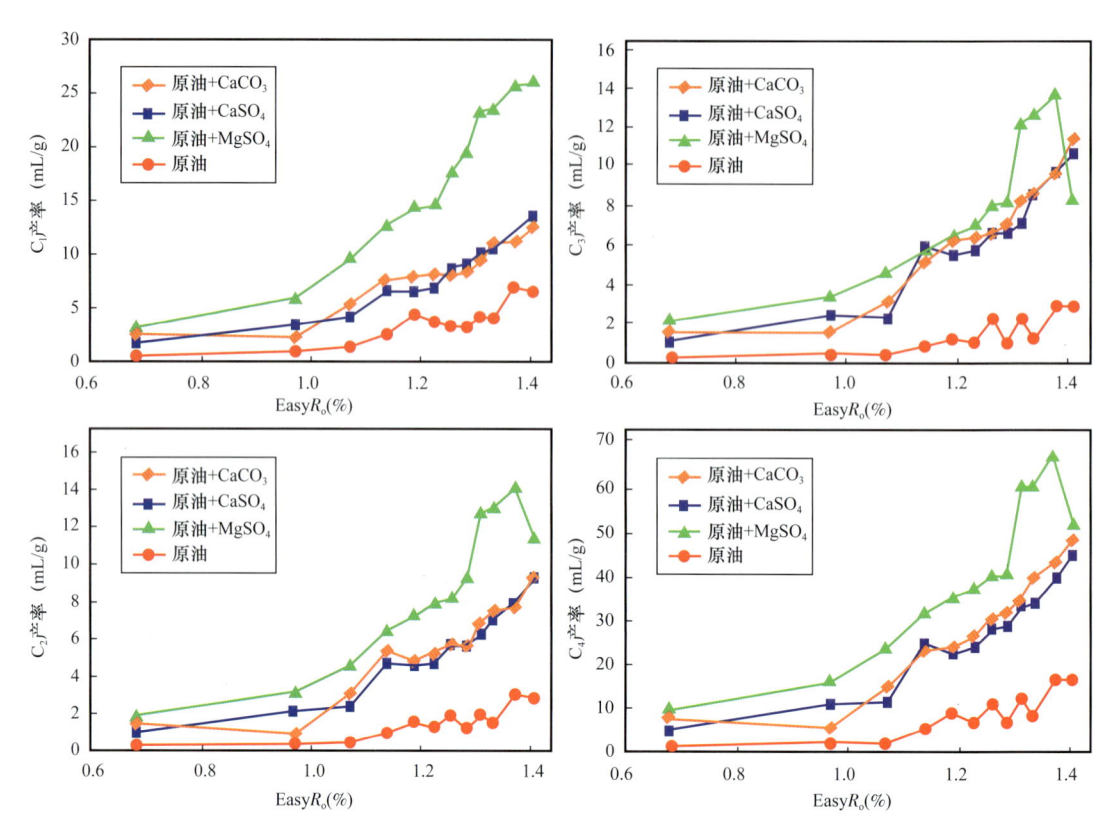

图 2-29　含膏盐岩流体介质条件原油裂解生气产率变化曲线

第四节　煤成气新模式

中国天然气探明储量的 70%、产量的 63% 来自煤系地层。但是煤系地层的真实生气潜力究竟有多大，煤成气结束的成熟度界限是 R_o 为 2.0%，还是 2.5%，或者更高，一直存在争议。近些年来，通过在国内鄂尔多斯上古生界、库车中生界、松辽盆地徐家围子等地区的油气勘探，拓展了油气新认识，构成了完整的成熟度序列（图 2-30）。通过一系列高温热解模拟实验、产物分析及元素物质平衡计算，建立了地质条件下煤的"双增加"生烃模式，对煤系生气机理和生气潜力进行了重新认识。

煤系气源岩生气量主要受有机质成熟度和显微组分组成的影响，目前确定烃源岩生气量的方法主要为热模拟实验。张水昌等（2013）采用延长加热时间和不同成熟度系列煤 H/C 元素比的方法确定煤成气生成量。利用黄金管体系对鄂尔多斯盆地侏罗系煤（R_o 为 0.52%）采用两种不同的升温方法（程序升温方法和分步恒温加热方法）模拟生成的烃类气体（图 2-31），前者测定煤的最大生气量不到 200 m³/t；后者得到煤的最大累计生气量可达 330 m³/t。根据 Chen 等提出的煤中 H/C 原子比与成熟度的关系，计算得到的成熟度尺值为 0.5% 的

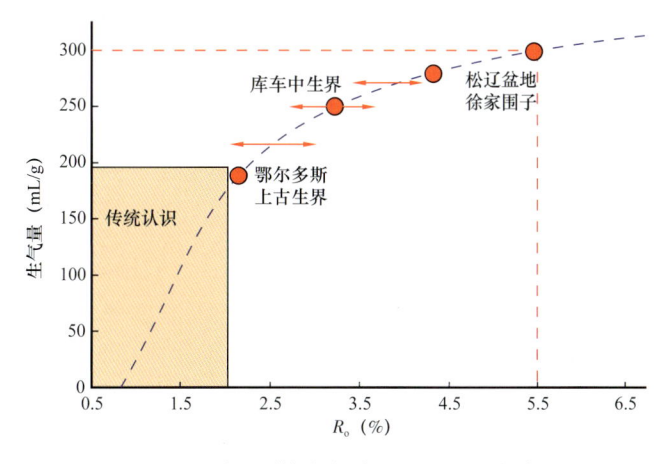

图 2-30 中国煤成气完整的成熟度序列

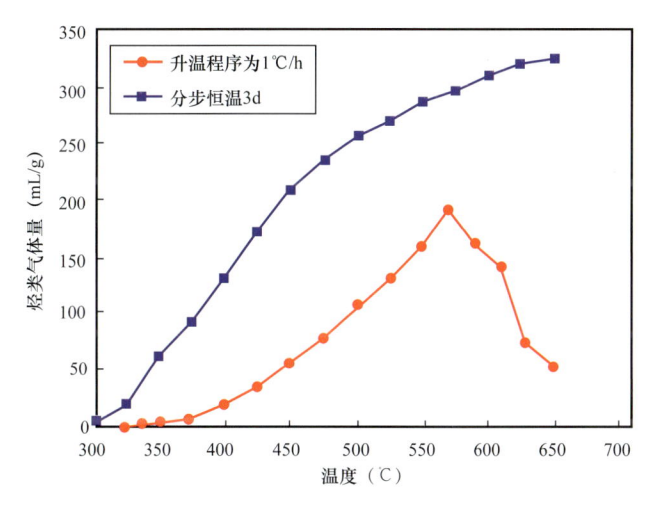

图 2-31 低熟煤在不同模拟实验方法下生成的烃类气体量与模拟温度关系图

煤在 R_o 达到 6.0% 时的理论最大生气量为 383 m³/t，这比模拟实验结果得到的煤最大产气率还高。这一结果对中国含煤盆地煤成气生气量及资源量评价具有重要意义。

煤及煤系泥岩作为"全天候"气源岩而使得煤成气的生成贯穿于成煤作用的整个演化过程，但是对于煤及煤系泥岩在各演化阶段产气率的研究仍存在一些争议（宋岩等，2012）。早期的观点一般认为煤的"生气死亡线"R_o 值接近 2.5%，国外学者认为煤系气源岩在高演化阶段有机质可以重新组合形成新的干酪根，在更高的演化阶段 R_o 达到 5% 还可以生成大量的天然气；陈建平等（2007，2008）认为以煤为代表的有机质高度富集的Ⅲ型有机质生烃率低，生烃延续的成熟阶段长，没有明显的生气高峰，腐殖煤生气成熟度下限 R_o 最高可达 10%。张水昌等对取自松辽、沁水和鄂尔多斯等盆地成熟度 R_o 值从 0.56%～5.32% 的七个煤样（图 2-32）采用黄金管热模拟的方法进行了生气量模拟，实验结果说明煤在 R_o 为 5.32% 以前还能生气，认为成熟度 R_o 界限值定

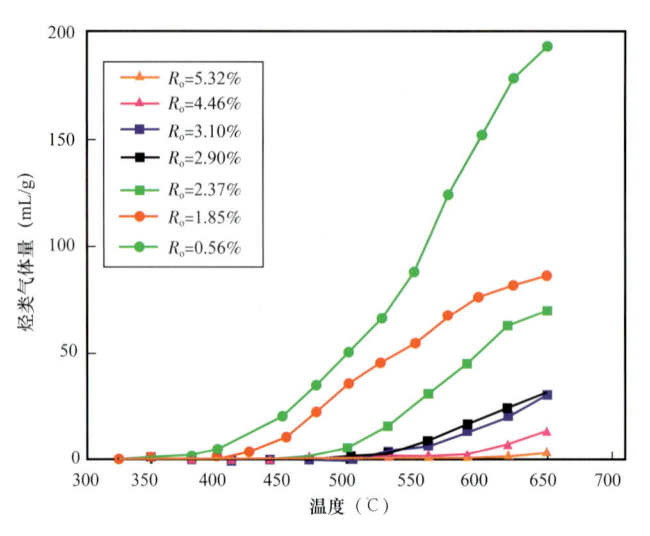

图 2-32　不同成熟度系列煤生成烃类气体量与模拟温度关系图

在 5.0% 较为合适。

结合上述生气潜力、机理和时限的研究，结合模拟实验成熟度的标定方法和生烃动力学，可以把模拟实验结果推演到地质条件下，建立地质条件下煤的"双增加"生烃模式（图 2-33）。与前人煤生气量与生烃结束界限相比，煤生气要结束的成熟度界限后延了 1 倍，而生气量增加了 40%～50%。

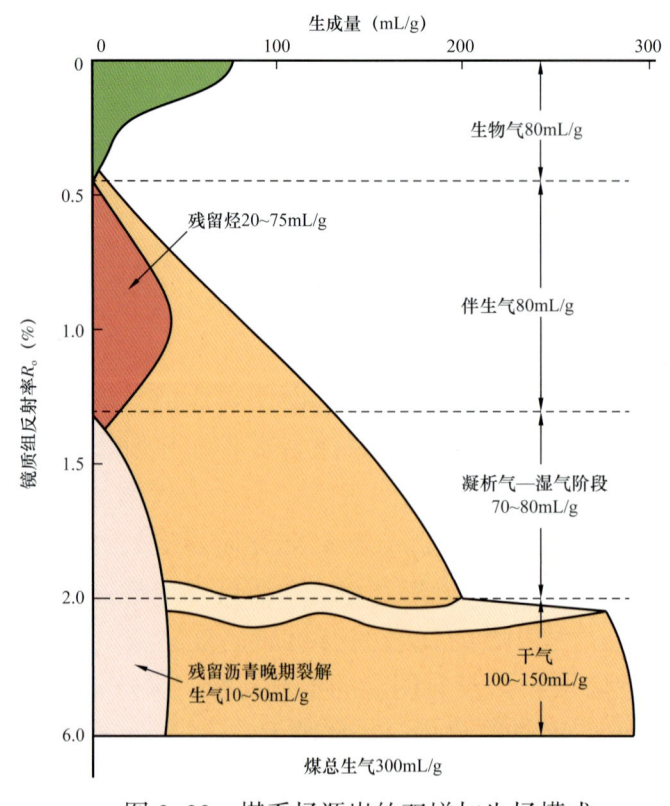

图 2-33　煤系烃源岩的双增加生烃模式

- 48 -

第一阶段为生物与热共同作用阶段，即 R_o 小于 0.5% 的未成熟演化阶段。该阶段主要为有机质的生物发酵及厌氧环境下的 CO_2 还原生成生物气，并可能有少量热力作用下生成的天然气，根据国外的数据生物化学作用阶段天然气生产量分布在 48～85 m^3/t。

第二阶段为传统主生油窗阶段，即 R_o 在 0.5%～1.3% 的成熟阶段。该阶段在热力作用下煤结构中键合力小的长链烷基、脂环类及部分芳香类基团脱落生成天然气，天然气的成分除甲烷外，还有乙烷、丙烷等重烃气，同时也可以生成少量液态烃类。该阶段生气量约为 80 m^3/t。

第三阶段为主生气阶段，即 R_o 为 1.3%～2.5% 的高成熟—过成熟阶段。该阶段主要是煤中短链烷基断裂脱落生气或者已经生成但没有排驱的长链烃类裂解形成天然气。由阶段生气量为 80～120 m^3/t。

第四阶段，即 R_o 大于 2.5% 过成熟干气演化阶段。该阶段甲烷的碳同位素存在一个明显的降低过程表明，大分子结构中芳环甲基或烷基酚类的甲基断裂作用是生成甲烷的机制，而且随着热演化程度的增加，这种产甲烷作用逐渐占主导地位。由于烷基酚类是木质素、纤维素的主要成分，在煤的镜质体中大量存在，因此其在高成熟阶段仍然可以生成相当数量的天然气。该阶段生气量可达 100～150 m^3/t，占总生气量的 30%～50%。

煤成气的生成是全天候的连续过程。从有机质沉积之后到石墨化进程前均可生气，但不同阶段的生气量、生气母质和气的组成不同，机制也不一样。由于煤系烃源岩干酪根的特殊性，含有大量烷基酚类化合物和芳构化结构的物质，只有在高温环境下这些物质才能发生裂解，支链从芳香结构上断裂生成烃类气体，芳香结构进一步缩聚。因此，过成熟阶段酚类化合物是主要生气母质，仍然可以生成大量的天然气，这对高—过成熟含煤盆地煤成气资源评价具有重要的应用价值。

第三章 深层储层的形成机制

深层储层经历的成岩改造期次多，储层非均质性增强，储集空间类型、几何形态及储层成岩与保持机制复杂，能否形成规模有效储层是深层大油气田形成的关键。深层三大岩类储层均可以规模成储，但其成储机制及影响因素不同。因此，总结深层不同岩性储层形成的主控因素，对成藏条件及油气分布规律认识、深层油气勘探有利区选择具有重要意义。

第一节 深层碳酸盐岩成储机制

与碎屑岩储层不同，碳酸盐岩储层的发育不受深度限制，其储集物性与深度之间没有必然的对应关系，深层孔隙仍可形成与保持。深层孔隙的形成受控于优势沉积相，大面积的高能相带是深部储层形成的物质基础，叠加后期溶蚀、埋藏等建设性成岩作用，往往能够规模成储形成深层大油气田。膏盐岩与碳酸盐岩组合油气储量巨大，国内三大海相克拉通盆地膏盐岩—碳酸盐岩组合均有分布，发育三种膏盐岩与碳酸盐岩组合类型；不管是在表生环境还是埋藏环境，不同的膏盐岩与碳酸盐岩组合均能形成不同规模的储层。中国四川、华北、塔里木等地区均已证实元古宇—寒武系微生物碳酸盐岩具良好的储集性，早期白云石化和微生物释气作用，使得先存孔隙得以很好保持。

一、优势沉积相叠加后期建设性成岩作用

（一）大面积层状礁滩相碳酸盐岩是储层规模成储的基础

深层碳酸盐岩储层经历长期、复杂的成岩叠加改造，储层原始沉积物质对储层演化至关重要。无论是石灰岩岩溶型储层，还是白云岩孔洞型储层，礁滩相均构成深层碳酸盐岩储层的主体原岩（朱光有等，2006；张宝民等，2009；李凌等，2013）。国内沉积盆地发育的高能相带的礁滩相，尤其滩相，是深层碳酸盐岩储层形成的物质基础（王一刚等，2004；何幼斌等，2010；杨威等，2012）。高能相带叠加多期岩溶改造是深层碳酸盐岩规模储层形成的主控因素。碳酸盐岩层系高能相带主要有礁、滩两类，滩体规模大于礁体，三大盆地12套层系发育两类高能相带，台缘礁滩面积（13～16）×$10^4 km^2$，台内滩面积23.30×$10^4 km^2$。

克拉通内裂陷周缘高能环境发育台缘带生物礁、滩复合体。元古宇—寒武系台缘带，生物礁与颗粒滩叠置发育，厚度20～150m，宽度4～20km，长度

数百至上千千米。如四川盆地灯影组台缘带。

蒸发潟湖周缘高能环境发育大面积分布的颗粒滩体。在碳酸盐岩缓坡背景下，颗粒滩在潟湖两侧对称分布，纵向上颗粒滩多层叠置，厚度30～120m，面积（1～8）×10^4km^2。如四川盆地龙王庙组颗粒滩面积8×10^4km^2，塔里木盆地下寒武统颗粒滩大面积分布，台缘礁面积8123km^2，台内礁滩面积87557km^2。

表3-1 三大盆地礁滩体统计表

盆地	层系	台缘礁滩 分布	面积（10^4km^2）	台内滩 分布	面积（10^4km^2）	勘探发现
塔里木盆地	良里塔格组	塔中、巴楚、塔北、塘南	1.2	塔中、巴楚	0.3	塔中
	一间房组	塔中、巴楚、塔北	1～1.5	塔北、塔中、古城	1.5	哈拉哈塘
	鹰山组	轮南、塔中、古城	2～3	全盆地	3～5	哈拉哈塘、塔中、古城
	蓬莱坝组	轮南、古城	2～3	全盆地	3～5	塔中162、古城4
	寒武系	轮南、古城	2～3	普遍发育		中深1
四川盆地	嘉陵江组			全盆地	5～6	40余个小气田
	飞仙关组	川北	0.25～0.35	川中、川北、川东	2.5～3	龙岗、罗家寨、铁山坡
	长兴组	川北	0.15～0.25	川中、川北、川东	0.8～1.2	龙岗、黄龙厂、五百梯
	栖霞—茅口组	川西北	0.6	川中、川西	0.8～1.5	龙16、河3、双探1
	寒武系			川中、川东	3～5	安岳龙王庙
	震旦系	川中、川东	2.6	川中	0.6～0.8	川中
鄂尔多斯盆地	奥陶系	西南缘	0.2～0.5	中东部	3～5	淳2、旬探1

四川盆地龙王庙组缓坡台地垂向上发育三期滩体，平面上位于台洼或潟湖两侧的台隆区，具双滩发育特征。滩体累计厚度30～90m，颗粒滩储层厚度10～70m。龙王庙组颗粒滩储层以砂屑白云岩为主，少量鲕粒白云岩，形成于同生期的交代作用，原岩为生屑砂屑灰岩和鲕粒灰岩。储集空间类型以粒间孔、晶间（溶）孔、溶蚀孔洞为主，少量裂缝，孔隙度最大11.28%，主体介于2%～8%之间，渗透率最大为101.80mD，主体介于0.01～10mD之间。龙王

庙组颗粒滩分布面积近 $3\times10^4km^2$，仅高石梯—磨溪地区的储量规模就达万亿立方米以上。塔里木盆地下寒武统肖尔布拉克组与四川盆地下寒武统龙王庙组具相似的缓坡地质背景和双滩发育模式，台内滩分布面积在 $9\times10^4km^2$ 以上，沿潟湖及台内洼地周缘分布。

（二）建设性储层改造作用是后期规模成储的关键因素

碳酸盐岩规模有效储层的形成必须经过后期成岩作用改造，深层碳酸盐岩优质储层的形成机制则主要受控于表生岩溶作用和埋藏过程中各种成因的侵蚀性流体溶蚀作用、TSR作用、埋藏白云岩化和构造热液白云岩化作用等。

1. 大面积准层状岩溶（风化壳）储层

塔北南缘一间房组和鹰山组（胡明毅等，2014）、塔中鹰山组（图3-1）、鄂尔多斯盆地马家沟组上组合，四川盆地茅口组顶部、雷口坡组顶部均发育大面积准层状岩溶（风化壳）储层，包括碳酸盐岩潜山和内幕两类岩溶储层，受大型的潜山不整合面、层间岩溶界面和断裂系统控制，准层状岩溶（风化壳）储层大面积分布。

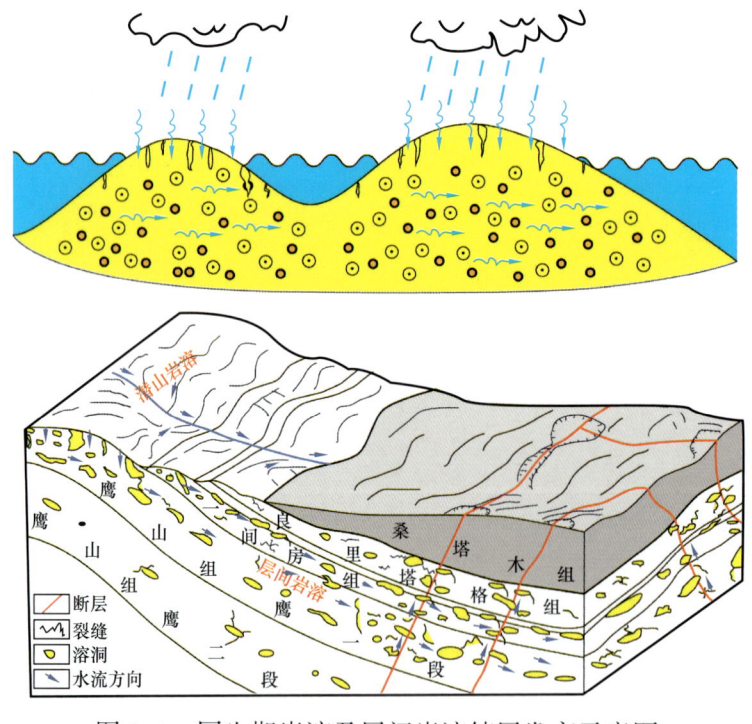

图3-1 同生期岩溶及层间岩溶储层发育示意图

塔北地区轮南低凸起奥陶系鹰山组石灰岩为石炭系砂泥岩覆盖，之间代表长达120Ma的地层剥蚀和缺失，峰丘地貌特征明显，潜山高度可以达到数百米，是区域构造运动的产物，不整合面之下的岩溶缝洞是非常重要的油气储集空间，集中分布在不整合面之下0～100m的范围内，形成于表生期的岩溶作用时期，分布面积达 $2\times10^4\text{km}^2$，储量规模达数亿吨。

塔北牙哈—英买力地区的寒武系—蓬莱坝组、四川盆地雷口坡组、鄂尔多斯盆地马家沟组上组合白云岩分别为侏罗系卡普沙良群、三叠系须家河组及石炭系本溪组碎屑岩覆盖，之间代表长期的地层剥蚀和缺失。地貌起伏不大，峰丘地貌特征不明显，缝洞体系不发育，可能与表生淡水环境白云岩比石灰岩更难溶解有关。以晶间孔、晶间溶孔、粒间孔、藻架孔及膏模孔为主，反映是对先存白云岩储层叠加改造的产物。塔北牙哈—英买力地区白云岩风化壳储层分布面积达 200km^2，含油面积 36km^2，储量规模达 $2000\times10^4\text{t}$；鄂尔多斯盆地靖边地区白云岩风化壳储层分布面积达 $2\times10^4\text{km}^2$，天然气储量规模达万亿立方米。事实上，风化壳之下白云岩的储集空间有两种可能的成因。一是风化壳形成之前，也就是说白云岩地层被抬升到地表前已经是多孔的白云岩储层；二是形成于风化壳岩溶作用时期，但被抬升到地表的白云岩地层特征与风化壳岩溶作用的改造效果密切相关，白云岩地层含易溶的灰质越多，形成的溶孔越多，改造效果就越好，而且灰质的产状和分布决定了溶孔的大小和分布，难溶的白云石为溶孔的保存提供了支撑格架。所以，白云岩风化壳储层储集空间的成因对储层预测具有重要的意义，如储集空间主体形成于风化壳形成之前，则储层的分布与风化壳无关，如储集空间主体形成于风化壳岩溶作用，则储层主要分布于不整合面之下 0~100m 的范围内，如储集空间是两者的叠合，则不整合面之下的白云岩储层是最优质的。

2. 厚层栅状岩溶缝洞储集体

该岩溶储层类型主要受断裂控制，岩溶缝洞沿断裂带呈网状、栅状分布，而非准层状分布，发育于连续沉积的地层序列中，之间没有明显的地层缺失或不整合，导致缝洞垂向上的分布跨度也大得多。塔北哈拉哈塘地区一间房组及鹰山组、英买1—2井区一间房组及鹰山组是这类储层的典型代表。

塔北南缘哈拉哈塘地区岩溶储层发育层位为一间房组及鹰山组，分布面积近万平方千米，岩溶储层深度跨度大于 200m，储集空间分布受断裂系统控制，主断裂控制洞穴的发育，裂缝系统控制孔洞的发育，越远离主断裂，孔洞越不发育（图3-2）。岩溶缝洞主要形成于走滑断裂及伴生的裂缝系统和断裂相关岩溶作用时期。

塔北英买1—2区块的一间房组和鹰山组沉积序列完整，为吐木休克组、良里塔格组和桑塔木组覆盖，之间没有明显的地层缺失和不整合。英买2号构造具穹隆状构造特征，构造面积 7km^2，构造幅度 560m。发育三组断裂，一组为北北东向大型走滑断裂，延伸较远，切割中—上寒武统志留系，另两组为北北西向和北西西向小型断裂，切割奥陶系，集中发育在穹隆高部位，分布面积 63km^2。储集空间有溶蚀孔洞、洞穴，主要沿穹隆高部位的断裂或裂缝发育，围岩基质孔不发育。

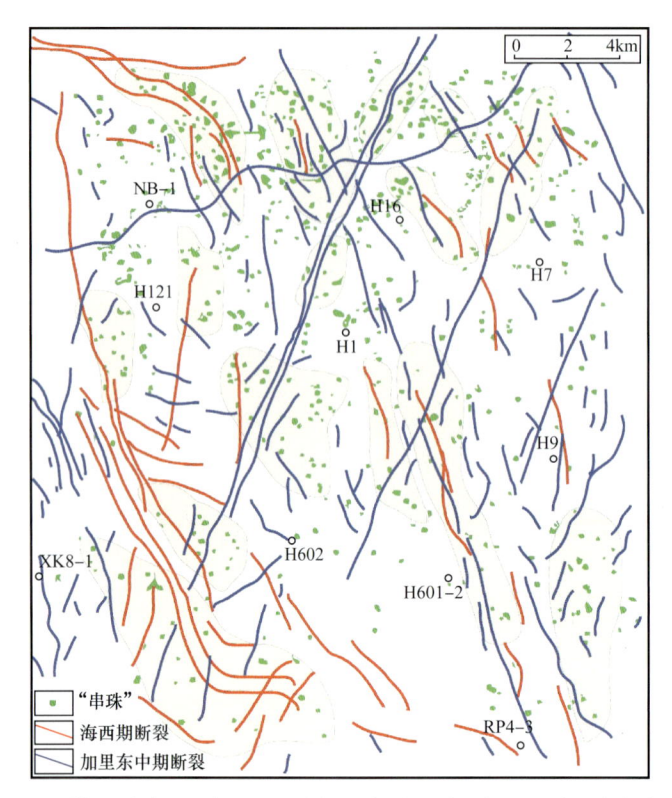

图 3-2 塔北哈拉哈塘地区岩溶"串珠"与古生界断裂分布关系

3. 准层状—栅状白云岩储集体

四川盆地栖霞组—茅口组发育准层状—栅状白云岩储集体，白云岩的原岩为礁滩相沉积，具层状分布的特点，但并不是所有的礁滩相沉积均发生了白云石化成为储层，井下和露头资料均揭示未白云石化的礁滩相沉积致密无孔。栖霞组二段和茅口组二+三段的白云石化比率为20%～25%，白云石化比率与礁滩沉积的发育程度、初始孔隙度及埋藏—热液活动强度有关。

栖霞组—茅口组白云岩储层成因研究揭示，多孔的礁滩相沉积（往往位于层序界面或层间暴露面之下）是白云岩储层发育的物质基础，断裂系统、层间暴露面是埋藏—热液流体的通道，导致白云石化的礁滩体沿断裂系统和层间暴露面呈准层状—栅状分布，远离断裂系统、层间暴露面的致密礁滩体不发生白云石化。以晶粒白云岩（细晶、中晶和粗晶）为主，白云石自形程度高，几乎不保留原岩结构，孔隙—孔洞型储层，储集空间以晶间孔、晶间溶孔和溶蚀孔洞为主，溶蚀孔洞直径以1～8cm居多，与埋藏—热液的侵蚀作用有关。储层单层厚3～4m，累计厚度20～30m，孔隙度5%～10%，常见热液矿物鞍状白云石充填孔洞。

塔东鹰山组下段也属于这类储层，古城6井、古城8井、古城9井获得高产工业气流。这类储层能够大面积规模分布，但横向连续性差，非均质性强。

总之，深层碳酸盐岩发育礁滩、岩溶和白云岩三类储层，具有明显的相控性，礁（丘）滩相沉积是储层发育的物质基础。大面积层状礁滩（白云岩）储层与镶边台缘、缓坡台地沉积背景有关，在镶边台地边缘、台内裂陷周缘、缓坡台地洼地或潟湖周缘的台隆区大面积准层状分布。大面积准层状岩溶（风化壳）储层与大型古隆起—不整合构造背景有关，既可分布于古隆起的潜山区及围斜区，也可分布于碳酸盐岩地层内幕层间岩溶区，大面积准层状分布。厚层栅状岩溶缝洞储集体与断裂系统有关，主断裂控制洞穴的发育，裂缝系统控制孔洞的发育，越远离断裂系统，孔洞越不发育，岩溶储层深度跨度大。准层状—栅状白云岩储集体与礁滩相带、层间暴露面和断裂系统有关，呈准层状—栅状断续分布。

二、膏盐岩与碳酸盐岩组合储层

膏盐岩与碳酸盐岩组合是发现油气的重要领域。全球含膏盐岩沉积盆115个，与油气有关盆地97个，其中66个盆地富含油气（Schroder 等，2010）。与膏盐岩相关的已发现可采石油储量 $665×10^8t$、天然气可采储量 $103×10^{12}m^3$，膏盐岩与碳酸盐岩组合油气储量占海相碳酸盐岩总储量的65%。中国三大海相盆地广泛发育膏盐岩与碳酸盐岩组合，目前勘探、认识程度较低，一旦突破将成为重要接替领域。中国三大海相克拉通盆地膏盐岩—碳酸盐岩组合均有分布，主要集中于∈—O、C—P、T_{1+2} 三套层系。

（一）两个典型地区膏盐岩发育特征

1. 中上扬子地区寒武系膏盐岩

中上扬子地区寒武系膏盐岩常与碳酸盐岩形成共生体系，即由碳酸盐岩类、硫酸盐岩类、卤化物类和薄层不等量细粒砂泥岩组成的海相沉积体系。而且膏盐岩的发育具有分布广、厚度变化大、单层厚度小、夹层多、膏岩多、盐岩少等特点。

1）寒武系膏盐岩形成环境

中上扬子地区寒武系膏盐岩主要发育于下寒武统龙王庙阶和中寒武统，与膏盐岩共生的碳酸盐岩形成环境是膏盐岩发育的基础。在对野外露头剖面研究和岩心详细观察分析的基础上，认为与膏盐岩共生的碳酸盐岩的形成环境为潮坪环境、浅滩环境，而膏盐岩的沉积环境则为滩间潟湖。

中上扬子地区含膏盐岩层位包括下寒武统龙王庙阶、中寒武统和上寒武统。下寒武统龙王庙组岩石类型为灰色及深灰色中至厚层石灰岩、泥质石灰岩，夹少量砂岩、页岩、白云岩和鲕粒石灰岩；在乐山—龙女寺古隆起，龙王庙组主要为浅灰色白云岩夹砂屑或鲕粒白云岩；在斜坡—坳陷区，其下部为灰色石灰岩，上部为灰色白云岩夹膏盐岩类。中寒武统中上扬子中部台地区岩石类型以泥晶白云岩、泥质白云岩为主；中上扬子台地区岩石类型主要为泥粉晶白云岩。在这些碳酸盐岩中常发育脉状、波状、透镜状层理（图3-3）、叠层构造、波痕、羽状交错层理、石膏、石盐假晶等沉积构造。这些沉积构造都反映其赋存的岩石皆为浅水环境的产物，其沉积环境应为清水潮坪环境。

图3-3 中上扬子地区寒武系潮坪环境识别标志
（a）脉状层理，石龙洞组，重庆石柱石流村；（b）脉状层理，高台组，贵州习水土河场；（c）透镜体，龙王庙组，磨溪19井；（d）透镜体，龙王庙组，利1井；（e）透镜体，龙王庙组，磨溪39井；（f）透镜体，龙王庙组，高石17井；（g）羽状交错层理，湖北宜昌夷陵，下寒武统天河板组；（h）鲕粒白云岩，龙王庙组，4528.11m，高石17井；（i）砂屑白云岩，龙王庙组，4688.12m，磨溪19井

在露头剖面及井下岩心的龙王庙组、石龙洞组和高台组中，脉状、波状、透镜状层理都较为常见，表明中上扬子地区早寒武世龙王庙组沉积期和中寒武世潮坪环境较为发育。叠层石的形态能够很好地指示沉积环境，一般说来，层状形态叠层石生成环境的水动力条件较弱，多属潮间带上部的产物；柱状形态叠层石生成环境的水动力条件较强，多为潮间带下部及潮下带上部具有反向水流存在的产物。羽状交错层理是潮汐环境代表性的交错层理，其特点是纹层平直或微向上弯曲，相邻斜层系的纹层倾向相反，延伸至层系界面彼此呈锐角相交，呈羽毛状或人字形。中上扬子地区寒武系也常发育石膏晶体印痕和石盐假晶，说明在温暖气候下石盐晶体沉淀时水体盐度的增高。除了潮坪环境以外，

在中上扬子地区寒武系浅滩环境也相当发育，尤其是在下寒武统龙王庙组中。浅滩的岩石类型主要为鲕粒石灰岩和砂屑石灰岩，这些岩石类型往往发生白云石化，形成鲕粒白云岩和砂屑白云岩（图3-3）。

中上扬子地区从龙王庙组沉积期开始，本区进入了稳定的热沉降阶段，一直到寒武纪结束，沉积了巨厚的碳酸盐岩，为浅水碳酸盐台地环境，这就表明中上扬子地区寒武系膏盐岩为台地蒸发岩。碳酸盐岩岩台地中浅滩与潟湖的发育为膏盐岩的形成提供了良好的环境条件。如重庆彭水太原板凳沟剖面（图3-4）发育了三套膏盐岩的沉积，而临近的重庆石柱石流村剖面，与板凳沟剖面直线距离仅仅3.9km，却不见膏盐岩的沉积，而发育浅滩沉积（图3-5）。

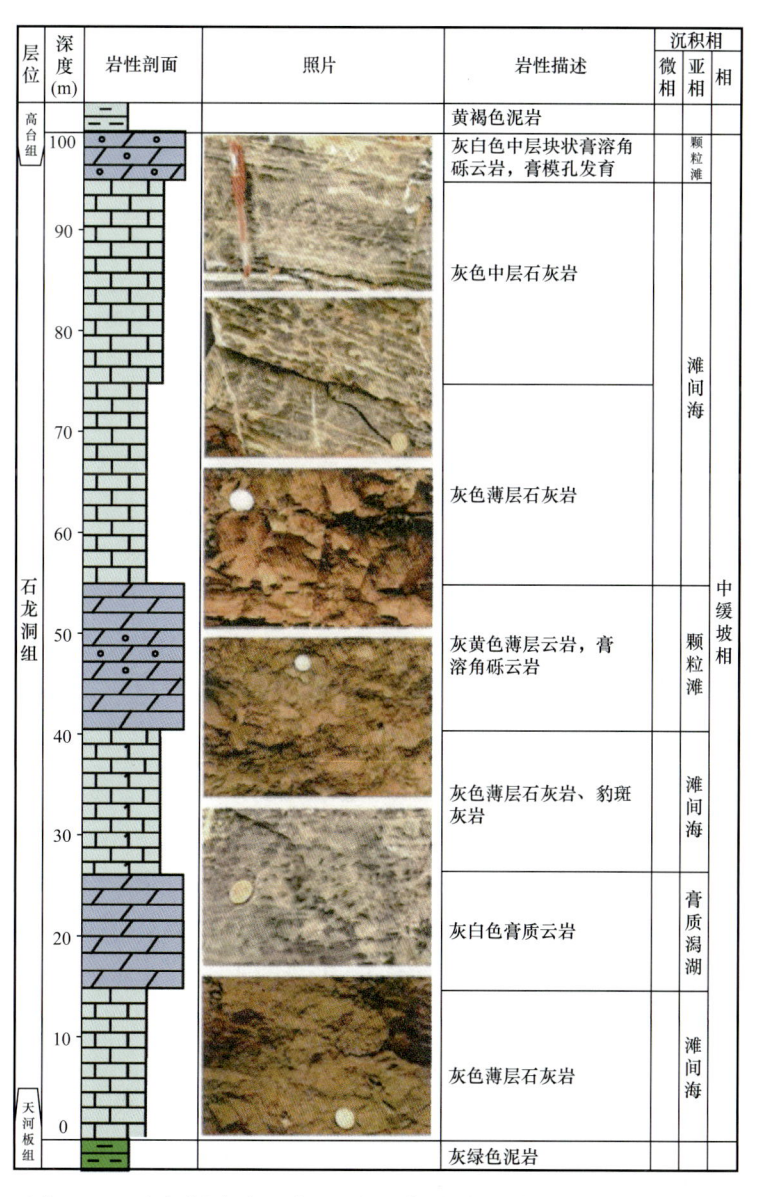

图 3-4 重庆彭水太原板凳沟下寒武统石龙洞组综合柱状图

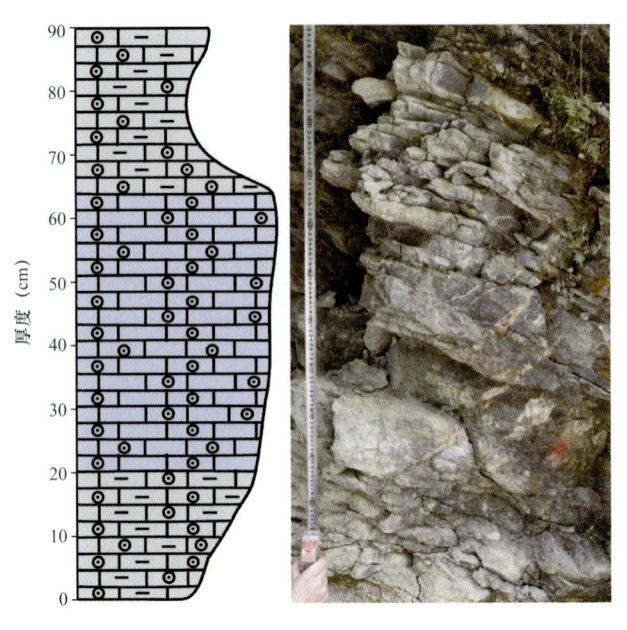

图 3-5 重庆石柱石流村剖面鲕粒滩沉积

2）寒武系膏盐岩形成条件

任何蒸发沉积环境的必要水文条件是蒸发量超过补给量。在膏盐岩与碳酸盐岩共生体系中膏盐岩形成的两个基本条件：一是海平面快速升降；另一个是高 Mg/Ca 值。

海平面快速升降造成了开阔浅海和局限浅海的频繁交替出现，这就为膏盐岩的形成提供了有利条件。中上扬子地区寒武系碳酸盐岩和膏盐岩共生体系包括三个向上变浅的海退型三级层序旋回，其中龙王庙组为一个三级层系，其中包含 3~4 个向上变浅次级旋回。

中上扬子地区下寒武统龙王庙阶膏盐岩主要分布于其上部，并与白云岩相伴生。龙王庙组白云岩垂向上分布于中上部，经历了同生—准同生成岩阶段蒸发浓缩白云石化作用、渗透回流白云石化作用和浅埋藏阶段的埋藏白云石化作用，并以渗透回流白云石化作用为主。这些白云石化作用都需要干热的气候，都需要高 Mg/Ca 值的水体环境。

3）寒武系膏盐岩沉积模式

根据中上扬子地区膏盐岩—碳酸盐岩共生体系的沉积类型、特征及岩相古地理展布规律，建立了膏盐岩和碳酸盐岩共生体系的沉积模式和中上扬子地区早寒武世龙王庙组沉积期沉积模式（图 3-6）。自西向东，依次出现局限台地、开阔台地、斜坡、盆地。在海平面比较高的时期，碳酸盐岩台地中浅滩较为发育，可以分为上滩和下滩，浅滩之间为局限台地，在局限台地的地貌洼地处可堆积以膏盐为主的膏质潟湖沉积，当海平面降低的时候，浅滩相连构成障壁，则可以形成大面积的膏质潟湖。川西南地区龙王庙组沉积期—晚寒武世，自西向东依次出现古陆、以石英砂岩沉积为主的滨岸相、以细粒碳酸盐岩和细粒碎屑岩为主的混积潮坪、以晶粒白云岩—颗粒白云岩—膏盐岩沉积为主的局限台地。

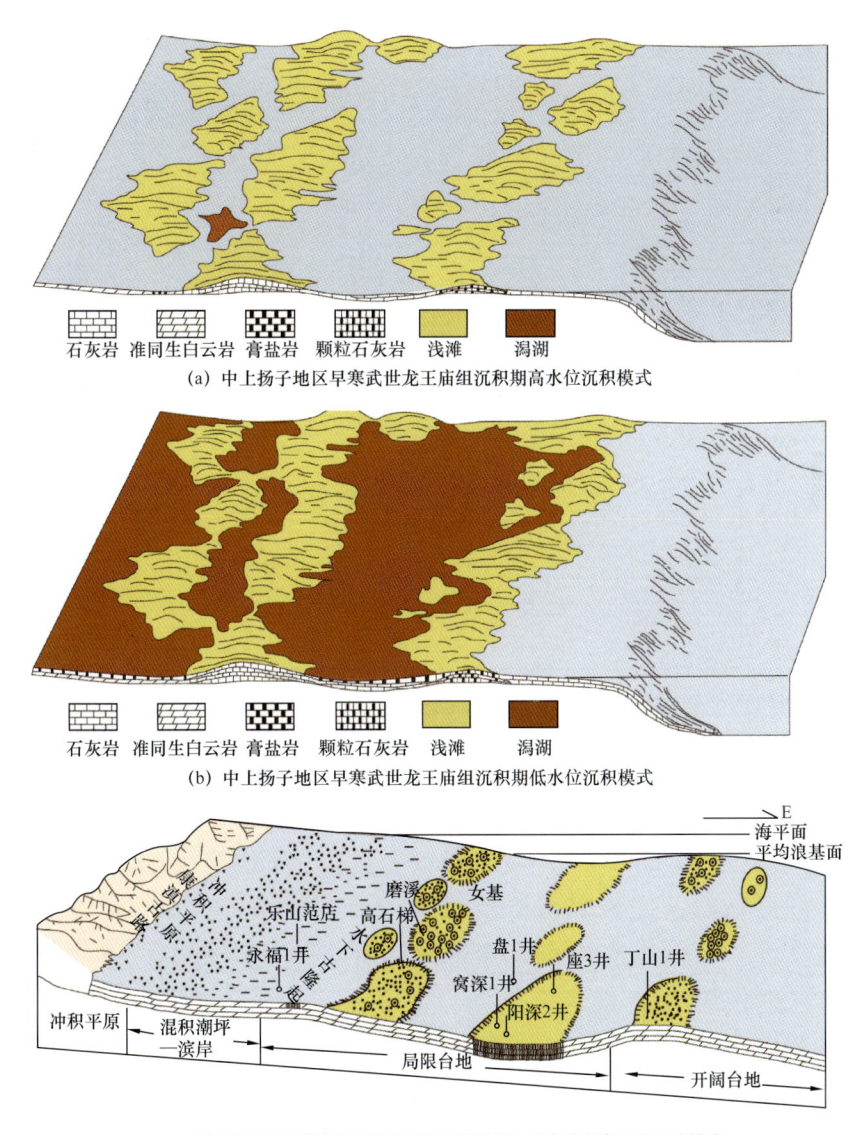

(a) 中上扬子地区早寒武世龙王庙组沉积期高水位沉积模式

(b) 中上扬子地区早寒武世龙王庙组沉积期低水位沉积模式

(c) 川西南地区早寒武世龙王庙组沉积期—晚寒武世膏盐岩形成模式

图 3-6 中上扬子地区膏盐岩沉积模式图

2. 四川盆地寒武系膏盐岩

1) 四川盆地碳酸盐岩缓坡颗粒滩—潟湖沉积成岩模式

传统模式中，颗粒滩发育于蒸发潟湖向海一侧，向陆一侧处于萨布哈环境。而龙王庙组钻探表明，高能颗粒滩在蒸发潟湖两侧对称发育，且向陆一侧颗粒滩沉积更发育。针对勘探揭示的沉积现象，建立了碳酸盐岩缓坡颗粒滩—潟湖（膏盐岩—碳酸盐岩）沉积成岩模式（图3-7），从而改变了"上扬子震

-59-

旦—寒武纪碳酸盐岩台地古地貌平坦、沉积分异小、高能相带不发育"的传统认识。据此建立了蒸发环境颗粒滩储层成岩模式，主要特点是高位体系域早期发育大面积颗粒滩体，高位体系域晚期形成蒸发潟湖，高位体系域晚期白云石化与溶蚀作用强，形成优质储层。

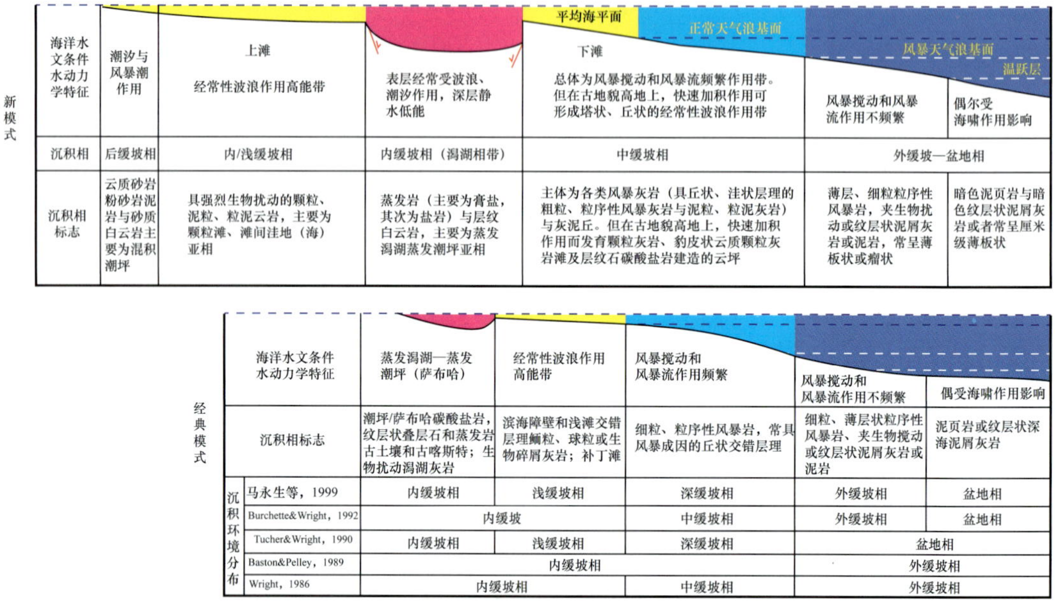

图 3-7　四川盆地龙王庙组碳酸盐岩缓坡双颗粒滩模式与经典沉积模式对比

2）川东地区寒武系膏盐岩发育特征

膏盐岩发育于中—下寒武统的海退沉积序列，也代表从浅滩到潮坪、潟湖向上变浅的沉积序列。膏盐岩层的主要岩石类型为粉砂质白云岩、白云岩与石膏互层、石膏夹石盐，地表以膏溶角砾岩、石盐假晶、次生石膏为标志。川东膏盐岩主要发育于高台组，川东东南部地区龙王庙组上部高位体系域发育膏盐岩，并与白云岩相伴生。

（1）膏盐岩野外露头特征。

习水吼滩剖面高台组上部膏盐岩非常发育，与膏盐岩相伴生的褶皱构造也非常发育，表现为箱状与尖棱褶皱特征；膏盐岩在地表常表现为膏溶角砾岩，其砾径达 2cm；膏盐岩在地表常风化为土黄色黏土（图 3-8）。重庆彭水板凳沟剖面石龙洞组下部植被覆盖，中上部厚约 100m 露头出露好，共发育三个四级旋回，每一个四级旋回分别为海侵体系域与高位体系域，在每一个四级旋回的海侵体系域主要为豹斑灰岩与泥晶灰岩，每一个四级旋回的高位体系域为厚层云岩并夹膏盐岩，每层膏盐岩厚约 10～15m。海侵体系域与高位体系域的界线清楚，表现为灰色薄层石灰岩与灰黄色薄层白云岩相接触，而膏盐岩在地表表现为膏溶角砾白云岩、含泥质薄层白云岩、灰黄色含膏质云岩等。

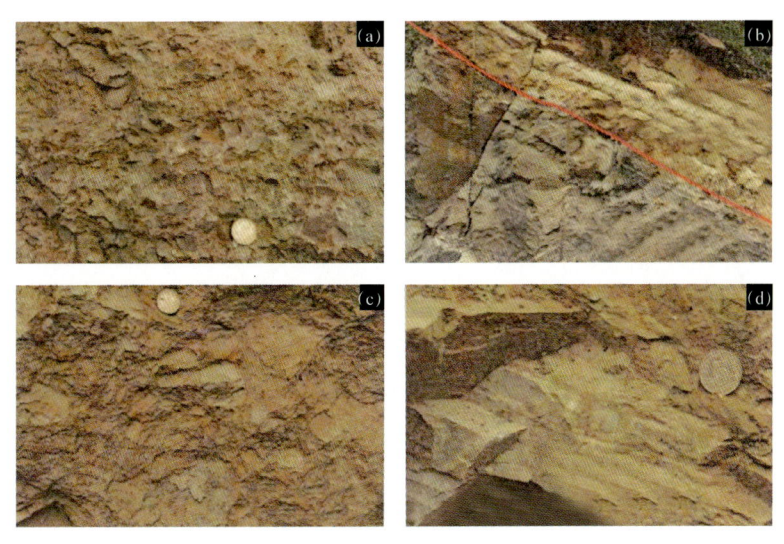

图 3-8 川东地区膏盐岩野外照片

（a）习水吼滩剖面高台组膏溶角砾岩；（b）重庆彭水板凳沟剖面石龙洞组四级旋回海侵—高位体系域特征；（c）重庆彭水板凳沟剖面石龙洞组膏溶角砾岩；（d）重庆彭水板凳沟剖面石龙洞组灰白色薄层含膏质云岩

（2）单井膏盐岩发育特征。

座3井石龙洞组底部为含云质鲕粒灰岩，之上为灰质云岩、白云岩，中上部发育膏盐岩；建深1井覃家庙组底部为砂屑云岩，中上部发育巨厚的膏盐岩地层（图3-9），反映了沉积环境由较开放的砂屑滩到长期处于闭塞的盐湖环境。丁山1井中寒武统石冷水组地层剖面表明，含膏岩系剖面的下部为灰色鲕粒灰岩、微晶云岩、泥质云岩及膏岩，构成一个旋回，反映了一个海水变咸的过程，也代表一个从浅滩到潮坪、潮上萨布哈的向上变浅的沉积序列。

（3）连井膏盐岩发育特征。

盆地内由川南至川东连井剖面揭示下寒武统龙王庙组膏盐岩主要发育于川南地区且向川东地区逐渐减薄，如窝深1井、宫深1井、林1井、丁山1井、座3井等。盆地内连井剖面揭示中寒武统膏盐岩主要发育于川东地区，且具有由川南向川东地区逐渐增厚的特征，如宁2井、建深1井等。

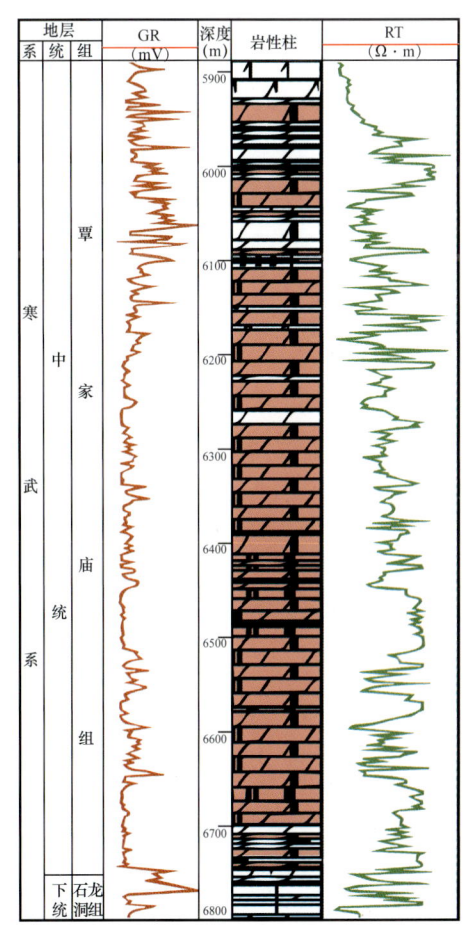

图 3-9 建深1井岩心覃家庙组膏盐岩综合柱状图

- 61 -

（4）地震剖面层位精细标定。

由于膏盐岩在地震剖面上塑性聚集响应特征明显，可通过已知井进行标定再通过引层来界定膏盐岩纵向上所发育的层位。从南充—营山—平昌构造地震剖面可以看出在龙岗地区位于膏盐岩发育分界处，通过南充1井标定与引层显示膏盐岩主要发育于中寒武统高台组（图3-10）。膏盐岩发育处具有强波谷响应特征，而膏盐岩不发育处不具有这种地震响应特征。

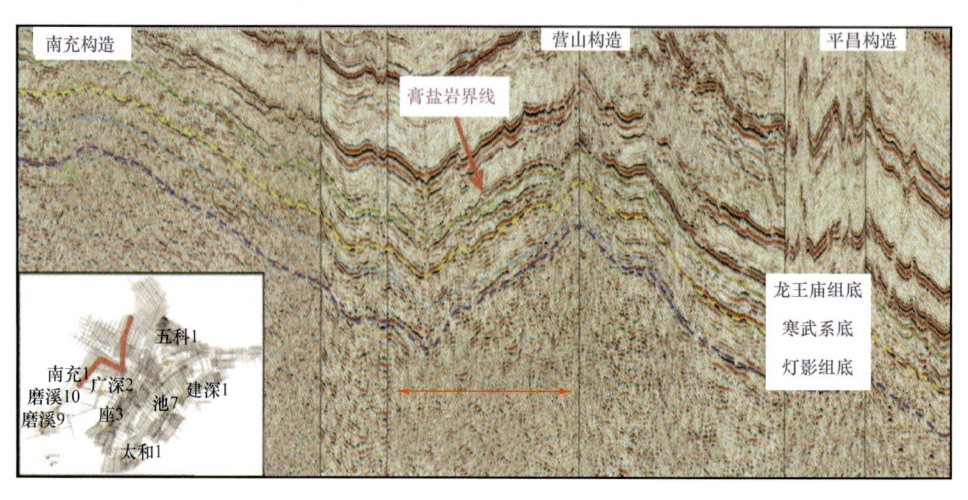

图3-10 南充—营山—平昌构造地震剖面图

龙岗地区北西—南东向剖面通过精细引层显示膏盐岩主要发育于高台组，膏盐岩发育处地震剖面具有强波谷、塑性聚集的响应特征，而膏盐岩不发育处没有明显的强波谷的响应特征（图3-11）。龙岗地区三维地震剖面同样揭示了类似的特征，通过精细的层位标定与引层，膏盐岩主要发育于高台组，地震剖面显示膏盐岩具有强波谷、塑性聚集的响应特征。

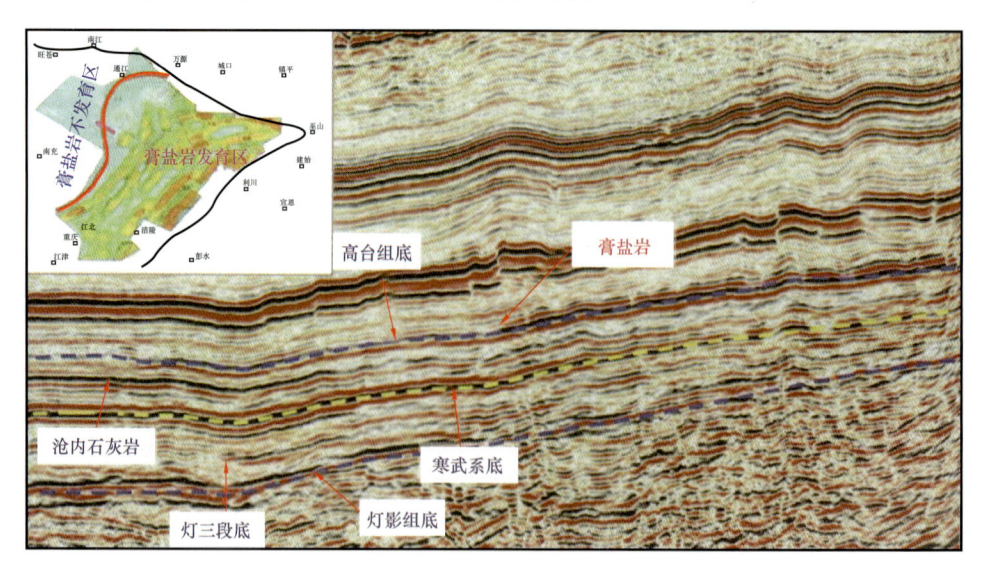

图3-11 龙岗地区北西—南东向三维地震剖面LG3d—T900测线剖面图

因此，通过川中地区已钻井地震剖面精细层位标定、引层，并结合川南—川东地区连井剖面分析，川东地区膏盐岩主要发育中寒武统高台组，仅东南局部地区龙王庙组发育膏盐岩。

3）川东地区寒武系膏盐岩平面分布特征

川东寒武系膏盐岩平面展布刻画主要依据地震资料，根据膏盐岩在地震剖面上所呈现的塑性聚集的响应特征追踪该套塑性地层顶底界面，基于区域地层速度分析计算该套塑性地层的厚度，并在平面上对该套地层进行平面成图（图3-12）。钻井与地震剖面均揭示川东中寒武统发育含膏盐岩地层，含膏盐岩层厚度变化较大，其主要受沉积与后期挤压两种因素控制。该平面图反映的是含膏盐岩地层的厚度变化，而不是纯膏盐岩的厚度变化。可以看出，中寒武统膏盐岩在川中地区不发育，其在川东地区的发育具有如下特征：一是中寒武统膏盐岩发育受华蓥山断裂控制，在华蓥山断裂及向北倾没端的东侧膏盐岩较发育，而断裂西侧膏盐岩不发育。因此，断裂伸展活动对膏盐岩沉积具有明显的控制作用。二是中寒武统含膏盐岩层在川东区域性展布，含膏盐岩层厚度由川中向川东逐渐增厚，含膏盐岩层厚值区主要受挤压作用所引起。

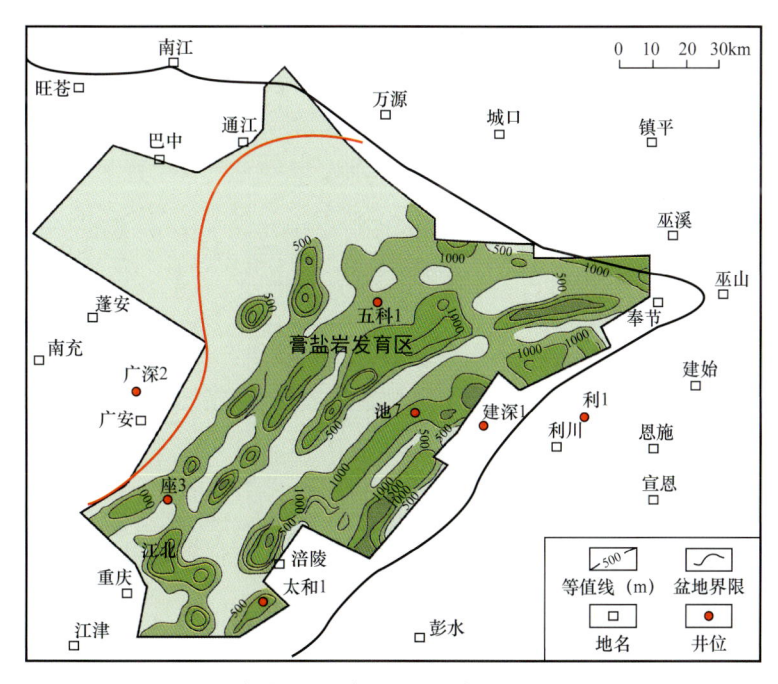

图3-12 川东中—下寒武统含膏盐岩层平面展布图

（二）膏盐岩与碳酸盐岩组合

从岩性变化特征看，国内深层海相小克拉通盆地发育三种膏盐岩与碳酸盐岩组合类型（表3-2）。类型1表现为碳酸盐岩夹膏盐岩，典型实例是塔里木盆地寒武系；类型2表现为碳酸盐岩—膏盐岩互层，典型实例是鄂尔多斯盆地奥陶系马家沟组；类型3表现为碳酸盐岩—膏盐岩夹碎屑岩，典型实例是四川盆地寒武系龙王庙组。

表3-2 三大克拉通膏盐岩与碳酸盐岩组合对比图

因素	类型1	类型2	类型3
时代	震旦纪—寒武纪	奥陶纪	寒武纪、石炭纪
岩性	膏盐岩上下均为碳酸盐岩	膏盐岩与碳酸盐岩交替互层	膏盐岩上、下存在泥灰岩、泥岩、粉砂岩等陆源碎屑岩
分布	面积大、厚度大	厚度大、垂向变化大	厚度大，陆源碎屑（膏质泥岩）
成盐旋回	旋回简单，含盐系统少	多期重复，含盐系统多	
构造环境	稳定大陆板块克拉通盆地	大陆板块边缘裂谷断陷盆地	
沉积环境	陆表海局限盆地（台向斜区）或内陆棚海区	地台陆缘浅海环境（边缘坳陷区）	海湾或毗邻古陆浅水陆棚带
岩性组合	碳酸盐岩—膏盐岩—碳酸盐岩	碳酸盐岩—膏盐岩碳酸盐岩—膏盐岩碳酸盐岩	碳酸盐岩—陆源碎屑—膏盐岩陆源碎屑—碳酸盐岩
实例	塔里木盆地寒武系	鄂尔多斯盆地马家沟组	四川盆地寒武系龙王庙组、塔里木盆地下石炭统
图例			

（三）膏盐岩与碳酸盐岩组合模拟实验

1.膏盐岩—碳酸盐岩组合（组合类型2）：表生环境溶蚀模拟实验

鄂尔多斯盆地中东部奥陶系马家沟组（O_m）发育典型的膏盐岩—碳酸盐岩共生体系（图3-13），其一、三、五段主要发育蒸发岩，二、四、六段多为碳酸盐岩，表生溶蚀作用影响了盐上马家沟组五段（O_m^5）1～4亚段风化壳储层

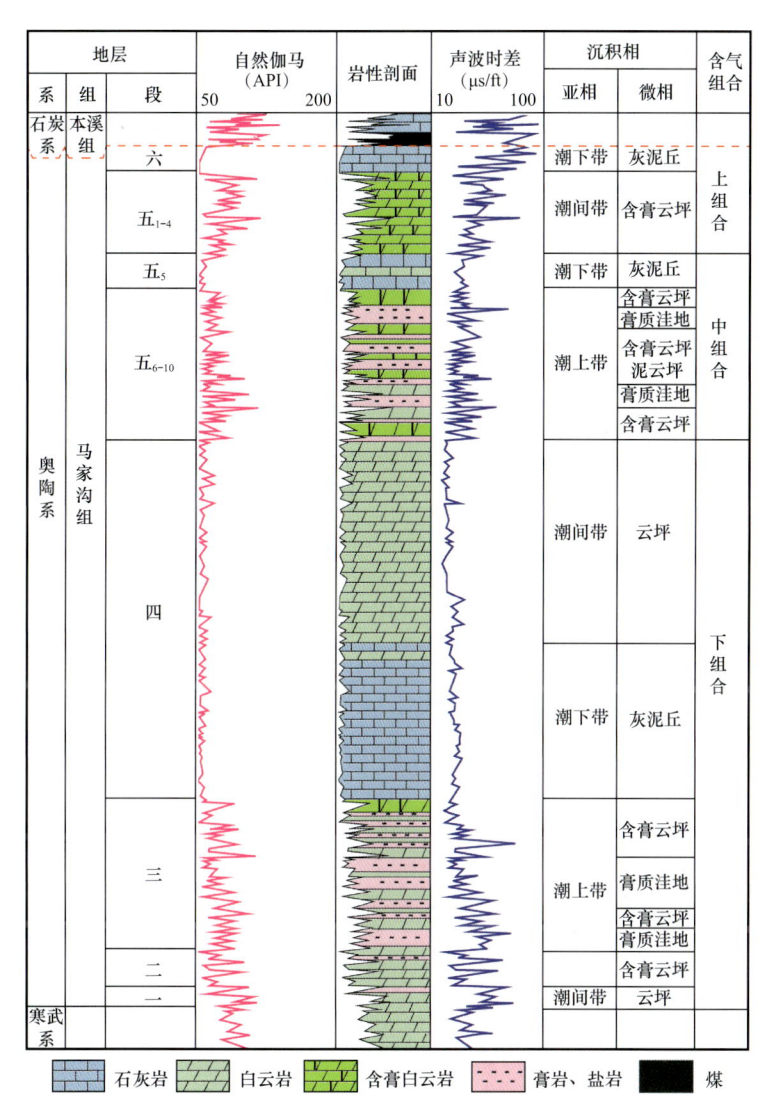

图 3-13 鄂尔多斯盆地中东部 O_1m 地层柱状图

的形成与分布，成为靖边大气田主力产层。基于地质条件下的溶蚀模拟试验为基础，定量评价岩溶作用对膏盐岩—碳酸盐岩储层孔隙结构的影响。

（1）实验条件：① 筛选样品。根据膏盐岩含量高低，依次采集鄂尔多斯盆地东部 O_1m 含盐白云岩、含膏白云岩、含泥白云质膏岩、白云质膏岩、含白云质膏岩等多种岩心样品，开展七组模拟表生岩溶物理试验，对比分析溶蚀效果差异。其中，膏盐岩颗粒多充填在含盐白云岩、含膏白云岩孔隙，含泥白云质膏岩、白云质膏岩与含白云质膏岩中硬石膏呈结核状分布，储层物性较好，孔隙度以 1%～2% 为主。按照白云石、石盐、方解石、石膏等主要矿物含量差异，优选不同岩性样品，制备直径为 1cm 的圆柱样品。② 多方法定量测试溶蚀前储集特征。膏盐岩与碳酸盐岩储层孔隙直径存在厘米至微纳米级孔隙、微裂缝。利用 N_2 吸附、CO_2 吸附、压汞定量测试分析为主，结合扫描电镜观测，综合定量评价溶蚀前样品孔隙直径分布特征。③ 确定溶蚀条件温度与溶液性质是影响碳酸盐岩储层封闭的主要因素，根据地质历史时期研究区板块所处不同地理位置，确定地质历史温度值。由于CO_2对碳酸盐岩储层溶蚀效果强，该次模拟主要借助地质历史时期大气CO_2含量来恢复研究区地表淋滤流体中的CO_2含量，代表溶液流体性质，岩溶前溶液pH值均处于6.0~6.4之间，呈弱酸性。表生岩溶试验条件大致确定为常压、饱和CO_2水（6%~15%）和气温30℃。④ 封闭环境下岩溶试验根据研究区所处时代的地表温度、流体性质确定封闭环境下岩溶试验条件，依据样品数量选取相应的容器依次串联，将统一称重为50g的多块样品分别放入密封器中，加入去离子水500mL，让CO_2饱和，再利用导管插入密闭容器口，将多余CO_2倒入下一个密闭器液体之下。按上述方法使每个容器内溶液达到CO_2过饱和，呈弱酸性。然后将容器统一放入烤箱，设置温度和时间，完成溶蚀试验。⑤ 多方法定量测试溶蚀后储集特征利用N_2吸附、CO_2吸附、压汞等多种方法对溶蚀后的膏盐岩与碳酸盐岩储层进行定量测试，结合扫描电镜、CT分析，综合定量评价溶蚀后样品孔隙大小分布及连通性。⑥ 定量评价溶蚀前后储集特征对比膏盐岩与碳酸盐岩储层溶蚀前后孔隙特征，定量计算溶蚀孔隙量、溶蚀率、孔隙直径及连通性等，定量评价溶蚀效果。

（2）实验结果：①孔隙直径。不同岩性的膏盐岩—碳酸盐岩组合溶蚀前孔隙直径范围为0.5~20μm，孔隙直径差异较大（图3-14）。其中，溶蚀前膏岩与白云岩孔隙直径相对较低，以晶间孔隙为主，直径为1~2μm，面孔率分别为0.69%和1.67%。含膏白云岩孔隙直径次之，发育晶间孔隙与溶蚀孔隙，面孔率为2.05%，石膏的孔隙直径为1.5~5μm，白云石的孔隙直径为1~6μm。含盐白云岩孔隙直径最大，面孔率达2.6%，石膏发育2~10μm溶蚀孔隙，最大可达17μm，白云石微裂缝发育，孔隙直径为15~20μm。经表生岩溶试验后，膏盐岩—碳酸盐岩组合孔隙直径明显增大，含盐白云岩孔隙直径由溶蚀前2μm增大至700~3000μm，含白云质膏岩孔隙直径由溶蚀前1μm增大至6.6~21μm，含膏白云岩孔隙直径由0.582μm增大至23μm。②孔隙连通性。表生岩溶作用对鄂尔多斯O_m膏盐岩—碳酸盐岩组合孔隙连通性也具有明显促进作用，白云质膏岩溶蚀前样品微观孔隙整体偏小，孔隙相对孤立，连通性差。在对表生岩溶后的膏盐岩—碳酸盐岩样品进行72小时的CT三维扫描，获取7200张图像，经数值三维重构可见大量具有网状分布的连通孔隙。利用数值重构分析不同直径孔隙对应体积及孔隙连通性表明（图3-15），10~50μm的孔隙连通性增强最为明显，其次5~10μm孔隙连通性受岩溶控制，连通性自样品表层向内部逐渐减弱。③体积变化。根据膏盐岩—碳酸盐岩共生组合不同岩性样品溶蚀前后重量，可分别计算溶蚀量与溶蚀率。其中，含盐白云岩溶蚀率最高，达 19.8%；含白云质膏岩次之，为 10.3%；白云质膏岩溶蚀率介于 8.2%～6.9% 之间；含膏白云岩溶蚀率为 6.3%。溶蚀量与膏盐含量呈正相关关系，膏盐岩—碳酸盐岩组合中膏岩比白云岩更易溶解。

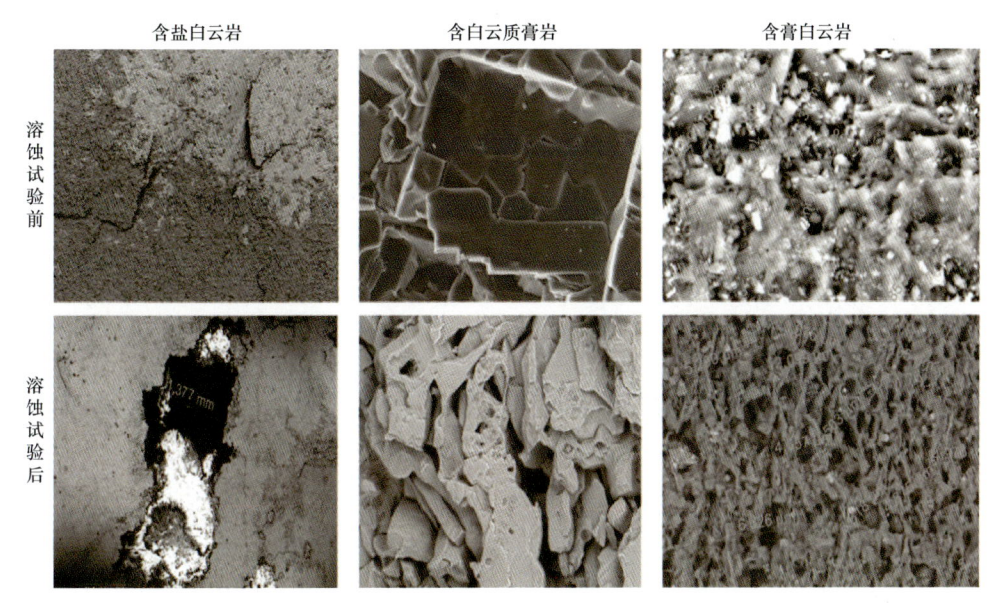

图 3-14　表生岩溶前后膏盐岩—碳酸盐岩共生组合岩石孔隙特征

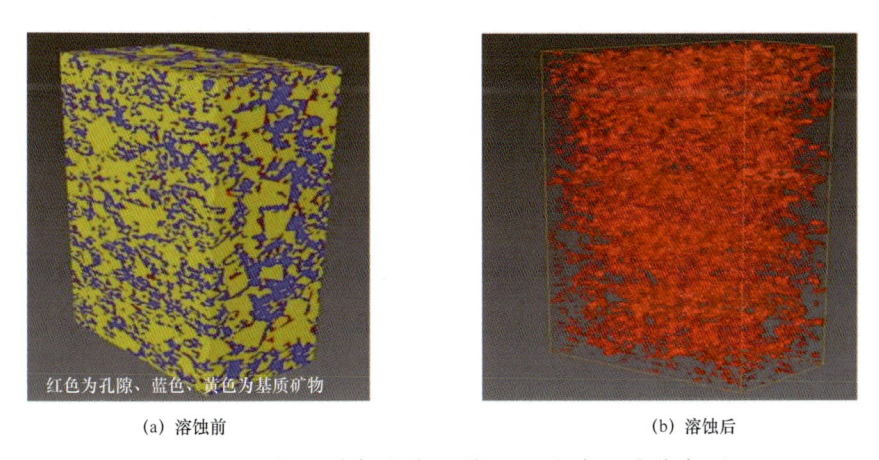

图 3-15　白云质膏岩溶蚀前、后孔隙三维分布图

由于 Ca^{2+} 可来自白云石也可来自硬石膏，SO_4^{2-} 主要来自硬石膏，Cl^- 来自石盐，膏盐岩—碳酸盐岩溶蚀后 Ca^{2+}、SO_4^{2-}、Cl^- 等浓度差异较大。含盐白云岩试验后溶液 Cl^- 质量浓度最高，达 2777mg/L，Na^+ 为 1815mg/L，表明主要溶蚀矿物为石盐。含白云质膏岩、白云质膏岩及含膏白云岩试验后溶液中均以 SO_4^{2-} 质量浓度最高，且随硬石膏含量增加递减。含白云质膏岩、白云质膏岩 SO_4^{2-} 质量浓度为 497～1034mg/L，表明在真实地质条件下，膏盐岩—碳酸盐岩中石盐、硬石膏相比于白云石易溶蚀，增孔效果明显，孔隙度增量大。

因此，在常压、饱和 CO_2 水（3%~15%）、气温 30℃ 的封闭体系下膏盐岩与碳酸盐岩共生组合溶蚀量与膏盐含量呈正相关关系，含盐白云岩、含白云质膏岩、白云质膏岩、膏质白云岩、含膏白云岩溶蚀率依次降低，溶蚀后孔隙度至少增加 6%。含盐白云岩溶蚀率最高，达 19.8%；含膏白云岩溶蚀率最低，仅为 6.3%。据此提出含盐白云岩、含白云质膏岩等膏盐岩—碳酸盐岩共生体系是 O_m 有利储集岩，经岩溶作用后孔隙度最高可提高 6%~20%，从而较好地解释了 O_m 含膏云坪相带存在规模优质储层的原因。因此，蒸发潮坪环境含盐云岩和云质膏盐岩都可以发生岩溶作用，形成大面积分布的风化壳岩溶储层。

2. 膏盐岩—碳酸盐岩（组合类型1）：递进埋藏溶蚀模拟实验

针对塔里木盆地寒武系膏盐岩—碳酸盐岩组合，按封闭、开放两种情况，其中封闭体系有五种，1号原油，2号去离子水，3号盐岩溶液，4号膏岩溶液，5号 CO_2 水溶液；开放体系有三种，6号膏岩溶液，7号盐岩溶液，8号 CO_2 水溶液。八个样品模拟 1000~5000m 递进埋藏条件下致密碳酸盐岩溶蚀成储情况。实验结果显示（图 3-16），酸性条件下（CO_2 水溶液）岩石溶蚀率最高，盐岩和膏岩溶液也能形成一定的溶蚀孔。在高温高压环境，溶液中 CO_2 能显著促进白云岩溶蚀，孔径与孔隙度增加明显；溶蚀后，致密灰质白云岩物性变好；致密灰岩溶蚀前孔隙度为 0.75%，溶蚀后孔隙度为 4.2%，孔隙度提高 4.6 倍（图 3-17）。因此，适度条件下的埋藏岩溶作用，可有效改善储层物性，埋藏岩溶储层值得关注。

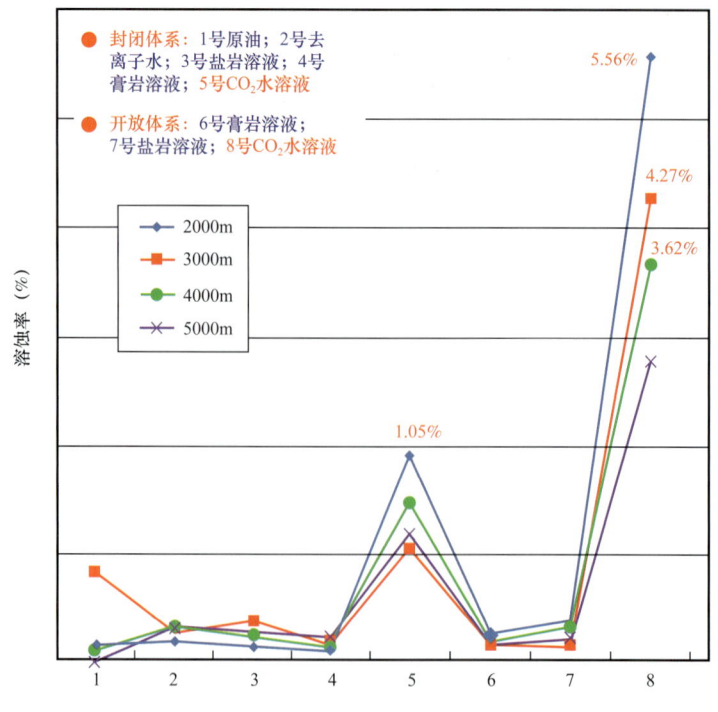

图 3-16 递进埋藏环境溶蚀前后孔隙变化实验结果

图 3-17 递进埋藏环境溶蚀前后孔隙变化实验结果

（四）四川盆地震旦—寒武系膏盐岩与碳酸盐岩储层发育特征

膏盐岩与碳酸盐岩组合经咸化流体溶蚀作用，并叠加多期成岩改造，可形成优质储层，在古隆起及其周缘与台缘颗粒滩叠加部位是有利储层发育区。四川盆地震旦系至寒武系膏岩与碳酸盐岩储层主要发育灯影组二段、四段及龙王庙组三套储层。野外露头揭示晚震旦世—早寒武世早期、早寒武世晚期与中寒武世之间区域抬升运动普遍发育，灯影组主要发育岩溶储层，龙王庙组发育颗粒滩相云岩、岩溶与热液三种类型的储层。

1. 灯影组灯二段、灯四段储层

从地层接触关系上来看，受澄江运动和桐湾运动影响，灯影组分别与下伏陡山沱组和上覆寒武系筇竹寺组呈角度不整合接触；灯影组由上至下分为四段。受桐湾一幕构造运动影响，盆内在灯二段、灯三段之间存在区域性的角度不整合。灯二段沉积时期末，桐湾运动一幕使灯二段抬升遭受风化剥蚀，以红土风化壳、钙结壳覆盖为标志，发育大量溶蚀孔洞，形成岩溶储层。而灯四段受桐湾运动二幕抬升影响，使灯四段遭受不同程度的淋滤和剥蚀。

在灯二段与灯四段两套储层中，灯二段是以台地缘相及颗粒滩亚相为主。灯四段是以台地边缘相及颗粒滩亚相为主。川东灯影组为台地沉积环境，向东南、东北过渡为深水相。灯影组早期沉积后区域抬升使灯二段形成凹凸不平的古地貌，发育岩溶储层（图 3-18），如捞旗河剖面见到灯三段顶部红色风化壳，紫阳落人洞剖面灯二段与灯三段之间区域抬升运动，渔渡坝剖面灯二段内部短期风化暴露形成渗流豆。灯影组沉积晚期区域抬升使灯四段形成凹凸不平的古地貌，发育岩溶储层。

图 3-18 捞旗河及渔渡坝剖面灯影组风化壳及白云岩野外照片

（a）捞旗河剖面灯二段内部界限；（b）捞旗河剖面灯四顶风化壳；（c）捞旗河剖面灯二段含沥青云岩；
（d）捞旗河剖面灯二段含沥青云岩；（e）、（f）渔渡坝剖面亮晶鲕粒白云岩

川东地区灯影组颗粒滩发育，如万源渔渡坝灯四段微生物丘上发育高能颗粒滩体，灯四段见凝块石、层纹石与叠层石云岩（图3-19a）；彭水廖家槽灯影组厚约500m，见叠层石云岩、葡萄花边云岩（图3-19b），且灯影组顶部岩溶风化壳储层发育；关公梁剖面灯四段上部见层纹石云岩，溶蚀孔洞与沥青发育，厚约20m，镜下可见溶蚀孔洞，部分被沥青充填（图3-19c、d、e、f）；捞旗河灯影组镜下也见到溶孔及裂缝，为溶蚀云岩，孔隙度约为15%，裂缝内见残余沥青（图3-19b）；巴山县龙洞河剖面灯影组镜下见粒间孔，孔隙度约4%（图3-19）。

同样钻井也证实灯影组发育风化壳储层，如利1井灯二段与灯四段发育风化壳岩溶储层，储集空间为次生孔洞和溶蚀孔为主，见大孔洞，裂缝较发育。灯影组录井以井漏为主，测井解释水层104.3m/11层，灯影组实钻垂深833.5m，见大孔洞，裂缝较发育，储层好，主要以水为主。广探2井也证实了灯四段风化壳岩溶储层的发育，岩心及薄片鉴定结果均表明有黑色沥青充填，说明发生过原油充注（图3-20）。

2. 石龙洞组储层

四川盆地石龙洞组为一套局限碳酸盐岩台地相沉积与蒸发坪—陆棚潟湖相沉积，发育台内鲕粒滩、砂屑滩等颗粒滩及岩溶储层。

川东北地区寒武系石龙洞组以颗粒滩沉积为主，局部发育膏质潟湖，储层比较发育。如板凳沟剖面镜下见到颗粒云岩，孔隙度约3%；捞旗河村剖面石龙洞组发育颗粒滩与岩溶叠加储层（图3-21），颗粒滩储层厚约25m，17层位中厚层鲕粒云岩，强烈风化呈砂糖状，丘滩体发育，厚8.4m；24层为中厚层鲕粒云岩，晶间孔内残留沥青，厚2.7m；25层为厚层鲕粒云岩，发育蠕虫铸

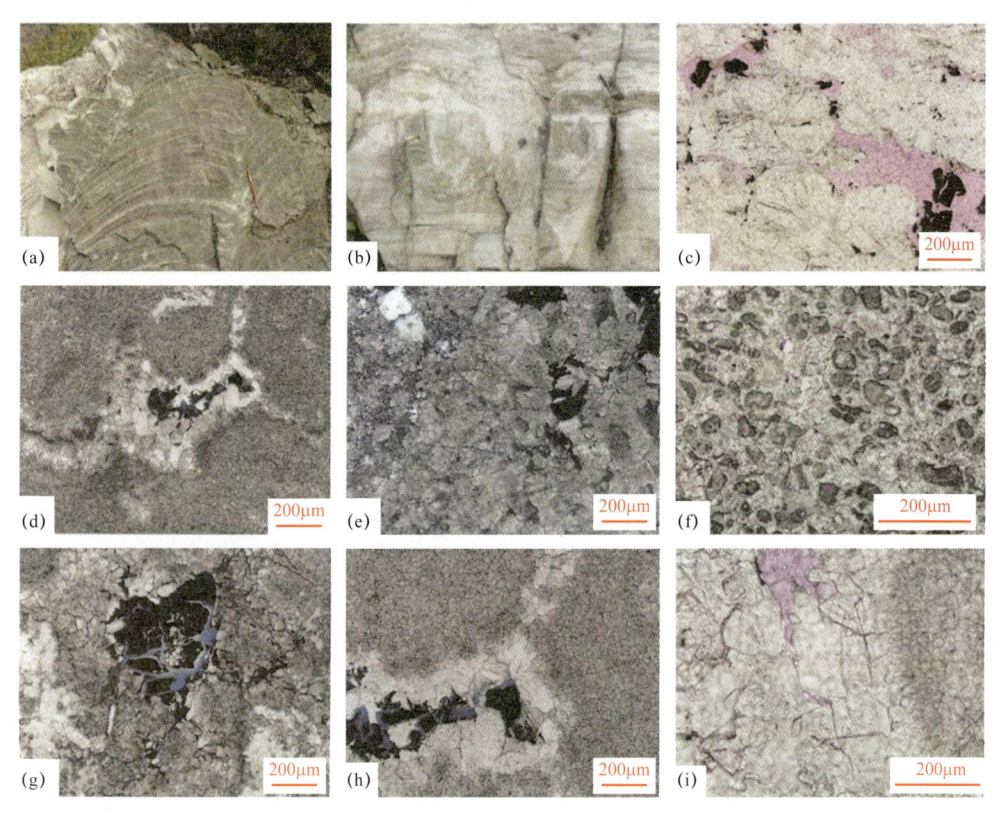

图 3-19 川东地区灯影组野外及镜下照片

（a）渔渡坝剖面灯四段叠层石，野外照片；（b）廖家槽剖面灯影组叠层石云岩；（c）亮晶颗粒白云岩，颗粒主要为泥晶白云岩砂屑，4×10倍，蓝色铸体薄片，单偏光，关公梁剖面；（d）细晶白云岩，晶间溶孔发育，10×10倍，蓝色铸体薄片，正交偏光，关公梁剖面；（e）残余颗粒粉晶白云岩，4×10倍，蓝色铸体薄片，单偏光，关公梁剖面；（f）亮晶颗粒白云岩，颗粒主要为泥晶白云岩砂屑，4×10倍，蓝色铸体薄片，单偏光，关公梁剖面；（g）结晶白云岩，孔隙中沥青半充填，10×10倍，红色铸体薄片，单偏光，捞旗河剖面；（h）亮晶颗粒白云岩，2×10倍，红色铸体薄片，单偏光，巴山龙洞河剖面；（i）亮晶颗粒白云岩，粒间、粒内溶孔发育，10×10倍，红色铸体薄片，单偏光，巴山龙洞河剖面

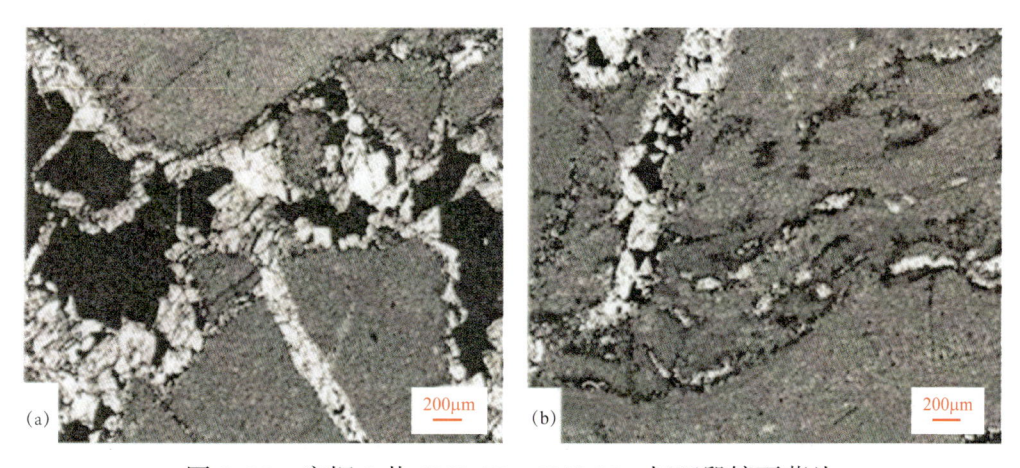

图 3-20 广探 2 井 6039.25～6039.32m 灯四段镜下薄片

（a）破裂泥晶白云岩，亮晶白云石和黑色沥青充填裂缝、溶洞，10×10倍，铸体薄片，单偏光；（b）叠层状泥晶白云岩，亮晶白云石和黑色沥青充填裂缝等，10×10倍，铸体薄片，单偏光

图 3-21　捞旗河村剖面石龙洞组颗粒滩与岩溶叠加储层照片

（a）残余颗粒粉晶白云岩，10×10，倍蓝色铸体薄片，单偏光；（b）溶洞发育白云岩，剖面照片；（c）残余颗粒粉晶白云岩，晶间孔内充填沥青，10×10 倍，蓝色铸体薄片，单偏光；（d）残余颗粒粉晶白云岩，溶洞发育，4×10 倍，蓝色铸体薄片，单偏光；（e）残余颗粒粉晶白云岩，晶间溶孔发育，20×10 倍，蓝色铸体薄片，单偏光；（f）残余颗粒粉晶白云岩，溶洞发育，4×10 倍，蓝色铸体薄片，单偏光

模溶孔，厚 2.7m；28～29 层为厚层鲕粒云岩，发育蠕虫铸模溶孔；29 层为厚层鲕粒云岩，发育白云石晶间孔与鲕粒间溶孔；30 层为厚层鲕粒云岩，发育蠕虫铸模溶孔；该剖面孔隙度较高，在 2.37%～15.85%，平均为 6.7%，渗透率在 0.0162～15.2mD，平均为 2.8mD。

早、中寒武世之间发育区域抬升运动，有利于石龙洞组岩溶储层发育，如彭水太原剖面石龙洞组与高台组之间见明显的风化壳（图 3-22）。

利 1 井石龙洞组取心发现洞穴角砾岩，钻井发生三次地层渗漏，解释水层 17m/4 层（图 3-23），可能由顶部风化剥蚀引起。利 1 井钻探证实，石龙洞组风化壳岩溶储层发育，储层以高孔高渗为特征，累计厚度达 30m，单层厚度一般 5～8m。平均孔隙度达 15%，渗透率达 100mD。

3. 寒武系盐相关白云岩储层

寒武系龙王庙组、高台组和洗象池组含膏层系主要发育于川东—蜀南地区，古隆起及其周缘与台缘颗粒滩叠加部位是有利储层发育区。寒武系龙王庙组、洗象池组均发育膏盐相关颗粒云岩储层（图 3-23、图 3-24）：平面上，靠近古隆起储层物性好，盐盆发育区相对较差；垂向上，自下而上储层物性变好，顶部层序界面附近最优。寒武系储层分布复杂，主要受古构造沉积格局、颗粒滩和不同级次层序暴露面控制，古隆起及其周缘与台缘颗粒滩叠加部位是有利储层发育区。

图 3-22 彭水太原剖面石龙洞组与高台组之间见明显的风化壳野外照片

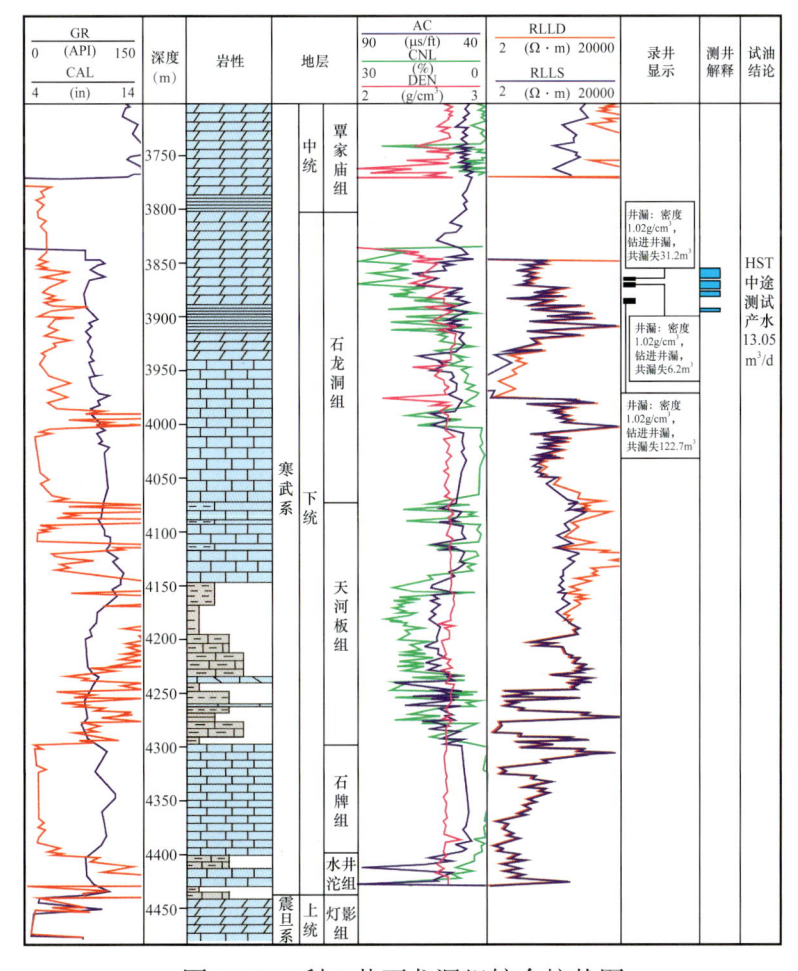

图 3-23 利1井石龙洞组综合柱状图

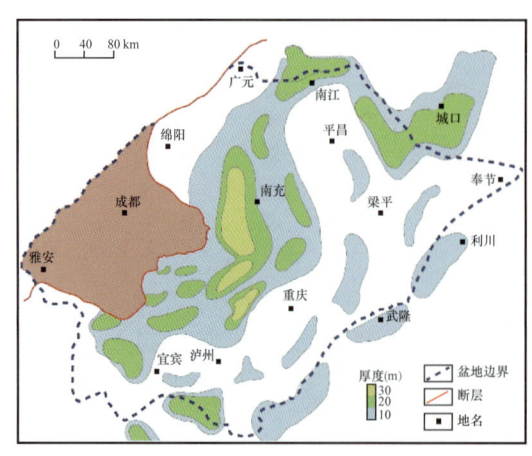

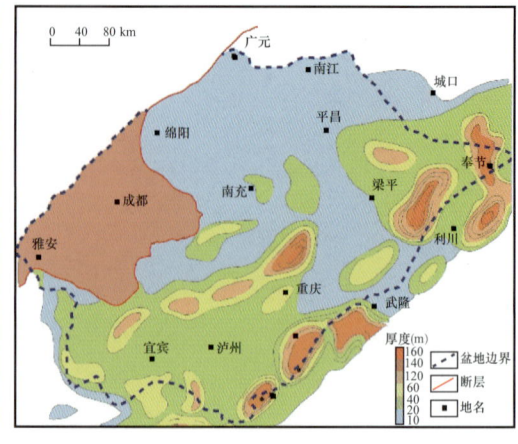

图 3-24　四川盆地龙王庙组及洗象池组盐相关白云岩储层厚度图

三、微生物岩叠加储层

微生物岩是目前国内外学者普遍关注的热点领域，主要包括微生物石灰岩和微生物白云岩。该岩性是指由底栖微生物群落通过捕获与粘结碎屑沉积物，或经与微生物活动相关的无机或有机诱导矿化作用在原地形成的沉积岩。微生物碳酸盐岩是分布最为广泛的一类微生物岩，主要包括叠层石、凝块石、树枝石等，发育时代向上可追溯到古太古界，并以中—新元古界、寒武系和奥陶系最为发育（图 3-25）。目前，美国阿拉巴马州、俄罗斯东西伯利亚地区、南阿曼盐盆地、巴西桑托斯盆地、哈萨克斯坦及国内四川、华北、塔里木等地区均已证实元古宇—寒武系微生物碳酸盐岩具良好的储集性。现以四川盆地高石梯东部地区上震旦统灯影组微生物碳酸盐岩及塔里木盆地寒武系肖尔布拉克组为例，探讨微生物岩的成储机理。

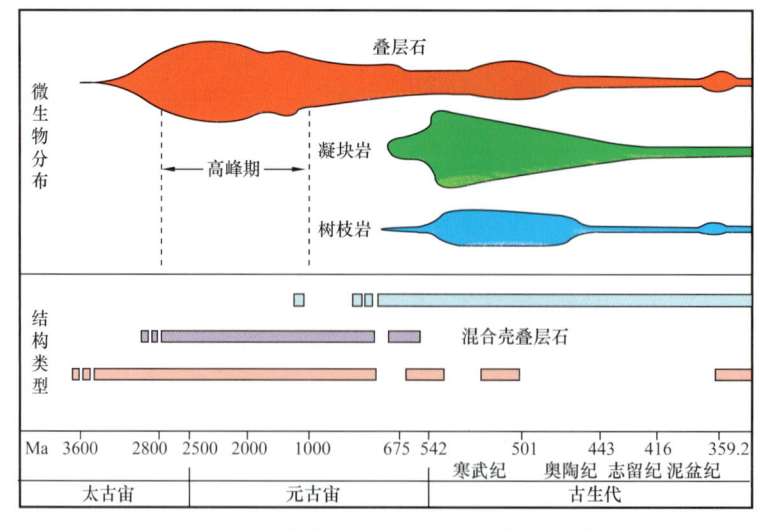

图 3-25　太古宙至泥盆纪微生物岩发育图

（一）四川盆地高石梯东部地区上震旦统灯影组微生物岩

1. 微生物岩类型

在震旦纪灯影组沉积期，整个扬子地区古气候相对温暖干燥，处于冰室期文石海环境，生物发育与显生宙具有明显差异（翟秀芬等，2017）。以细菌与低等藻类为代表的生物占据了灯影组沉积期生物的主体，缺乏大型骨架生物，因而灯影组沉积期形成并保存了大量形态各异的微生物建隆。根据灯影组特殊的古地理环境与特殊沉积产物，可使用广义礁的概念定义灯影组的沉积，主要包括微生物礁、微生物丘和灰泥丘。其中，微生物（骨架）礁指那些具有丰富微生物遗迹和抗浪构造的微生物建隆，发育格架孔；微生物丘指那些具有球粒状凝块、叠层、微生物遗迹和凝块、泡沫绵层、层纹及雪花状等构造的微生物建隆，其中抗浪构造是典型特征，与微生物礁类似，微生物丘同样发育格架孔；灰泥丘是指由各类微晶（泥晶）白云岩所构成的建隆，其中微生物微晶结构细小，通过肉眼或放大镜也观察不见。

高石梯—磨溪地区井下上震旦统灯影组碳酸盐岩以微生物白云岩为主，根据岩心和镜下观察统计，灯影组微生物白云岩以叠层石和非叠层系微生物白云岩为主。其中，叠层石白云岩根据纹层形态可细分为丘状叠层石白云岩与层状叠层石白云岩，层状叠层石白云岩厚度与规模更大；非叠层系白云岩根据结构类型可细分为三种，主要包括凝块石白云岩、泡沫绵层白云岩及泥晶球粒白云岩，不同层段主要岩石类型具有区别，反映了纵向上整体形成环境的差异性。

1）叠层石微生物白云岩

叠层石是前寒武系最主要的微生物岩类型，是隐生宙微生物生命活动的证据，最早见于古太古代（3.45Ga），在不同的水深条件下均可生长，因此地质历史时期广泛分布。叠层石是川中地区灯影组主要的储集岩类型之一，主要发育在潮间带上部至潮上带，纹层产状多样，呈连续、断续状或杂乱状展布。暗色纹层以泥晶或球粒为主，亮色纹层以亮晶白云石为主。在研究区，局部发育窗格构造（图3-26a—d），但大多数窗格孔被不同程度的充填，充填物以亮晶白云石、石英及沥青为主。近圆形或椭圆形球粒直径主体介于0.1～0.2mm之间，边缘模糊，是由生物化学作用沉淀的极细的文石或方解石颗粒凝聚而成，并在早期发生白云石化作用。在磨溪—高石梯地区，叠层石具有韵律性发育特征，整体构成微生物岩沉积旋回，具体表现为深灰色层状叠层石与浅灰色砂屑/鲕粒或泡沫绵层白云岩互层发育。

丘状叠层石其纹层呈半球状或箱状，在岩心中呈现暗黑色丘状正突起。高石梯地区岩心中观察到的丘状叠层石同时发育纹层状球粒结构与泡沫绵层结构，表明高石梯地区震旦纪即出现了色球菌生物群落。在碳酸盐岩台地内，丘状叠层石多发育于碳酸盐岩沉积旋回的下部，代表一种相对较深的沉积产物，因此一般认为丘状叠层石形成于潮间带，在沉积水体相对较深的环境条件下，由于光线较弱，限制了微生物种群的发育，微生物群落为了寻求更多的阳光而形成丘状微生物建隆。由于水体环境的韵律型变化，丘状叠层石与层状叠层石之间也频繁性地交互变化。

2）非叠层系微生物白云岩

非叠层系微生物白云岩是一种不具有明显叠层构造的微生物岩类型，这类岩石识别难度大，很难通过岩心观察研究其宏观特征，因此在岩屑录井资料中此类岩石往往被误认为砂屑白云岩或颗粒白云岩。通过镜下鉴定，发现此类岩石发育球粒和泡沫绵层等微生物结构特征；高石梯东部地区灯影组内非叠层系微生物白云岩主要有凝块石、球粒岩和泡沫绵层白云岩等。

凝块石最早由 Aitken 提出，指与叠层石相关的隐藻组构，缺乏纹层结构，以宏观的凝块结构为特征，可以是厘米级的不规则圆状，或长条形的枝状，也可以是毫米级的微观凝块。现代凝块石通常发育在潮下带环境，而且沉积水深通常大于叠层石。高石梯东部地区凝块岩十分发育，厚度仅次于叠层石（图3-26a—c）。

图3-26 四川盆地高石梯地区井下灯影组微生物岩岩石特征

（a）纹层状硅质泥晶白云岩普通片，高石21井灯四段，5322.3m，单偏光；（b）层状叠层石，层间窗格孔和晶间孔内充填沥青和石英，高石20井灯四上亚段，5207.5m，岩心照片；（c）丘状叠层岩，强烈硅化作用使岩石性硬、致密，高石21井灯四上亚段，5321m，岩心照片；（d）丘状叠层岩，层间溶洞内充填白云石和沥青，高石2井灯二段，5397.7m，岩心照片；（e）凝块岩，高石102井灯四段，5070.3m，岩心照片；（f）凝块岩，白云石、沥青、石英充填孔隙，高石102井灯四段，5169.68m，蓝色铸体片，单偏光；（g）硅化非叠层微生物白云岩，高石21井灯四段，5315.37m，岩心照片；（h）凝块石，葡萄花边构造，高石6井灯四段，5383.95m，蓝色铸体片，单偏光

球粒岩是指具有系微生物球粒结构，但不具有叠层构造的一类非叠层类微生物岩。球粒岩典型特征是球粒呈分散分布，这与系微生物球粒岩不同，后者球粒构成暗色纹层。由于叠层石和层纹石大量发育，单纯的球粒岩在高石梯地区井下岩心中并不多见，且厚度较小。

泡沫绵层白云岩是指具有似微生物泡沫绵层结构的一种非叠层类微生物

岩。泡沫绵层形态多样，呈不规则状、蜂窝状和花边状等形态。镜下可见泡沫绵层内夹有陆源碎屑、菌屑等颗粒，表明泡沫绵层微生物岩可能形成于水动力条件相对较强的潮间带。高石梯地区井下岩心中泡沫绵层个体之间或相互独立、或相互连接构成网状，个体大小以0.2～1mm为主，个体边缘因为微生物泥晶包壳作用呈暗黑色包膜。另外，可见泡沫绵层间发育微生物席（微生物膜），即由微生物形成的暗色线状沉积物，并形成泡沫绵层之间的腔体，腔体呈椭圆形或长条状，腔内多被多期次、多世代的白云石呈等厚环边胶结充填，形成所谓的"葡萄花边构造"（图3-26f）。这种花边构造在全盆地范围内灯影组沉积中均很发育，并被认为是灯影组主要的储层结构。

2. 微生物岩储层特征

高石梯东部上震旦统灯影组微生物白云岩储集空间类型多样，发育空腔溶孔、粒间溶孔、窗格孔、菌屑铸模孔及晶间溶孔等。空腔溶孔在泡沫绵层白云岩与叠层石交互出现的地层中最为常见，其形成机理是在微生物膜（微生物席）包卷作用形成的空腔，空腔内部常见衬里式等厚环边胶结物（图3-27a），间夹微生物膜作用，形成"葡萄花边结构"。少量空腔可能未被完全充填，形成残余原生孔；大部分被胶结物充填的空腔，在埋藏期受溶蚀作用，或者在构造抬升后受到表生岩溶作用，重新形成孔洞，是重要的储集空间类型。粒间溶孔主要见于球粒岩、凝块岩内，分布在球粒、团块周边，直径一般小于0.3mm。由于球粒和团块等颗粒是由微生物活动形成的，其有机质含量相对较高，颗粒内部主要由泥晶和有机质组成，颗粒周围则分布亮晶白云石，在埋藏成岩期由于温度、压力升高，酸性成岩流体会对颗粒间白云石进行选择性溶蚀，因此粒间溶孔内常常可见溶蚀残余的白云石（图3-27b）。窗格孔属于碳酸盐岩沉积早期形成的原生孔隙，在成岩演化过程中多数被充填，充填物为亮晶白云石、亮晶方解石、石英及沥青等（图3-27c），在成岩作用后期，由于埋藏溶蚀或表生岩溶作用将空腔内胶结物溶蚀，即可形成有利的储集空间。铸模孔主要发育于泡沫绵层白云岩中，泡沫绵层中的菌屑个体在手标本上极易误认为是砂屑或鲕粒，但在镜下仔细观察即可区分出，菌屑一般具有微生物成因的泥晶"菌核"或包壳，具有泥晶包壳的菌屑在表生岩溶作用下极易发生溶蚀作用，形成铸模孔。但由于泡沫绵层内部泥晶微生物膜的阻隔作用，此类孔隙一般溶蚀不彻底，缺乏连通性。

灯影组在高石梯—磨溪地区发育两套储层，分别在灯四段和灯二段，其中灯四段又可划分为灯四上亚段和灯四下亚段。在台缘带优质储层发育区，单井储层厚度一般大于50m，储集岩以叠层石、凝块石等微生物白云岩为主，孔隙度在6%～12%，渗透率为0.5～5mD；高石梯东部的台内区，储层厚度明显减小，但井下岩心中仍然观察到微生物白云岩内有大量空腔溶洞、溶孔和裂缝发育，已钻井结果表明优质储层主要位于灯四上亚段，测井解释储层段样品的气测孔隙度主要位于1%~6%，渗透率在10^{-5}~2mD。

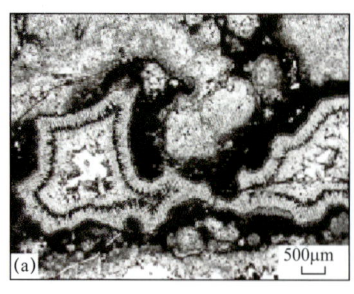

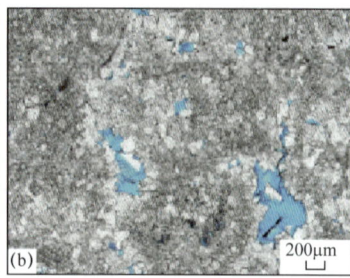

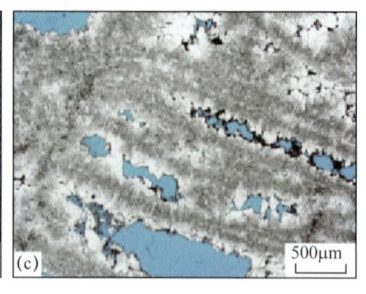

图 3-27 四川盆地高石梯地区井下灯影组微生物岩储集空间

（a）非叠层系泡沫绵层白云岩，葡萄花边结构、溶洞发育，高石6井灯四段，5373m，普通薄片，单偏光；（b）球粒岩，细一粉晶白云石为主，晶间、粒间溶孔发育，高石7井灯四段，6288.9m，蓝色铸体片，单偏光；（c）层纹石，暗色纹层由泥晶白云石组成，顺层溶孔发育，充填粒状石英、沥青等，高石101井灯四段，5497.2m，蓝色铸体片，单偏光

3. 储层发育控制因素

对高石梯东部灯影组微生物白云岩储层研究表明，控制储层发育的关键因素是沉积微相和成岩作用。

沉积微相决定了原岩类型。沉积相分析结果表明，陆表海台地内部地形起伏造成局部发育的台缘带微生物礁、滩体，斜坡相、台内潮间带局部隆起形成的微生物礁、灰泥丘和颗粒滩相（图 3-28）。其中微生物礁主要由叠层石夹凝块石、泡沫绵层白云岩组成，其岩石结构利于原生孔的保存和成岩改造作用形成次生孔隙，是储层发育最有利的相带；颗粒滩相由于菌屑内铸模孔、粒间溶孔等后期改造作用，也可形成优质储层。

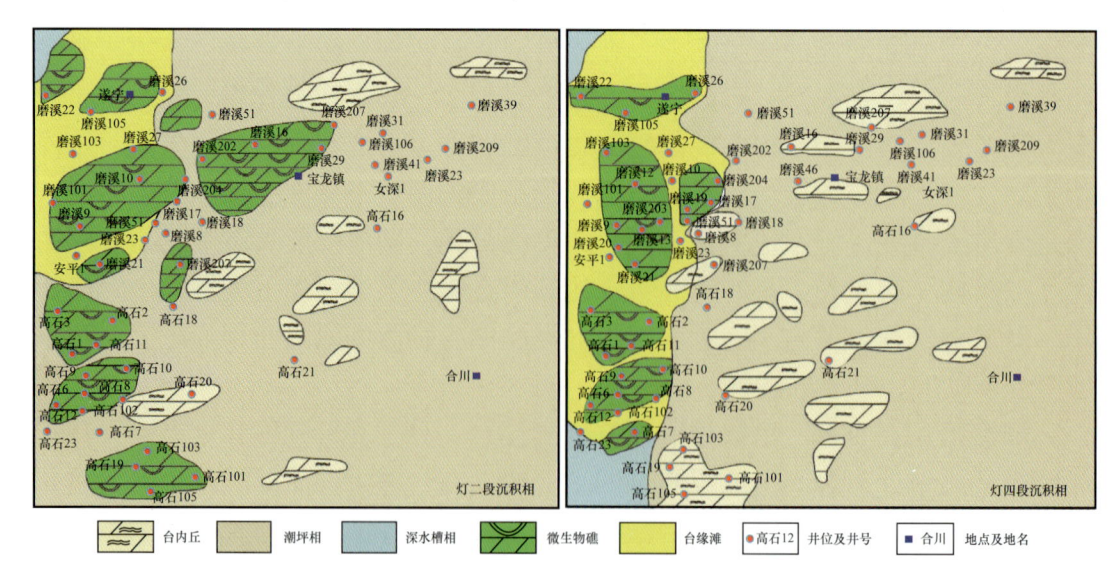

图 3-28 四川盆地高石梯—磨溪地区灯影组二段与灯影组四段沉积相

微生物岩储集空间类型及孔隙结构主要受控于微生物的结构。以叠层石白云岩与非叠层石白云岩为例，二者孔隙结构具有明显差异，叠层石白云岩孔隙类型以窗格孔为主，形态多样，充填程度具有差异，但大多分布于亮色纹层内；非叠层类白云岩孔隙类型以溶蚀孔隙为主，孔隙结构受微生物颗粒和微生物席控制，尤其是泡沫绵层白云岩，其有效孔隙一般位于微生物膜包裹的空腔内，而泡沫绵层内部的菌屑铸模孔对储集空间也有贡献作用。

成岩作用对微生物岩储集性能的作用可分为建设性作用和破坏性作用。通过大量岩石学分析结果，研究区灯影组白云岩成岩演化序列可总结为：微生物席（微生物膜）生长形成纹层/叠层构造—微生物白云石化—微生物包壳与泥晶化作用—海水亮晶胶结物充填—桐湾期大气淡水溶蚀，铸模孔形成—海水淡水混合带亮晶沉淀—第一期硅质流体顺纹层硅化—第一期烃类顺纹层充注—埋藏溶蚀作用—粒状胶结—压溶作用—第二期硅质流体，马牙状石英沉淀于溶孔内—第二期烃类充注—第三期硅质流体，粒状石英沉淀。在不同的岩石类型中（叠层石、球粒岩、凝块石和泡沫绵层白云岩），选择性发生了上述成岩过程（图3-29）。

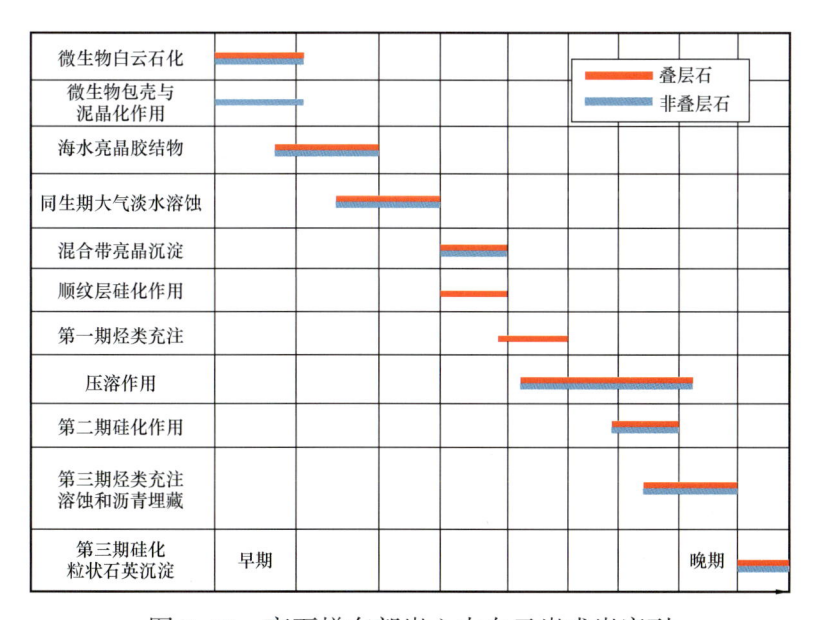

图3-29 高石梯东部岩心中白云岩成岩序列

成岩作用分析结果表明，对储集空间起建设性成岩作用的有微生物白云石化、埋藏溶蚀作用、表生岩溶作用。根据研究区50余块薄片鉴定结果，三种成岩作用可使叠层石类微生物岩面孔率分别提高2%～3%、3%～6%和5%～6%，使凝块石、球粒岩和泡沫绵层白云岩的面孔率分别提高3%～5%、2%～4%和4%～6%；对储集空间起破坏作用的主要是过度白云石化和硅化作用，根据对高石18井和高石16井相同类型微生物白云岩孔隙度统计发现，

— 79 —

过度白云石化作用可使叠层石类微生物岩孔隙度降低2%～3%，使凝块石、球粒岩和泡沫绵层白云岩的孔隙度降低3%～4%，而硅化作用可使叠层石类微生物岩孔隙度降低10%以上，使凝块石、球粒岩和泡沫绵层白云岩的孔隙度降低6%～8%。

（二）塔里木盆地寒武系肖尔布拉克组微生物岩

1. 微生物岩类型

研究区肖尔布拉克组微生物白云岩类型多样，微生物结构变化丰富，其中最为典型的包括凝块石白云岩、泡沫绵层石白云岩和叠层石白云岩。

1）凝块石白云岩

凝块石白云岩主要分布于肖下段和肖上1段，呈灰色中—厚层状产出，宏观上主要由暗色凝块和浅色胶结物组成（图3-30a），镜下可见其微生物结构主要为丝状藻纹层，由暗色泥晶白云石组成，呈波状起伏并侧向延伸，局部相互缠绕形成闭合的"包壳"（图3-30b），或者分岔呈树枝状。这种独特的结构形成了罕见的扁平状粒间（溶）孔，分布于藻纹层两侧（图3-30c）。

2）泡沫绵层石白云岩

泡沫绵层石白云岩主要产出于肖上2段，呈灰白色厚层状，通常具有丘状构造特征，野外观察中可见其表面和内部顺层溶蚀孔洞极为发育（图3-30d）；镜下可见泡沫绵层石由大小不一的椭圆形泡沫腔体粘结而成，状如海绵，腔壁

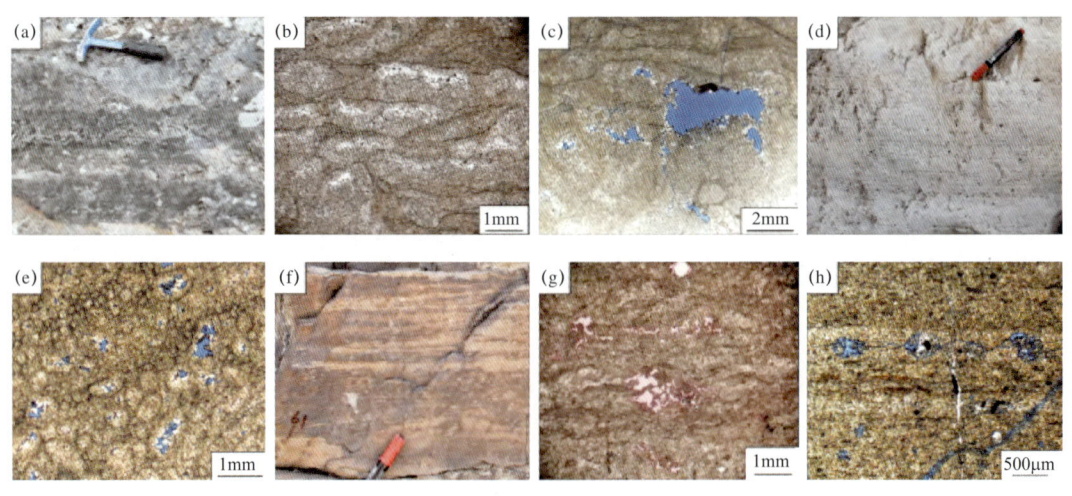

图3-30 塔里木盆地西北缘柯坪地区肖尔布拉克组微生物白云岩的微生物结构

（a）凝块石白云岩，具有一定层状特征，连续性差，肖上1段；（b）凝块石白云岩，丝状藻纹层结构发育，侧向延伸，局部形成"包壳"，肖上1段；（c）凝块石白云岩，藻纹层两侧发育扁平状粒间溶孔，肖上1段；（d）泡沫绵层石白云岩，发育顺层溶孔，孔径主要为3～5mm，肖上2段；（e）泡沫绵层石白云岩，泡沫绵层腔体呈大小不一的椭圆状，内部发育体腔孔，肖上2段；（f）叠层石白云岩，纹层近水平状，肖尔布拉克东3沟剖面，肖上3段；（g）叠层石白云岩，发育近层状明暗纹层结构，孔隙位于暗层之间，肖上3段；（h）泥粉晶白云岩，可见扁平状藻屑顺层排列，发育有窗格孔，肖下段

由暗色泥晶白云石组成。与其他类型微生物岩不同，泡沫绵层石藻架结构非常致密且稳定，腔体之间粘结紧密，泥晶化普遍存在。因此，其腔体之间不发育孔隙，而在腔体内部发育体腔孔，形状近似椭圆形（图3-30e）。

3）叠层石白云岩

叠层石白云岩主要位于肖上3段，肖上2段顶部也有少量分布，呈灰色至深灰色薄—中层状；形态上从肖上2段的波状，过渡到肖上3段的弱波状和层状（图3-30f）。镜下可见明暗相间的纹层结构，其中暗层为强烈泥晶化的粘结结构或者蓝细菌球粒构成的纹层，连续性较弱，部分被打散成斑块状，容易被误认作凝块结构；而亮层由粒度更粗，表面更干净的泥粉晶白云石晶体组成。叠层石白云岩孔隙以格架孔为主（图3-30g），位于暗层之间，形状以扁平状为主，长轴平行于纹层方向，可能与早成岩期纹层收缩有关。

2. 微生物岩储层特征

岩相古地理及沉积相研究表明，肖尔布拉克组微生物碳酸盐岩在台地边缘和台地内部均广泛分布（图3-31）。露头剖面、钻井及地震资料显示，巴楚—塔中北部、柯坪隆起西北部、塔北隆起东北部主要以台内丘滩相为主，轮南—古城一带主要发育台缘微生物建造，生物礁、丘滩体展布面积达$10.5 \times 10^4 km^2$，具备规模储层发育的基础。

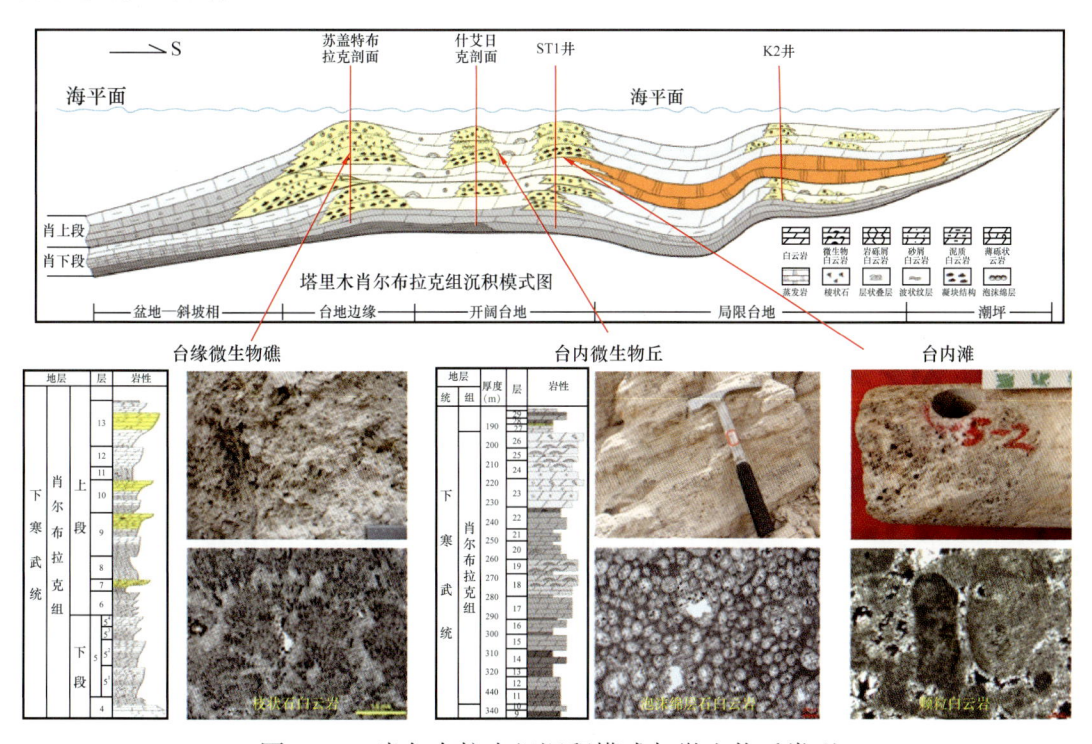

图3-31 肖尔布拉克组沉积模式与微生物丘类型

通过对肖尔布拉克组微生物丘沉积序列的详细解剖发现（图3-32），能量相对较低的丘基主要发育凝块石白云岩，储层物性较差，平均孔隙度为

2.01%；而水体能量较高的丘核和丘盖主要发育泡沫绵层白云岩和颗粒白云岩，储层物性好，平均孔隙度分别为 5.47%～13.51%，构成微生物丘滩储层的主体。

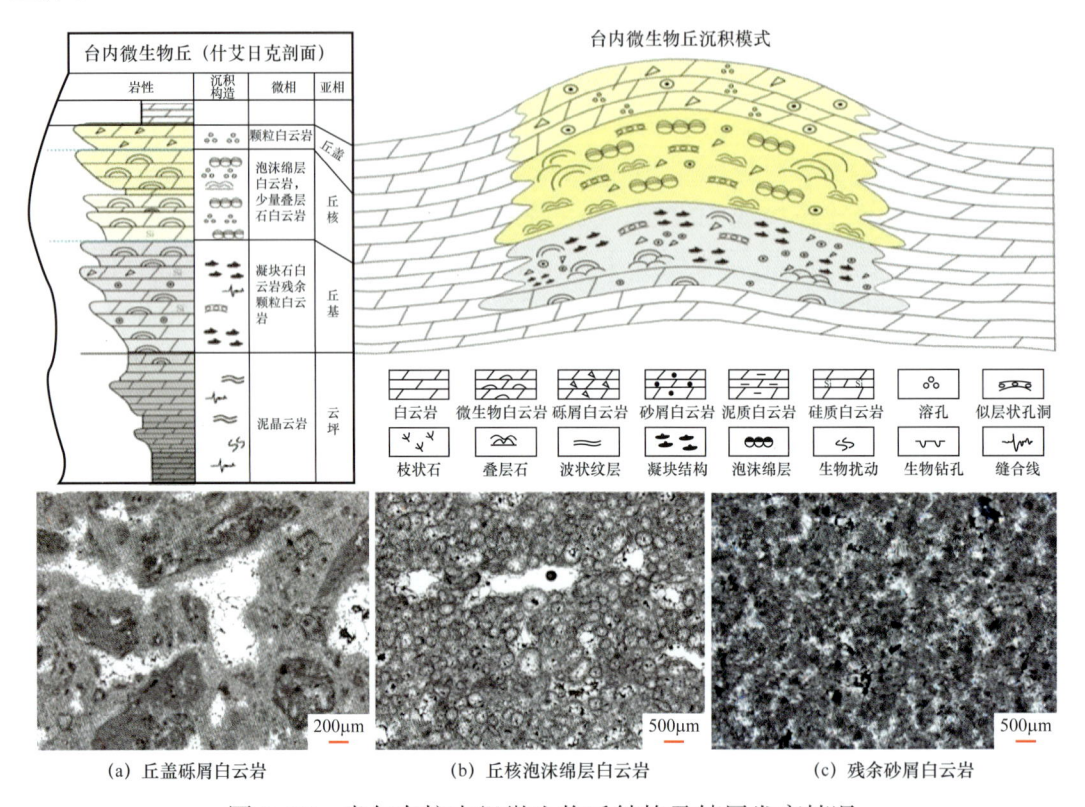

图 3-32 肖尔布拉克组微生物丘结构及储层发育情况

3. 储层发育控制因素

肖尔布拉克微生物碳酸盐岩孔隙类型包括凝块间孔、泡沫绵层格架孔、粒间（内）孔等具有组构选择性孔隙，以及凝块间（粒间）溶扩孔、溶缝和溶蚀孔洞等部分/非组构选择性孔隙。储层的形成主要受优势相带和短期暴露溶蚀控制。

微生物丘滩是储层发育的物质基础，由海平面短暂下降引起的准同生期大气淡水溶蚀是成储关键（张静等，2014）。野外剖面肖上段顶部发育大量因暴露侵蚀、淋滤而形成的凹凸不平的溶沟或溶坑等；同时，镜下可见与大气淡水渗流带相关的新月型、悬垂型胶结物（图 3-33a、b），以及海底纤状胶结物局部被溶蚀、随后被埋藏期粒状胶结物充填的胶结"不整合"现象（图 3-33c）；受短期暴露溶蚀改造的储集岩具有斑状中等亮度的阴极发光特征（图 3-33e、f），同时在溶蚀界面附近的储层碳氧同位素值较同期海水略微负漂且波动明显（图 3-34），与长期暴露溶蚀形成的表生岩溶储层及埋藏热液溶蚀储层具有显著差异。

图 3-33　塔里木盆地寒武系肖尔布拉克组储层显微照片

（a）、（b）悬垂型胶结物示渗流带特征，舒探 1 井；（c）胶结物不整合，肖尔布拉克组，舒探 1 井；（d）中等亮度红色阴极发光，短期暴露溶蚀，肖尔布拉克剖面 35 层；（e）亮红色/橘红色强发光，风化壳岩溶，表生期大气水，牙哈 5 井；（f）暗红色环带弱发光，埋藏期热液溶蚀，和 4 井

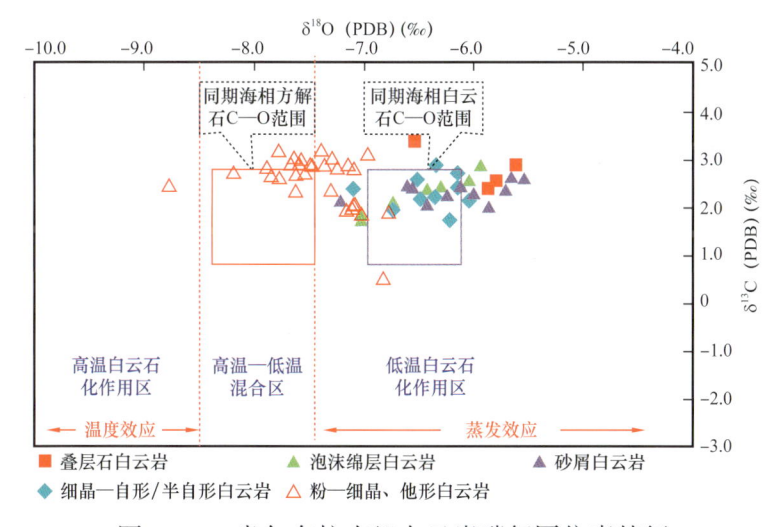

图 3-34　肖尔布拉克组白云岩碳氧同位素特征

寒武系微生物碳酸盐岩储层经历了漫长的埋藏成岩演化，但现今仍有大量孔隙留存，保持性成岩作用至关重要。早期白云石化，即同生期微生物作用白云石化和浅埋藏期回流白云石化，微生物岩在经历白云石化之后更能抗压实、压溶（图 3-35），有利于准同生期形成孔隙的保持（余浩元等，2018）；同时，微生物释气作用，特别是产甲烷古菌不仅有助于克服低温条件下白云石

图 3-35　肖尔布拉克组扫描电镜白云石化特征

形成的动力学障碍菌，而且还可以产生一定量的甲烷气体，在沉积物中形成两相流体系统，降低渗透率、阻碍流体对流，进而抑制胶结作用而使先存孔隙得以很好保持。

第二节　深层碎屑岩成储机制

国内深层、超深层碎屑岩储层在所处盆地的大地构造背景和沉积环境影响下，由于经历了长期的埋藏、压实及溶蚀作用，与其他储层类型相比，深层、超深层碎屑岩储层通常物性较好，如库车坳陷、准噶尔盆地和渤海湾盆地等深层碎屑岩储层，大多可以形成利于油气聚集的有效储层（钟大康等，2008）。国内深层碎屑岩储层具有分布广、时间跨度大、储层物性差异大和孔隙类型多样等特点。现今普遍认为，溶蚀作用、埋藏方式、异常高压、膏盐效应、黏土膜对原生孔隙的保存作用等均会对深层、超深层有效储层的形成具有积极贡献。通过对前人大量研究资料的搜集整理，对国内深层、超深层碎屑岩成储机制归纳为三点。

一、三种孔隙保持机制

（一）低地温梯度和长期浅埋晚期快速深埋利于孔隙保存

低地温梯度对原生孔隙具有一定的保存作用，还可使深埋储层处于次生孔隙大量发育期。地温梯度越高，成岩强度越强，地温梯度对砂岩孔隙度具有显著的控制作用。地温梯度较低的地区，砂岩孔隙度衰减速度较慢，有效储层深度较大。塔里木盆地平均地温梯度约为20℃/km，是一个典型的低温冷盆，有效储层分布范围为4500～6000m。由于该区地温梯度低，石英砂岩抗压实能力强，即使在埋深大于5700m时，石英颗粒的压溶现象仍较弱，颗粒多为点接触，有利原生孔的保存。同时，由于较低的地温梯度，该区在大于5000m的深层地温约为100℃，因此处于有机质成熟期，利于对早期形成的胶结物、杂基及矿物颗粒的溶蚀，提高砂岩孔隙度。因此，塔里木盆地在埋深5000～6000m时，砂岩孔隙度仍可高达20%。

模拟实验表明，快速埋藏使储层物性得以较好保存。库车前陆盆地白垩系巴什基奇克组砂岩是国内西气东输的重要产气层段，也是埋深超过5000m、压实作用强烈却仍发育良好储层的代表。该储层沉积距今130Ma，沉积和成岩演化过程可分为两个阶段：（1）早期长期浅埋，距今130—23Ma，地层沉降至2000～3000m，为早成岩阶段，地层接受缓慢而稳定的压实作用；（2）后期快速深埋，即23Ma至今，地层快速沉降至9000m左右，为中成岩—晚成岩阶段，压实作用强烈，构造应力作用使砂岩明显发育构造裂缝。由于经历了特殊埋藏过程，库车坳陷大北地区下白垩统巴什基奇克组砂岩深层、超深层储层储集空间类型主要为粒间孔（残余原生粒间孔和粒间溶孔）、长石（或岩屑）粒内溶孔及微孔隙，微裂缝发育，主要的孔隙组合为残余原生粒间孔—溶蚀孔—微孔隙。通过对塔里木库车超深层进行数值模拟，证实6000m埋深的储层，晚期快速埋藏较正常埋藏砂岩孔隙度相差5%（图3-36）。准噶尔盆地南缘在沉积早期经历了长期缓慢的浅埋藏作用，颗粒间压实作用较弱，长期保持大量原生孔隙，晚期快速的深埋藏时间短暂，颗粒间流体来不及排出而停留在储层颗粒间，同时化学作用还未对砂岩形成明显的破坏作用，进而更有效地保存了原生孔隙。因此，即使埋深6000m以下仍发育相对优质储层，孔隙度可达15.6%（图3-37）。

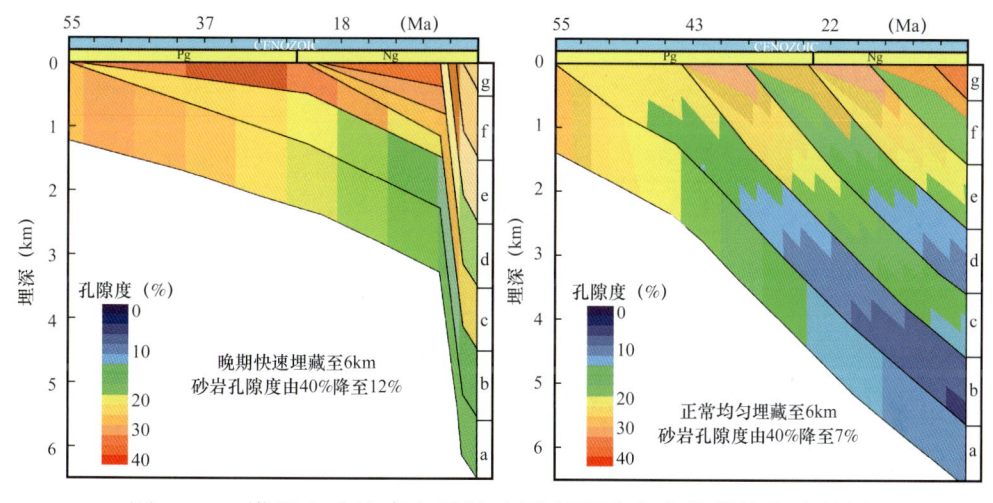

图 3-36 塔里木盆地库车坳陷碎屑岩孔隙度变化模拟实验结果

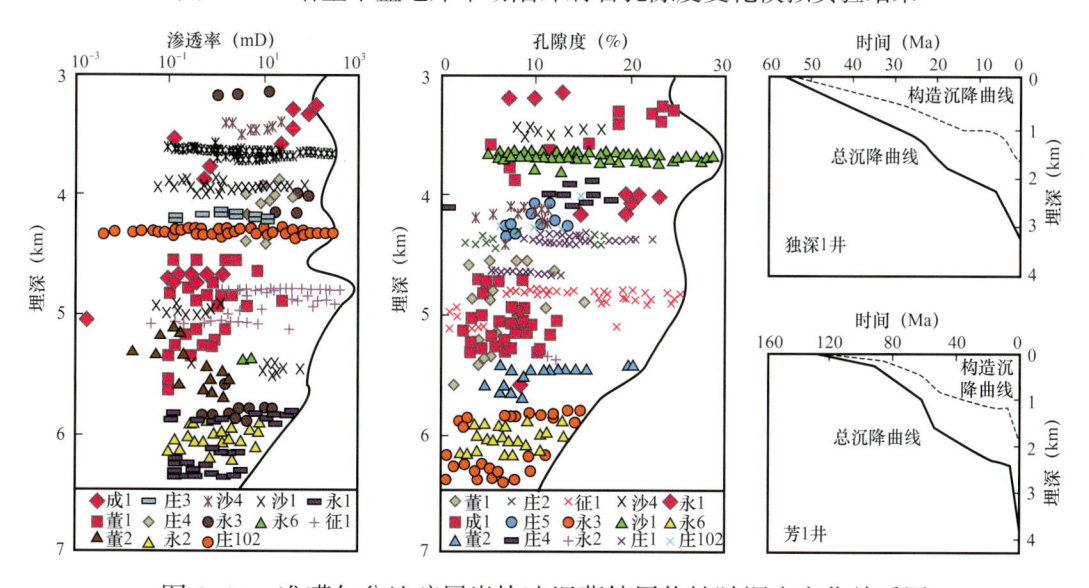

图 3-37 准噶尔盆地碎屑岩快速埋藏储层物性随深度变化关系图

（二）早期烃类充注使超深层储集空间保存良好

早期烃类充注对深层、超深层碎屑岩储层中的成岩作用，特别是对压实作用的影响也值得关注。早期烃类注入孔隙，排出孔隙内的流体，抑制石英、碳酸盐类矿物的胶结作用，减缓压实效应，利于原生孔隙的保持，如塔里木盆地塔中4井深度3650.3m石炭系中细粒岩屑石英砂岩，由于油气充注抑制成岩作用，原生粒间孔隙得以保持，孔隙度达21%；塔中17井深度3820m细砂岩无油气充注，成岩作用较强烈，有石英次生加大现象（图版Ⅲa、b），孔隙度较小，为12%；塔中石炭系含油砂岩与不含油砂岩孔隙度相差9%（图3-38）。这种现象在国内深层、超深层碎屑岩储层中普遍存在，如鄂尔多斯盆地、塔里木盆地、准噶尔盆地、黄骅坳陷等。早期烃类充注可以使超深层储集空间得到良好保存，主要有三方面原因：一是早期烃类充注改变原来岩石地球化学环境及水湿润性；二是抑制原来水岩介质中发生的成岩反应；三是加快长石、碳酸盐矿物等溶解作用。

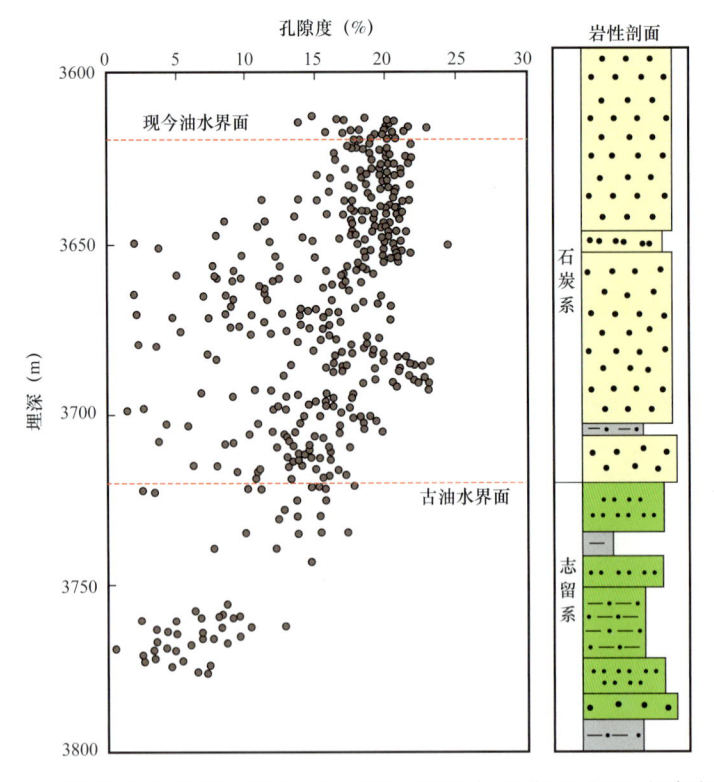

图3-38 塔里木盆地塔中石炭系早期油充注与早期不充注孔隙度对比

（三）黏土膜保护作用有利于原生孔隙保存

黏土膜可以有效增加岩石抗压实能力，抑制自生矿物生成，以达到保存孔隙的目的。黏土膜在国内深层、超深层碎屑岩储层中较为常见，在塔里木盆地志留系和泥盆系、松辽盆地侏罗系和白垩系、东濮凹陷古近—新近系、四川盆地三叠系和侏罗系、鄂尔多斯盆地三叠系等均有分布，矿物成分为蒙皂石、伊利石、高岭石、绿泥石、石英、方解石（图版Ⅲ c、d）等，分原生和自生两种类型。黏土膜在中低压实强度下对深埋藏砂岩储层的孔隙保存具有积极作用。

绿泥石黏土膜是一种重要的黏土膜类型，在深层、超深层碎屑岩储层中也极为常见，多以放射状垂直颗粒环边生长，具有薄层、等厚、连续生长的特点，对高孔隙度的保存具有重要意义。川西坳陷须家河组储层为典型的致密砂岩储层，但在致密的背景下又发育了相对优质的储层。通过多种研究手段发现，川西坳陷须家河组储层中普遍发育的绿泥石环边胶结物对原生孔隙起到了良好的保护作用，储层绿泥石发育在须四上亚段和须二下亚段。绿泥石衬里发育的岩石，颗粒间接触强度较低，多为点到线接触。自生绿泥石与砂岩储集空间的保存和演化存在密切关系，孙全力等认为自生绿泥石的贡献作用主要体现在阻止其他胶结物在孔隙中沉淀、缓解压实作用、促进颗粒溶蚀等几个方面。

二、高温高压下砂岩快速溶蚀

国内深部优质储层的形成几乎都与溶蚀作用有关，主要是由有机质成熟产生的有机酸和无机酸（二氧化碳形成碳酸等）对粒间碳酸盐胶结物的溶蚀，其次为长石和岩屑等物质的次生溶蚀，溶蚀作用是形成国内深层、超深层优质碎屑岩储层最普遍的机理，只是溶蚀程度因地区不同会有差异。过去的实验条件溶蚀实验温度小于120℃，受常压状态限制，认为超深层孔隙不发育；通过180℃高温、53MPa高压条件模拟结果表明，150℃后溶蚀（图3-39）速率增大2~3倍（图3-40）。如塔里木盆地白垩系超深层仍发育良好储层（图3-41），克深7井在酸压情况下地层产大水，证明埋深超过7900m的碎屑岩地层仍发育优质储层。

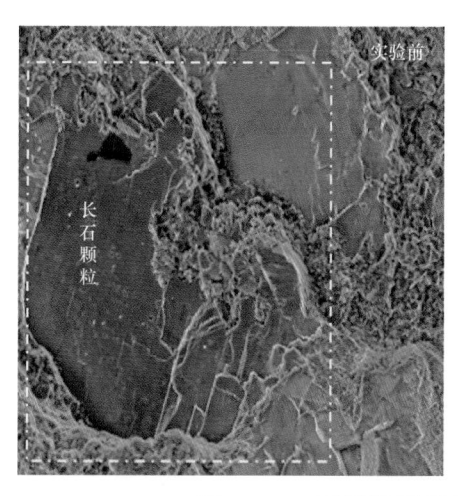

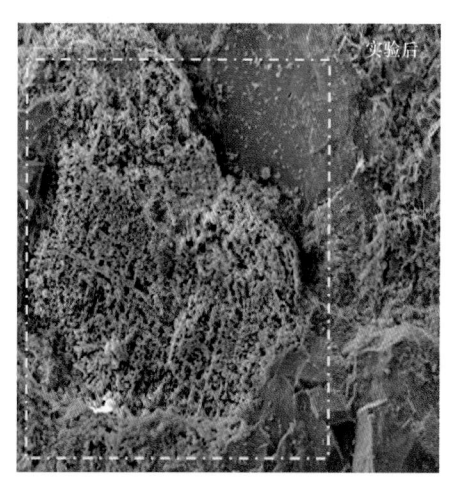

图3-39 不同温压条件下碎屑岩溶蚀对比图

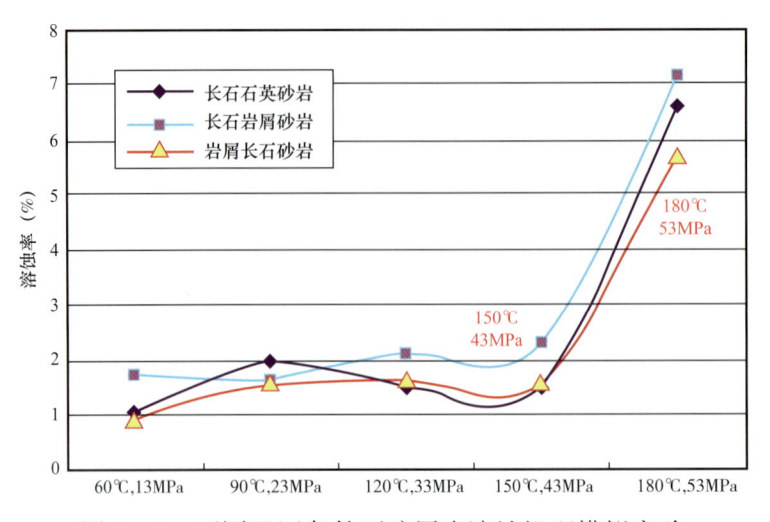

图 3-40　不同温压条件下碎屑岩溶蚀机理模拟实验

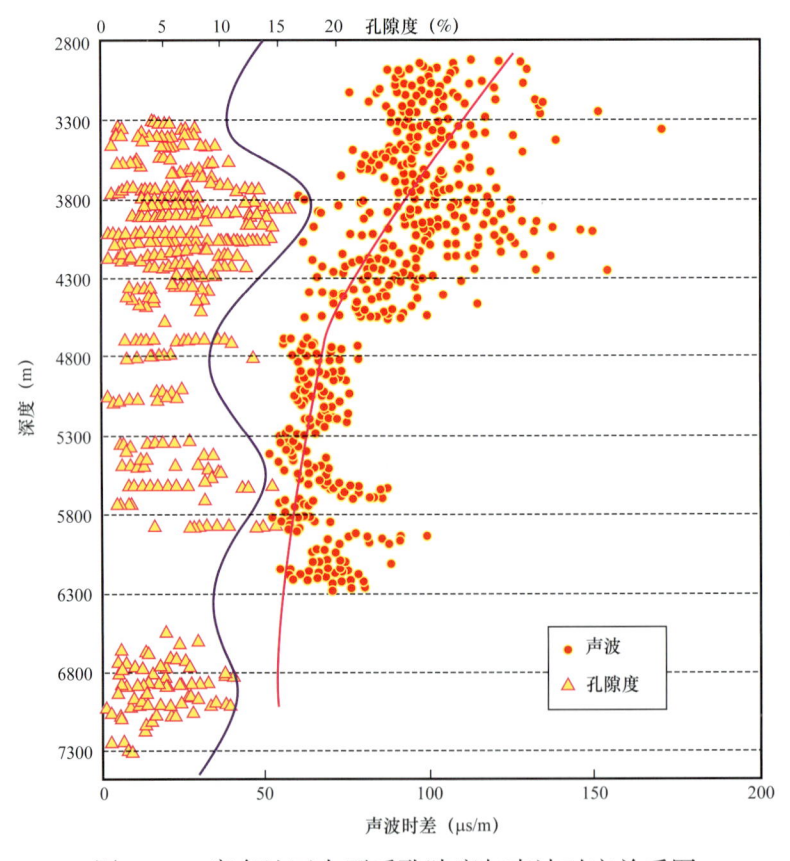

图 3-41　库车地区白垩系孔隙度与声波对应关系图

三、断裂及裂缝改善孔隙

超深层岩石脆性程度增大，在构造应力作用下，岩石易发生破裂，形成断裂和裂缝，断裂及裂缝将大大改善致密储层储集性能，增大流体渗流空间。如大北202井裂缝发育（图3-42，图版Ⅲh、i），砂岩储层未经改造，渗透率为0.132mD，产气110×10⁴m³/d。相反，依南2井裂缝不发育，渗透率为0.013mD，产量较低。

库车坳陷白垩系规模储层，三角洲砂体纵向叠置、横向连片；储层厚200～400m，面积1.8×10⁴km²，长期浅埋晚期快速深埋岩利于原生孔的保持，加之构造活动裂缝发育，埋深6000～8000m仍发育有效储层，孔隙度5%～10%。

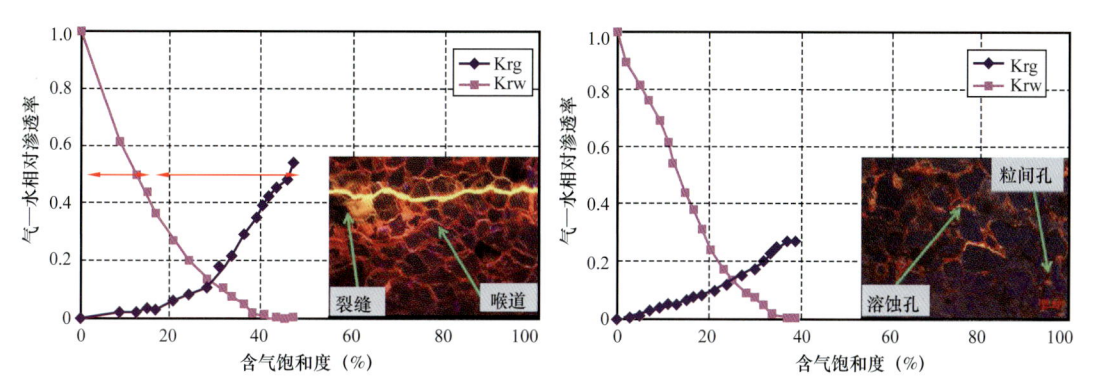

图3-42 大北202井（左，0.132mD）和依南2井（右，0.013mD）储层裂缝发育对比

第三节 深层火山岩成储机制

火山岩是一种的重要储层类型，由于火山岩的骨架较其他岩石坚硬，抗压实能力强，加之火山岩成岩作用多以冷凝固结方式为主，孔隙度受压实埋深影响较小，使得火山岩的孔隙更容易保存下来，当埋深大于一定深度时，火山岩的储集能力往往会大于沉积岩而成为主要储层。现今已在世界20多个国家300多个盆地或区块中发现火山岩油气藏。如日本新泻盆地Kurosaka气藏、澳大利亚Browes盆地Scott Reef油气藏、阿根廷Neuquen盆地Lapa油气藏、印度尼西亚Jawa盆地Jatibarang油气藏等（邹才能等，2008；冯子辉等，2008）。自20世纪50年代开始，国内在各含油气盆地也有所发现，如准噶尔盆地五彩湾凹陷、塔里木盆地塔河地区、三塘湖盆地、松辽盆地徐家围子断陷等。

一、陆上火山岩分布及两类有效储层

中国大部分含油气盆地中发育火山岩类，且分布范围较大、岩层较厚，主要分布于四大盆地群、三大层系。四大盆地群如图3-43所示，总面积达36×10⁴km²，分别为东部盆地群（7×10⁴km²）、北疆盆地群（9×10⁴km²）、塔里木盆地（13×10⁴km²）及川藏盆地群（7×10⁴km²），一般分布层位为石炭系—二叠系、侏罗系—白垩系及古近系。这些火山岩油气藏通常以中基性火山

岩为主要储层，如玄武岩、安山岩、英安岩等，也有中酸性火山岩，如流纹岩、凝灰岩等。

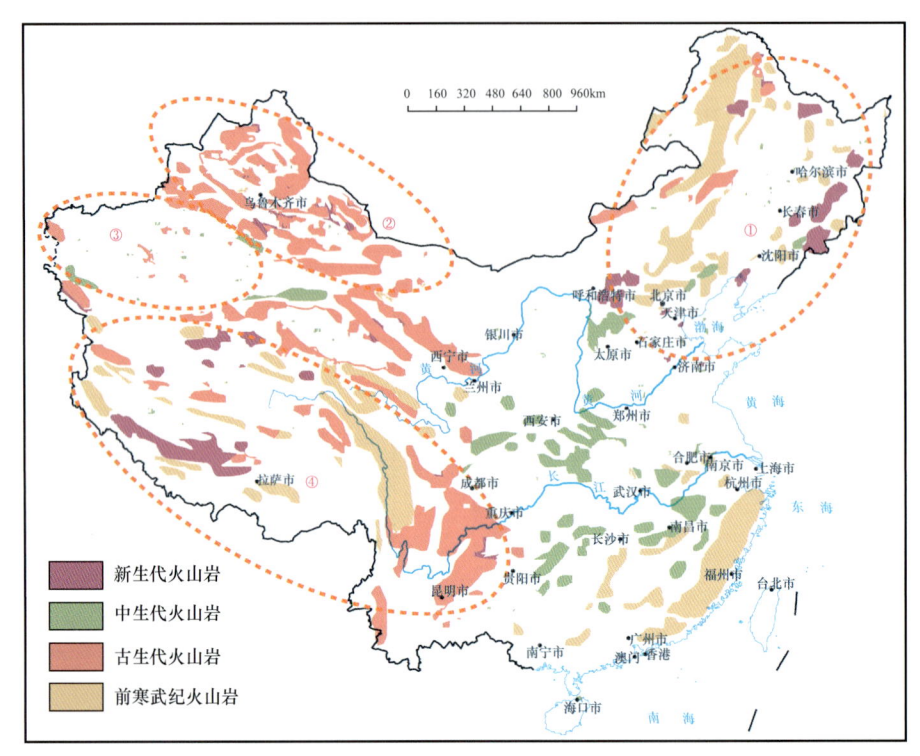

图 3-43　国内陆上火山岩时代及分布图
① 东部盆地群；② 北疆盆地群；③ 塔里木盆地；④ 川藏盆地群

与沉积岩相比，火山岩储层类型更复杂、物性变化更大且非均质性更强，主要发育风化壳型和原生型两类规模分布的有效储层。不同类型的火山岩有利储层在不同盆地或区域的形成条件和分布规律差别很大，西部火山岩以风化壳型储层为主，而东部以原生型储层为主。统计表明，不管何种岩性经历一定的次生蚀变过程，其孔隙度及储层质量都有较大提升（图 3-44）。

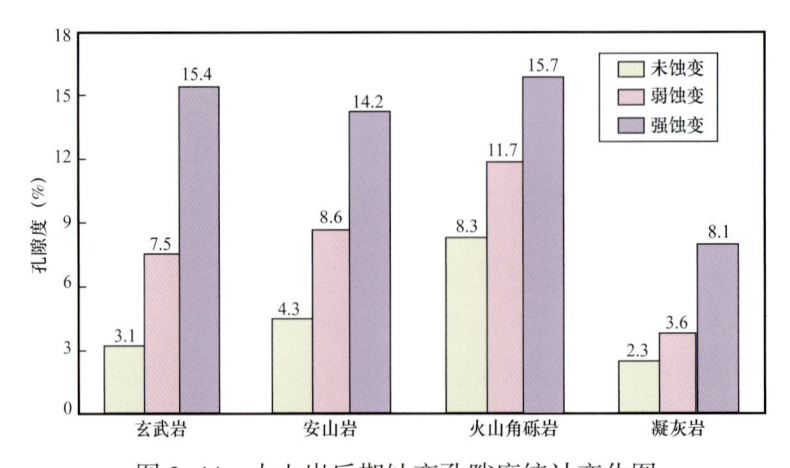

图 3-44　火山岩后期蚀变孔隙度统计变化图

火山岩风化壳是指火山岩经沉积间断、风化淋滤和蚀变后形成的具有矿物、结构和储层特征差异的联合体。其具有风化黏土层，断层内氧化环境泥质充填物，以及微观照片中自碎缝氧化铁衬边、示底构造等识别标志。对于风化壳储层受风化淋蚀作用控制，各种岩性火山岩风化壳都能形成有效储层，储集空间以次生溶孔和裂缝为主，在断裂不发育处火山岩风化壳有效储层主要分布在不整合面之下550m深度范围内（图3-45），在断裂发育处有效储层可深至风化面之下1100m。王京红等（2011）对新疆北部钻遇完整石炭系火山岩风化壳的钻井研究表明，火山岩风化壳自上而下发育土壤层、水解带、溶蚀带、崩解带和母岩五层结构（图3-46）。土壤层是火山岩强蚀变后的产物，成土状，多由次生矿物组成、储集性能差；水解带是火山岩强蚀变后的产物，以火山岩细小颗粒和泥岩为主，储集性能较差；溶浊带是火山岩较强蚀变后的产物，以火山岩碎块为主，次生孔隙和裂缝发育；崩解带是火山岩中等蚀变产物，以较大火山岩碎块为主，次生孔隙和裂缝较发育，但裂缝和气孔常被充填或半充

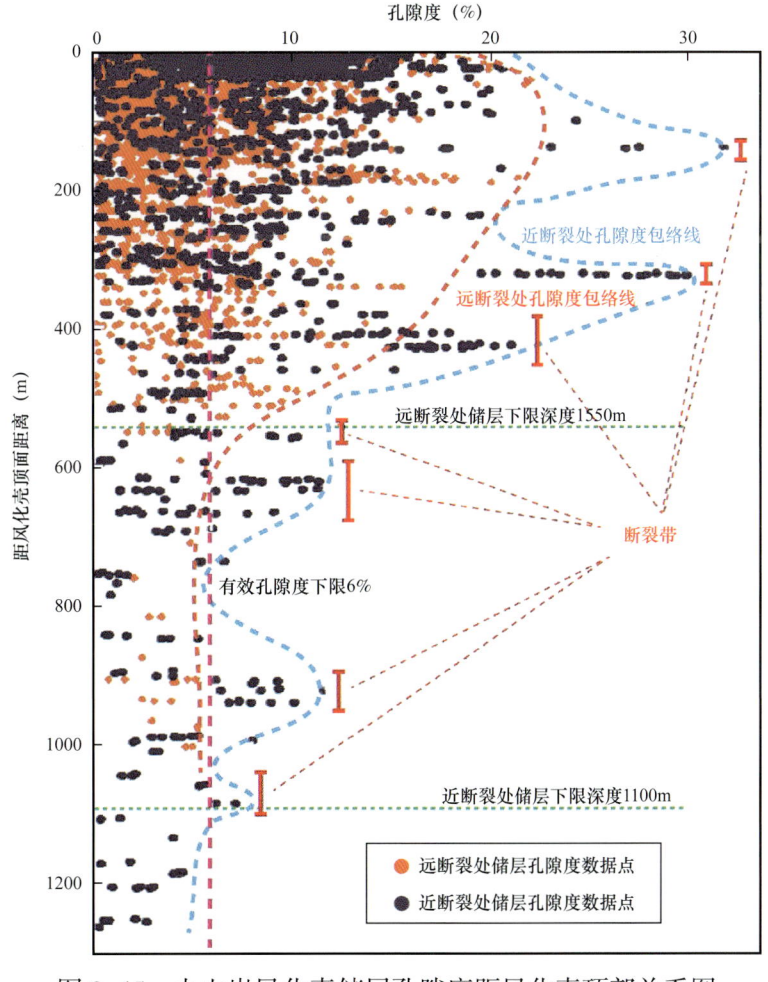

图3-45 火山岩风化壳储层孔隙度距风化壳顶部关系图

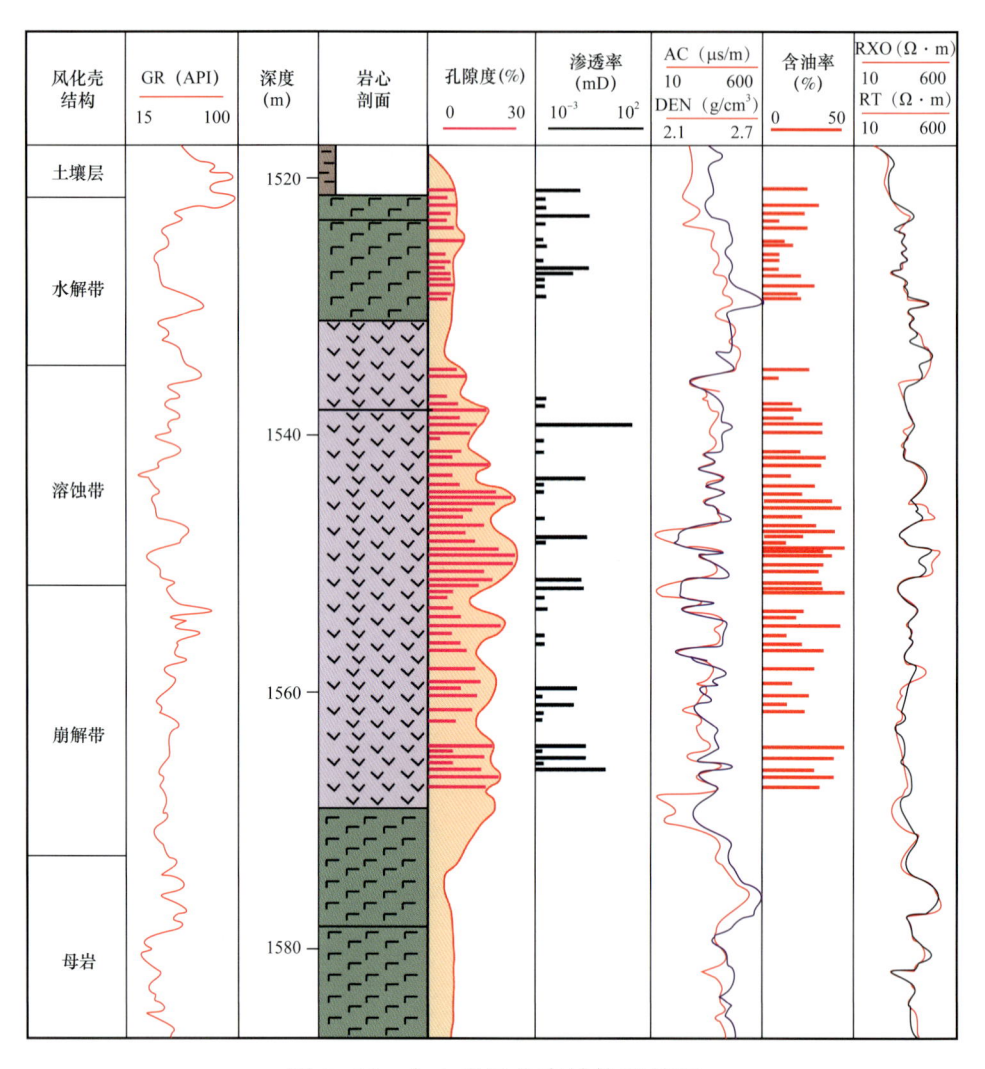

图 3-46 火山岩风化壳结构及特征

填；母岩是未蚀变的原状火山岩。统计物性表明，土壤层和水解带为非有效储层段，所占风化壳厚度比例为 31%；溶蚀带及崩解带为有效储层段，约占风化壳厚度比例的 69%。火山岩风化壳有效储层的形成受控于古地貌、断裂和风化淋滤时间，主要分布于古地貌高部位、斜坡部位和低部位的断裂发育处。

原生型储层储集空间可以分为原生孔隙与原生裂缝。原生孔隙为火山物质喷出地表形成的气孔及不完全被杏仁体充填的残余孔隙、晶间微孔、火山角砾间孔等。气孔是由于岩浆体内在溢流的过程中，含有大量的挥发组分，当其喷发出露地表时，因挥发分逸散，而留下的空间，其形状不一。杏仁体内孔指次生矿物充填气孔留下的空间，是充填矿物被溶蚀后形成的。晶间孔指矿物结晶在晶体间产生孔隙，这种孔隙与矿物结晶程度有关，结晶程度越高，孔隙越发育。原生裂缝是指火山岩由于火山作用和成岩作用形成的爆裂缝、收缩缝等。裂缝可以成为火山岩的主要渗流通道和部分储集空间。

二、四级内幕结构控制下的储层储集空间类型

火山岩一般具有四级内幕结构"火山岩体—火山岩相—储渗单元—孔隙结构",直接控制着火山岩储层类型及储集空间。火山岩体控制气水关系及储层宏观分布;火山岩相控制储层发育,指导储层预测;储渗单元控制储量宏观可动性和井网井距;孔隙结构控制储量微观可动用性和储层渗流规律(图3-47)。

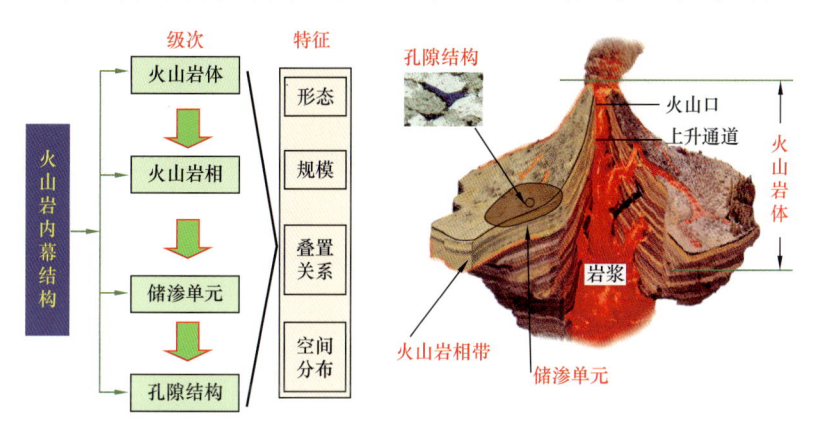

图3-47 火山岩四级内幕结构控储示意图

火山岩体一般靠近深大断裂发育,呈中心式丘状、裂缝式层状,规模呈数千米级,控制着气水关系及储层宏观分布。不同岩性、岩相条件从根本上决定了储集空间的发育程度与规模。原生孔隙是伴随火山岩形成过程中产生的孔隙,包括岩浆在流动过程差异性固结产生的支撑性空间,熔体中气液包裹体在成岩过程散失后留下空间及岩浆在冷凝过程中形成的收缩缝和节理缝。火山岩的岩性决定了原生孔隙的类型,岩性是影响火山岩储集性能的直接因素,从基性、中性熔岩到酸性熔岩,岩石的黏度、脆性逐渐升高。流纹岩、安山岩的孔缝相对较多,以气孔为主,火山角砾岩以砾内、砾间孔为主,而凝灰岩以微裂缝为主。

火山岩相是火山物质的喷发类型、搬运方式和定位环境与状态,即其形成方式的总和。可分为爆发相、喷溢相、侵出相、喷发—沉积相、火山通道相和潜火山相六个基本类型。目前国内外对火山岩相的划分很不统一,以中心式喷发火山为例(图3-48),大致可分为:形成地表的喷出相,包括溢流相、爆发相及侵出相;形成地表至岩浆房或火山源区的火山颈相,产出岩石为熔岩、火山碎屑熔岩、火山碎屑岩等;形成地表以下至约3km深处的次火山相,产出岩石为熔岩、角砾熔岩、角砾岩等;形成于地表的火山沉积相,产出岩石为喷出岩、沉积火山碎屑岩、火山碎屑沉积岩、沉积岩等。不同岩相、亚相具有不同的孔隙类型(表3-3),同岩相的不同亚相储层物性可能差别很大,因为各相和各亚相之间岩石结构和构造存在较大差别,它们控制着原生和次生孔缝的组合与分布。火山通道相储集空间主要为孤立的气孔及火山碎屑间孔;火山爆发

-93-

相中火山角砾间孔、气孔、溶蚀孔洞缝发育；火山喷溢相熔岩原生气孔、收缩缝发育，次生孔隙主要为构造裂缝；侵出相中心带亚相储集空间主要为裂缝、溶孔、晶间孔等微孔隙。一般来说，火山岩储层可划分为气孔型、粒间孔型、溶蚀孔型、裂缝型四类储集空间。

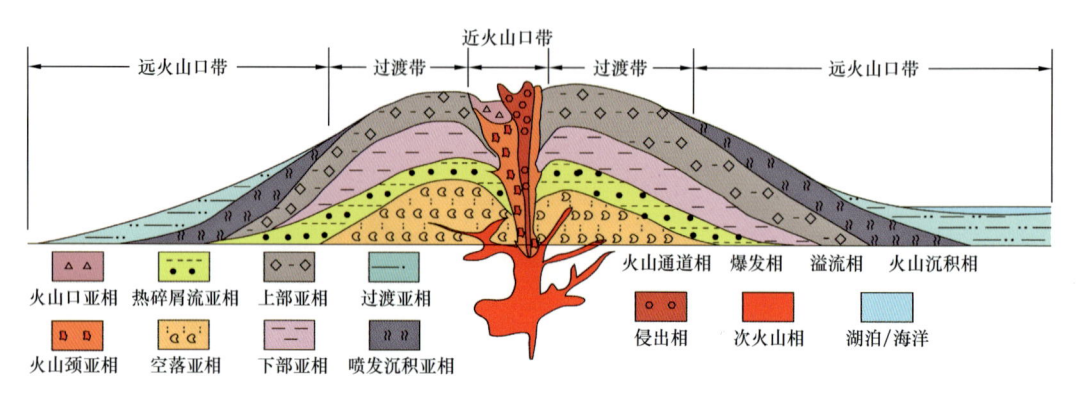

图 3-48 火山岩岩相模式图

表 3-3 中国含油气盆地火山岩相划分（据邹才能等，2008）

相	亚相	形成深度	岩石类型	形成方式	产出状态
火山通道相	火山口—火山颈	地表岩浆层或火山源区	熔岩、火山碎屑熔岩及火山碎屑岩	火山机构被剥蚀，出露火山通道中的充填物	平面上呈长圆形、圆形、多边形岩颈
	潜火山岩	地表下约3km	熔岩，角砾熔岩，角砾岩	同期或晚期的侵入作用	岩床、岩墙、岩株、岩枝及隐爆角砾岩体
	隐爆角砾岩		隐爆角砾岩	富含挥发分岩浆入侵破碎岩石带产生地下爆发作用	筒状、层状、脉状、枝叉状、裂缝充填状
爆发相	空落	地表	块状火山碎屑岩	火山喷发产物	火山碎屑、围岩碎屑与水蒸气混合成多相体系
	热基浪	地表	波状构造凝灰岩，火山角砾凝灰岩		
	热碎屑流	地表	熔结火山碎屑岩	火山爆发	火山喷发炽热碎屑流堆积
喷溢相	上部、中部、下部	地表	各种熔岩	火山喷溢、泛流产物	流、岩被；绳状、柱状、渣状等
侵出相	中心、过渡、边缘	地表	熔岩及角砾熔岩	火山颈熔岩等挤出地表的产物	岩针、岩塞、岩钟和穹丘
火山喷发沉积相	沉火山碎屑岩含外碎屑火山碎屑沉积再搬运火山碎屑沉积	地表	喷出岩，沉火山碎屑岩，火山碎屑沉积岩和沉积岩	火山喷发间隙期、低潮期沉积产物	陆相、盆地相；层状、透镜状沉积等

气孔型是火山熔岩中挥发分逸散形成的,由于火山岩自身抗压实能力强,如若构造缝、收缩缝沟通,储层质量较好。后期成岩作用也会造成孔隙的损失,如热液期钠长石充填、表生期基质高岭土化、埋藏期石英次生加大、碳酸盐充填等。以升深平1井营城组为例,该井位于大庆汪家屯气田南端徐家围子断陷带北翼斜坡带升平—兴城构造上的一口开发井,实钻斜深3700m,日产气$(22.1\sim55.5)\times10^4m^3$。火山岩储层纵向上具"沙漏形"特征,上部溢流相顶部亚相气孔流纹岩储层好,储层达516m,下部流纹岩次之,中部致密流纹岩差;平面上近火山口储层发育,远离火山口储层变差。

粒间孔是火山碎屑堆积压实形成的粒间孔隙,后期裂缝沟通,储层质量较好。相反,埋藏期机械压实作用、埋藏期石英次生加大及碳酸盐胶结等后期成岩作用会造成孔隙的损失。一般粒间孔型储层具有"反韵律"特征,顶部好,向下变差;平面上近火山口储层发育,远离火山口储层变差。以徐深气田的发现井——徐深1井为例,该井日产气达$22\times10^4m^3$。营城组自下而上划分为营一段、营二段、营三段、营四段四套地层。营一段是覆盖于角度不整合面之上的酸性火山岩段,主要岩性为深灰色及黑灰色晶屑凝灰岩、灰色及灰白色流纹岩、杂色火山角砾岩等;营二段是含凝灰质的砂泥岩互层;营三段是中基性火山岩,主要为暗紫色、深灰色安山岩,紫红色、灰绿色安山质凝灰岩和蚀变闪长玢岩;营四段主要是巨厚的杂色砾岩及含凝灰质的砂、泥岩互层沉积。火山岩相依次为溅落亚相、热碎屑流亚相、热基浪亚相、空落亚相。纵向上,储层主要分布在爆发相上部溅落、热碎屑流亚相火山碎屑岩中,向下变差;横向上,储层主要分布在近火山口爆发相中,远离火山口发育程度降低(图3-49)。

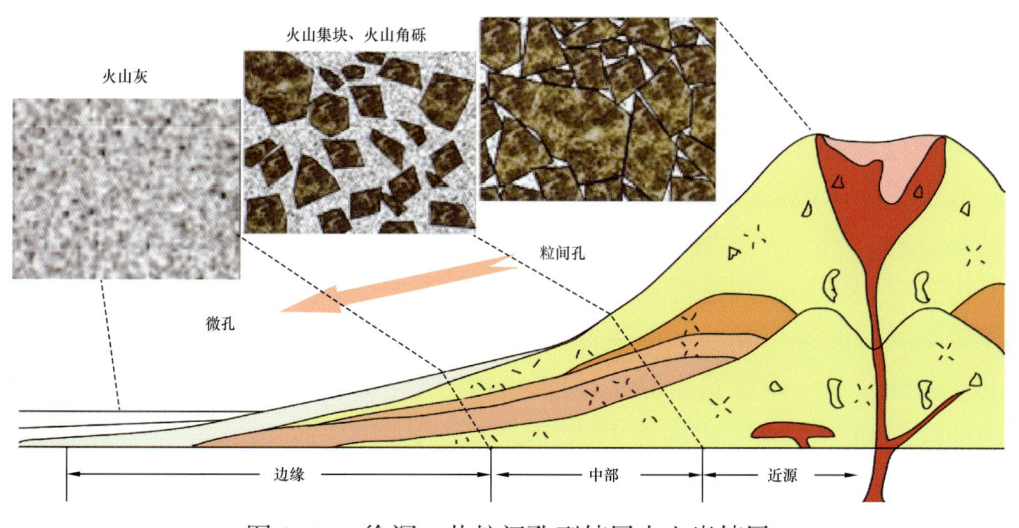

图3-49 徐深1井粒间孔型储层火山岩储层

溶蚀孔是有机酸、CO_2等酸性水溶蚀形成的溶孔，有机酸溶蚀长石、碳酸盐及基质能力强，CO_2酸性水溶蚀长石、火山灰能力弱。克拉美丽气田石炭系火山岩气藏天然气地质储量$1053.34 \times 10^8 m^3$，日产气$30 \times 10^4 m^3$，储层为火山岩储层，主力气层主要发育于玄武岩、凝灰质角砾岩、正长斑岩、熔结凝灰岩中，其中滴西18井区以次火山岩类的正长斑岩为主。喷发方式以中心式为主，裂隙式为辅，以爆发相和次火山相为主，平面上近火山口储层优于远火山口，纵向上由于风化剥蚀造成溶解物质的流失及母岩稳定性的破坏，物性从上部界面顶部向下逐渐变差（图3-50），次火山岩体顶部孔缝发育、密度小，平均孔隙度达20%，日产气$30 \times 10^4 m^3$；中部孔缝发育程度降低、密度增大，下部次生孔缝不发育。因此储层在岩体上部界面和火山通道附近较发育。

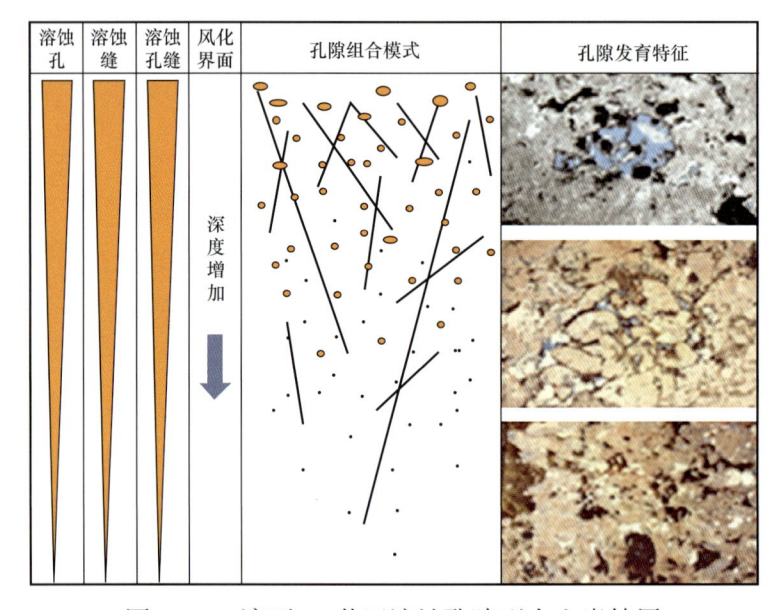

图3-50 滴西18井区溶蚀孔隙型火山岩储层

后期建设性改造控制次生孔隙。火山岩中的原生气孔并不总是互相连通的，渗透性往往不好。后期的构造作用、风化淋滤作用、溶蚀作用和脱玻化等改造作用所形成的次生孔隙对于火山岩储层的形成是必不可少的。一方面增加储集空间，另一方面增加了连通性，增强了渗透性，从而提高了储集性能。（1）构造应力作用。构造活动会导致储层形成大量不同规模的断裂和裂隙，形成储集空间，改善了储层的储集性能。同时，这些构造裂隙加强了各类孔隙之间的连通性，进一步提高了储集性能。（2）风化淋滤作用。火山岩喷发间隙或火山活动结束后，暴露于地表的火山岩由于受到大气、淡水等风化淋滤作用，可以使储层的孔隙度和渗透率得到显著改善。（3）溶蚀作用。成岩过程中的溶蚀作用可以形成次生孔隙，同时也加强了孔隙之间的连通性。对于原生孔隙不发育的火山岩，是否受到后期溶蚀作用是其能否成为有效储层的关键因素，如流纹质熔结凝灰岩和流纹质（晶屑）凝灰岩，其主要孔隙来自溶孔，次生孔隙高达74.1%和81.7%。（4）脱玻化作用。火山岩储层随埋深增加、温度升高发生成岩作用，有时候会有部分原生孔隙的损失，如黑云母向黏土矿物的转化会由于体积的膨胀而使孔隙缩小。例如松辽盆地营城组深层球粒流纹岩储层在成岩演化过程中，流纹质玻璃发生脱玻化作用，形成球状、放射状或纤维状的长英质矿物。由于流纹质玻璃的密度小于长石和石英的密度，结晶矿物形成后会导致净体积的减少，在岩石中出现相当数量的微孔隙。

第四章　深层大油气田的形成与分布

深层地质条件下，烃源灶类型多样、烃类相态多变，且经历多期构造运动叠加改造，深层油气如何实现规模有效成藏？油气如何富集和分布？这是深层大油气田形成与分布研究的核心难点。以塔里木盆地深层液态烃成藏机制及四川盆地天然气成藏机制为例，即两种不同的跨重大构造期成藏机制，是深层大油气田形成的重要途径，建立了深部油气跨构造期成藏模式。通过对成藏要素烃源灶、储层、输导体系及盖层的探讨及其对深层大油气田形成的控制，关注构造—岩相古地理背景对大油气田形成的控制，提出了深层油气成藏虽复杂但仍具源控性，主力源灶控制大油气田分布，油气富集受古隆起及斜坡、古台缘、古断裂带控制，叠合盆地深层发育多"勘探黄金带"，深层勘探前景乐观。

第一节　深层大油气田形成条件

在盆地内油气聚集很复杂，有各种原因导致油气富集程度不均一（戴金星等，2007；杜金虎等，2013），但一般来说，烃源岩、储层、盖层及生储盖配置、圈闭、运移和保存等油气成藏条件的基本特征及在时空上的相互匹配关系，决定了盆地内油气的富集状况。深层大油气田的形成受控于烃源灶的充分性、储集体的规模性、输导体系的有效性、盖层的封闭性四大要素的联合作用。现以深层碳酸盐岩为例，剖析深层大油气田的形成条件。

一、烃源灶的充分性

叠合盆地海相含油气层系具有发育时代老、时间跨度大、含油气层系多等特点。深层烃源岩普遍处于高—过成熟阶段，成藏条件复杂，规模成藏难度大；同时，深部成藏过程经历多期复杂构造运动的破坏和改造，具有跨构造期成藏的特点，长期油气散失和破坏是十分显著的，因此具备充足的烃源保证显得尤为重要。

充足的烃源保证包含两个方面的含义，一是源储有效配置，即源控性。只有近邻供烃中心或由断裂、不整合构成的高效输导体系沟通的规模优质储层，才能形成规模油气藏，保证在经历漫长地史过程仍有较高的油气充满度；二是高效、规模发育的烃源岩和有效的生排烃时机是形成大型油气田的保证。规模烃源岩至关重要（王兆云等，2004），是弥补漫长地质过程中大量散失后仍具备规模油气的物质基础。四川盆地安岳大气田分布明显受德阳—安岳裂陷生烃中心的控制，生烃中心面积达 $3\times10^4km^2$，烃源岩厚度中心区达 360~580m，为邻区的三倍；有机碳丰度在中心区大于 2%，是邻区的两倍；生气强度在中心区达 $(60\sim100)\times10^8m^3/km^2$，是邻区的 2~3 倍。这样优质的烃源灶保障了安岳特大型气田的形成。而有效的生排烃时机是形成大型油气田的充分保证，特别是生排烃较晚并与油气圈闭相匹配最为有利。晚期大量生烃与晚期构造定型，决定了油气晚期成藏的有效性。陆上大型叠合盆地已发现的大油气田主要成藏期，无论是古老海相碳酸盐岩层系，还是中—新生界陆相碎屑岩层系，多数定型于白垩纪末以后，古近纪是大油气田主要成藏期（表4-1）。油气成藏定型偏晚，可以最大限度地规避多期构造运动的破坏，使大油气田得以保存，这也是在中国如此复杂的地质背景下还能发现众多大型油气田的原因。

表 4-1 中国陆上主要大油气田晚期成藏统计表

盆地	大油气田	储层层位	油气类型	主要成藏期
塔里木盆地	克拉2、迪那1号、迪那2号、大北2、柯克亚	K、E	干气	E—N
	塔河1号、塔河2号、轮南、桑塔木	O、T、J	油藏	N—Q
	塔中、和田河	O—C	油藏	K—E
	英买7、英买2	K—E、O	油藏	E—N
四川盆地	罗家寨、渡口河、普光、龙岗、元坝等	P—T	干气	N—Q
	天东、大天池、卧龙河、福成寨	C	干气	N—Q
	磨溪、高石梯、龙女寺、荷包场	Z—∈	干气	N—Q
	威远、资阳	Z	干气	N—Q
	广安、磨溪、中坝、新场、平落坝	T_3x	干气	N—Q
鄂尔多斯盆地	苏里格	P	湿气	K
	靖边、榆林、子洲、乌审旗、神木	C—P	干气	K
准噶尔盆地	呼图壁	E	干气	E
柴达木盆地	涩北Ⅰ号、Ⅱ号	Q	生物气	Q

二、储层的规模性与有效性

随着中浅层油气资源勘探开发程度不断提高、难度不断增大，深层正成为油气战略发展的接替领域之一。但深层油气勘探开发的成本要比中浅层大得多，这就对深层碳酸盐岩储层的规模提出了更高的要求，深层碳酸盐岩储集体的规模性与有效性是大油气田形成的必要条件。目前国内已发现的规模油气藏储层基本明确,虽然碳酸盐岩储层类型多种多样,但主体可分为相控型和成岩型两大类,通过对塔里木、四川和鄂尔多斯盆地碳酸盐岩储层实例分析,提出了不同类型储层规模发育的地质背景,认为相控型碳酸盐岩规模储层主要发育于蒸发台地、碳酸盐岩缓坡及台地边缘三类沉积背景,成岩型碳酸盐岩规模储层发育的控制因素复杂,具有较大的不确定性,受先存储层规模及热液规模的控制,受区域构造运动控制的成岩型储层一般具备规模发育的条件。规模储层发育地质背景的认识对深层碳酸盐岩勘探领域评价具重要的指导意义,近期在塔里木、四川和鄂尔多斯盆地深层碳酸盐岩储层勘探领域值得关注的三类储层为礁滩、岩溶和白云岩(表4-2)。

表 4-2 中国海相碳酸盐岩储层规模发育潜力及主控因素

储层类型			规模储层发育潜力及主控因素
相控型	礁滩储层	镶边台缘礁滩储层	具备储层规模发育潜力,规模发育的台缘带生物礁及颗粒滩是主控因素
		镶边台缘台内礁滩储层	储层规模具不确定性,并受障壁类型、障壁的连续性、台地类型、台内水深和地貌共同控制
		台内缓坡礁滩储层	具备储层规模发育潜力,碳酸盐岩缓坡台地上的规模颗粒滩是主控因素
成岩型	白云岩储层	沉积型白云岩储层:萨布哈白云岩	具备储层规模发育潜力,蒸发碳酸盐岩台地规模发育的膏云岩、礁丘及台缘礁滩白云岩是主控因素
		沉积型白云岩储层:回流渗透白云岩	
		埋藏—热液改造型白云岩储层:埋藏白云岩	具备规模储层发育的潜力,主要受先存礁滩储层规模的控制,来自非礁滩相灰岩和白云岩的埋藏白云岩有可能是埋藏白云岩储层的重要补充
		埋藏—热液改造型白云岩储层:热液白云岩	热液的类型、规模、作用时间和断裂、裂缝、渗透性层的规模及分布范围控制热液白云岩储层的规模,具有较大的不确定性
	岩溶储层	层间岩溶储层	与区域构造运动有关,一般都能规模发育
		顺层岩溶储层	与潜山岩溶储层相伴生,是潜山岩溶储层的重要补充,拓展了岩溶储层的勘探范围
		潜山(风化壳)岩溶储层:石灰岩潜山	与区域构造运动有关,一般都能规模发育
		潜山(风化壳)岩溶储层:白云岩风化壳	
		受断裂控制岩溶储层	一般都受局部构造控制,难以规模发育

(一)相控型储层规模发育条件

相控型储层包括沉积型白云岩储层及礁滩储层。塔里木、四川和鄂尔多斯盆地勘探实践揭示深层碳酸盐岩规模储层主要发育于蒸发台地、镶边台缘及碳酸盐岩缓坡三类沉积背景。

蒸发台地发育的沉积型白云岩储层具有规模发育特点，如鄂尔多斯盆地马家沟组上组合膏云岩（马五$_{1-4}$）是典型的萨布哈白云岩储层，中组合（马五$_{5-10}$）粉细晶白云岩是典型的回流渗透白云岩储层（图4-1），在靖边气田西缘暴露于不整合面，靖边气田主体位于膏云岩过渡带。塔里木盆地中—下寒武统盐间—盐下白云岩储层、四川盆地嘉陵江组和雷口坡组白云岩储层均与干旱气候背景的蒸发台地有关。

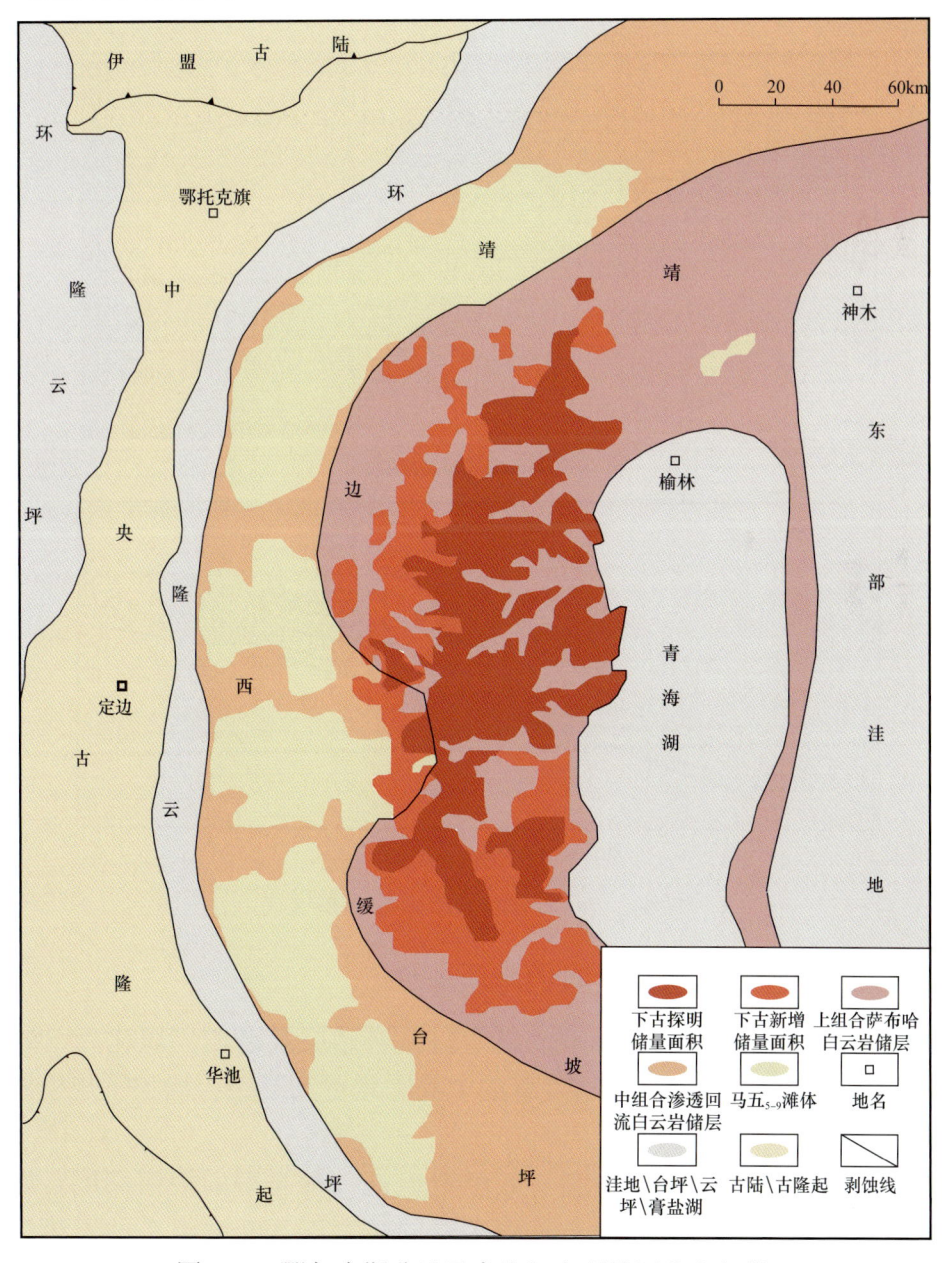

图4-1 鄂尔多斯盆地马家沟组有利储层分布相带

高能相带是规模储集体形成的基础，主要有礁、滩两类，其中滩体规模好于礁体。国内三大海相盆地 12 个层系发育两类礁滩（图 4-2），台缘礁滩面积在（13～16）×10^{4}km^2，台内滩（23～30）×10^{4}km^2，具备发育大型储集体的物质基础。岩溶作用叠加改造是规模储层形成与保持的关键。如龙王庙组白云岩优质储层离不开岩溶改造，其基质孔隙度 3%～5%，百万立方米高产井主要集中在溶蚀孔洞发育段，溶蚀孔洞从古隆起高部位到低部位逐渐减少，储层物性逐渐变差。因此，高能相带叠加岩溶改造是寻找规模优质白云岩储层的重要方向。

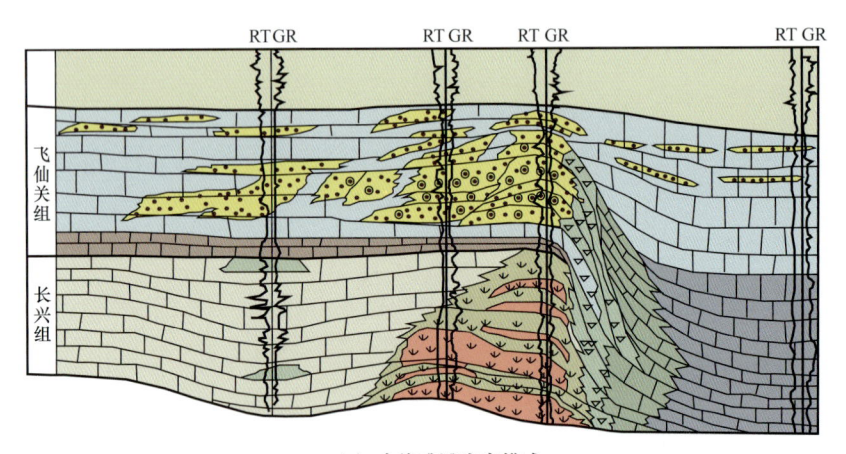

(a) 台缘礁滩发育模式

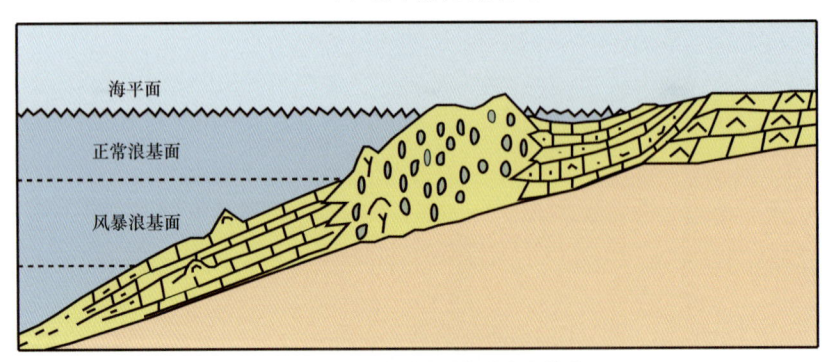

(b) 碳酸盐岩缓坡颗粒滩发育模式

图 4-2 两类碳酸盐岩礁滩沉积模式

（二）成岩型储层规模发育的地质条件

成岩型储层包括埋藏—热液改造型白云岩储层及潜山（风化壳）岩溶储层，由于不是相控的，规模储层发育的主控因素更为复杂，增加了规模储层发育的不确定性。

岩溶缝洞型储层与烃源断裂有效配置也是一种类型的规模储层。如塔里木盆地奥陶系层间岩溶储层中有规模的缝洞体离不开断裂组系的岩溶叠加改造（图 4-3），斜坡区层间岩溶储层分布面积超 2×10^{4}km^2。早期断裂地下水溶蚀通道形成缝洞、晚期断裂沟通缝洞；溶洞群沿断裂带规模分布。勘探实践证实，哈拉哈塘断裂带钻井成功率96%，非断裂带成功率不足50%。断裂带是层间石灰岩岩溶区寻找规模缝洞体、部署高效井的有利区。

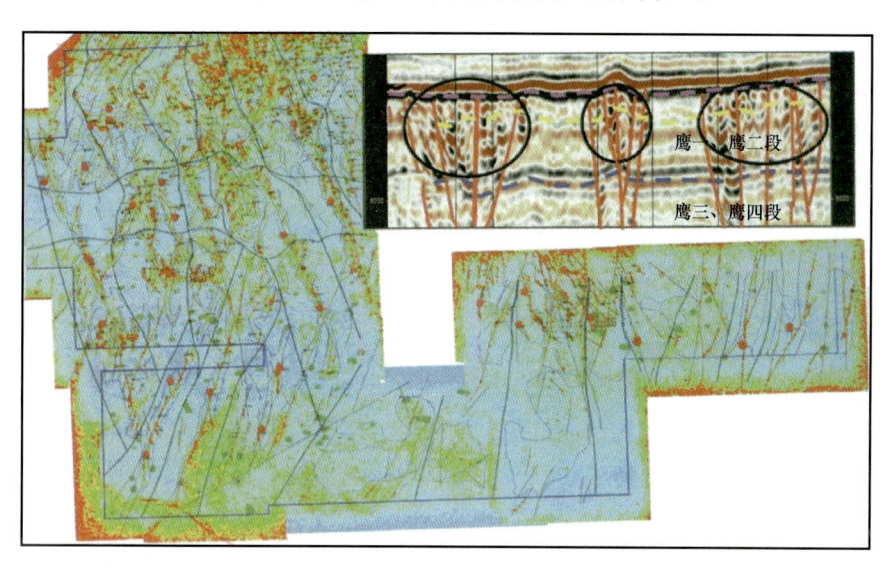

图4-3 哈拉哈塘油田碳酸盐岩沿储层顶面（0～30ms）均方根振幅变化率平面图

埋藏与热液两种类型的成岩改造白云岩也是目前深层规模储层研究的热点，可能是深层优质储层规模化发育的主要控制因素之一。塔中隆起鹰山组下段广泛发育热液白云岩储层沿断裂、裂缝及渗透层呈斑块状、透镜状、准层状分布。中古9井、古隆1井和古城6井鹰山组下段热液白云岩晶间孔、晶间溶孔及溶蚀孔洞发育，孔隙度达10%～12%，其中，古隆1井日产气10067m³，古城6井日产气264234m³，但储层侧向连续性差，非均质性强，难以规模连片发育。塔中3井、塔中12井、塔中18井、塔中45井、塔中80井、塔中162井等及露头硫磺沟剖面鹰山组热液活动现象活跃，既有热液白云岩的形成，也有大型洞穴、毫米或厘米级孔洞的发育，并部分为热液矿物充填。四川盆地磨溪地区龙王庙组颗粒滩白云岩储层毫米或厘米级孔洞发育，被认为是热液溶蚀作用的产物，高产；而未受热液改造的颗粒滩白云岩虽然针状基质孔发育，但缺少毫米或厘米级的孔洞，产量要低得多，同样具有储层非均质性强的特点。

三、输导体系有效性与输配规模性

碳酸盐岩层系烃源岩与储集体往往并不直接接触，输导体系的沟通作用至关重要。断层、裂缝、不整合构成了碳酸盐岩输导体系的主体，特别是对于碳酸盐岩储层非均质性强的特点，输导体系的沟通作用显得越发重要。塔里木盆地塔北、塔中奥陶系油气成藏（图4-4），断裂—不整合网状输导体系网状供烃、大面积成藏，断裂优势输导，主断裂控制油气富集。断裂沟通烃源灶，高效输导，不整合面调整富集，形成多层系、大面积分布的巨型油气富集区。勘探实践表明85%的高产井位分布在距主断裂1000m范围之内。

四川盆地礁滩气藏，不同位置成藏组合有差异。海槽东侧台缘带礁滩气藏，由于大断裂优势供烃、垂向输导，沟通多套烃源岩，形成多层系带状成藏，气藏充满度为87%～94%，储量丰度为（5.3～78）×$10^8m^3/km^2$，平均为$18.6×10^8m^3/km^2$；海槽西侧台缘带礁滩气藏，断层+裂缝非均衡输导，气藏充满度为58.2%～77.8%，储量丰度为（2.3～5.4）×$10^8m^3/km^2$，平均为$3.3×10^8m^3/km^2$。台内礁滩气藏，主要以小断裂和裂缝输导为主，气藏充满度为36.3%，仅少数井获气，成藏效率较低。

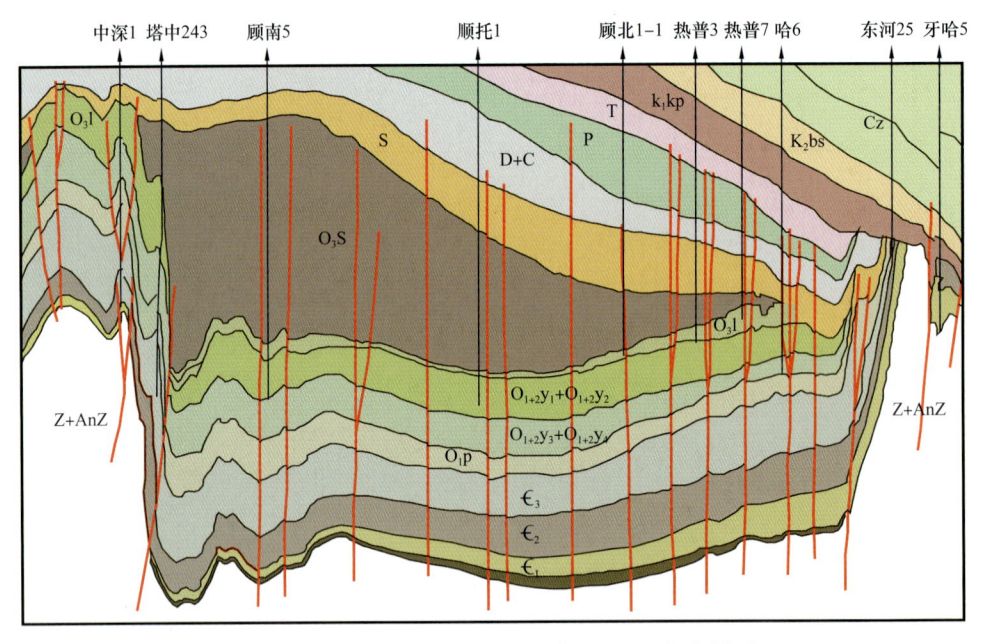

图4-4　塔里木盆地塔中、塔北地区成藏模式

不同类型的源储配置关系决定了不同输导体系的输导方式不同，主要表现为以下几种形式。

（一）"源储一体"组合中的大型不整合侧向输导

该种源储配置中烃源岩和储层直接接触，包括"三明治"式和"披萨饼"式两种，前者是指多层源储互层分布，后者是指源储直接接触。四川盆地雷口坡组风化壳之上直接覆盖须家河组煤系烃源岩，油气沿风化壳储层控制，以不整合为输导体系构成源储沟通，优质的储层与规模的储层以不整合为纽带规模成藏（图4-5）。

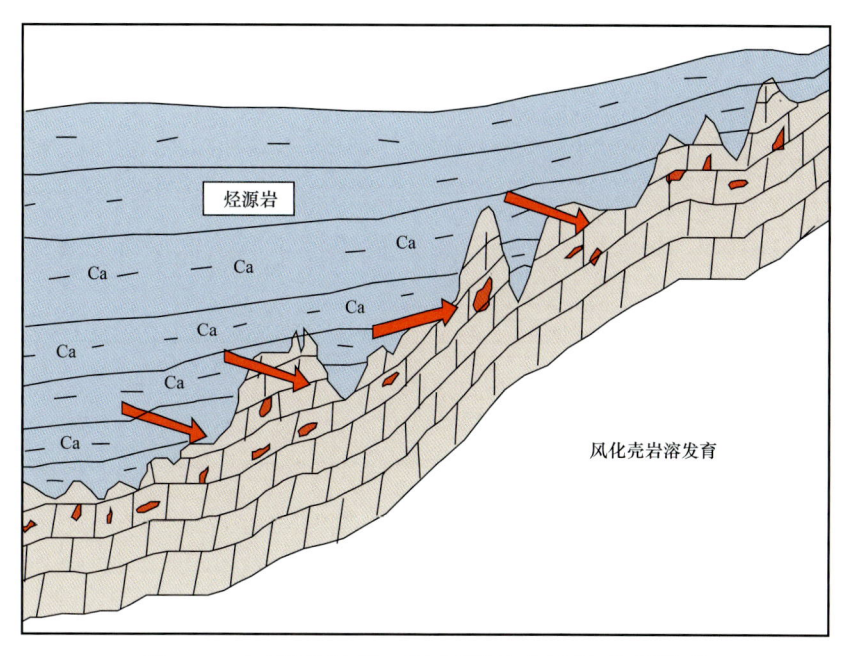

图 4-5 四川盆地雷口坡组不整合输导成藏模式

(二)"扬程式"组合中的断裂与裂缝输导

在塔里木盆地塔北地区，坳陷区的烃源岩侧向供烃，沿着碳酸盐岩缝洞体系通过油水浮力作用向上运移，称为"扬程式"油气输导（图4-6）。这种油气运移模式主要发育在台盆区继承性演化的古隆起区，其运移机理可以概括为"浮力蓄能、洞内集聚、裂缝输导、阶梯式运聚、似层状成藏"。

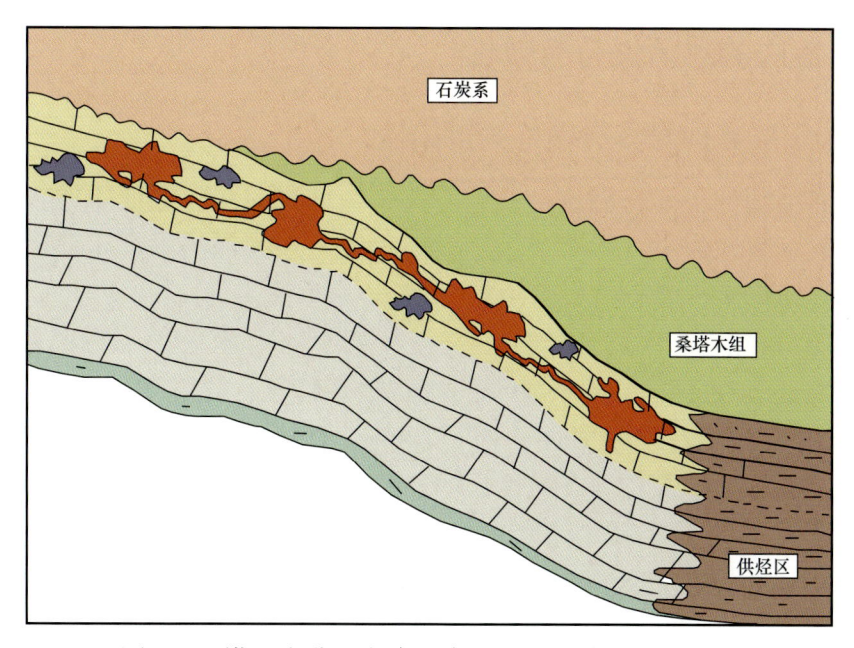

图 4-6 塔里木盆地奥陶系鹰山组缝洞输导成藏模式

（三）"转接式"组合中的断裂与裂缝输导

烃源岩与储集体并不直接接触或接触有限，烃源岩位于储层侧翼下方，油气自烃源岩中生成后，通过断层或不整合等输导介质，向储层运移并聚集成藏（图 4-7）。四川盆地长兴组至飞仙关组依靠断裂输导，下部油气源向上运移，沿着台缘带呈"串珠"状分布，由于断裂与非均质储层配置差异性，形成了"一礁、一滩、一藏"的复杂油气聚集特点。

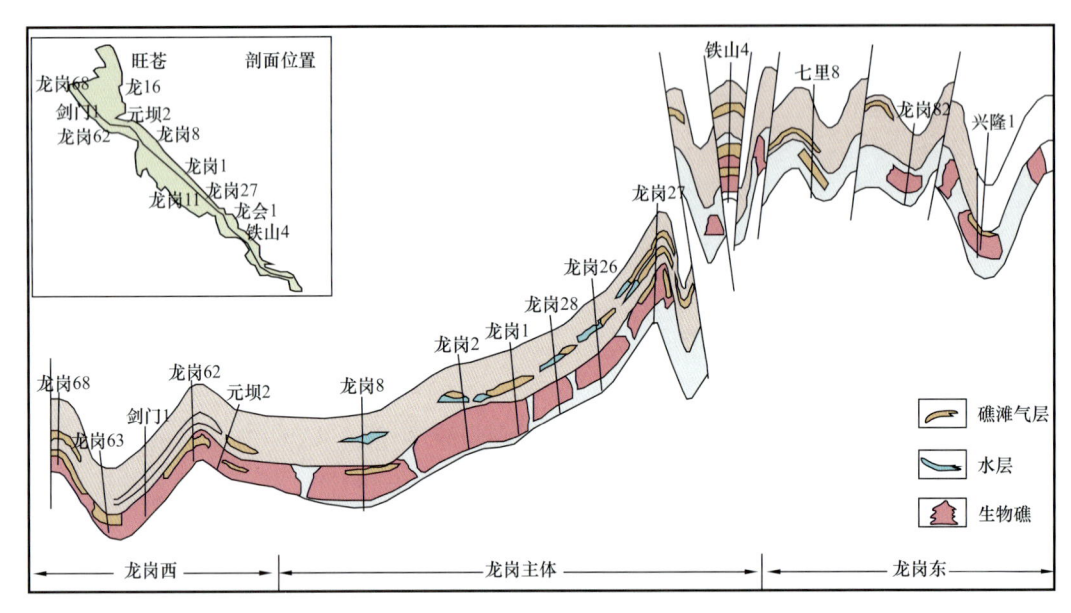

图 4-7　四川盆地长兴组至飞仙关组"转接式"油气输导成藏模式

四、盖层的封闭性与有效性

（一）深层膏盐岩具有很好的封闭性

膏盐岩脆塑性主要与温度、压力有关，在埋藏较浅、温度压力较低的情况下，膏盐岩以脆性为主，很难成为有效封盖层。在深埋高温高压环境下，膏质岩发生脆塑性转换，可有效封盖油气。

选取不同地区含膏白云岩样，进行 8 组不同温压条件下的脆塑性模拟，揭示含膏白云岩在不同温压条件下的岩石物理特征。结果显示（图 4-8），含膏白云岩并不总是表现为塑性，而是存在一个转换过程：围压小于 50MPa、温度小于 135℃，膏质岩仍有脆性；围压高于 60MPa、温度大于 155℃，膏质岩为塑性岩层；介于二者之间则表现为脆性到塑性转换状态。与四川盆地寒武系盐下实际井埋藏史匹配结果表明（图 4-9），在生油早期，膏盐岩仍有脆性，封盖性差；生油高峰期，脆性—塑性转换期，有限封盖；油裂解生气期，塑性期，有效封盖盐下油气。所以，烃源岩生油期与膏盐脆塑性转换期匹配，利于盐下油气保存。再如鄂尔多斯盆地中部早白垩世是主要成藏期，而该时期地层温度为130～160℃，膏盐岩已经转变为塑性，封盖性好，盐下勘探值得期待。

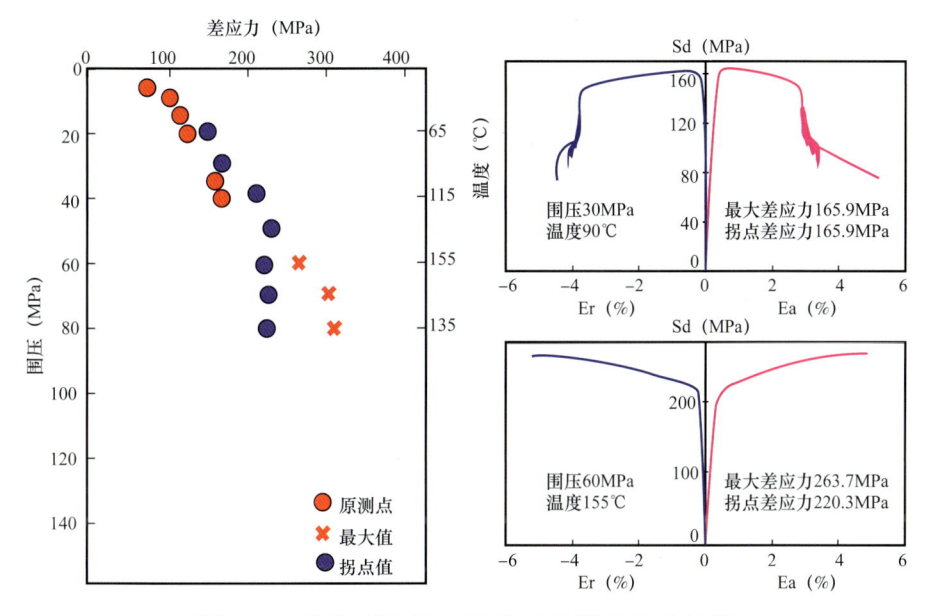

图 4-8 膏盐岩脆性—塑性转化模拟实验结果

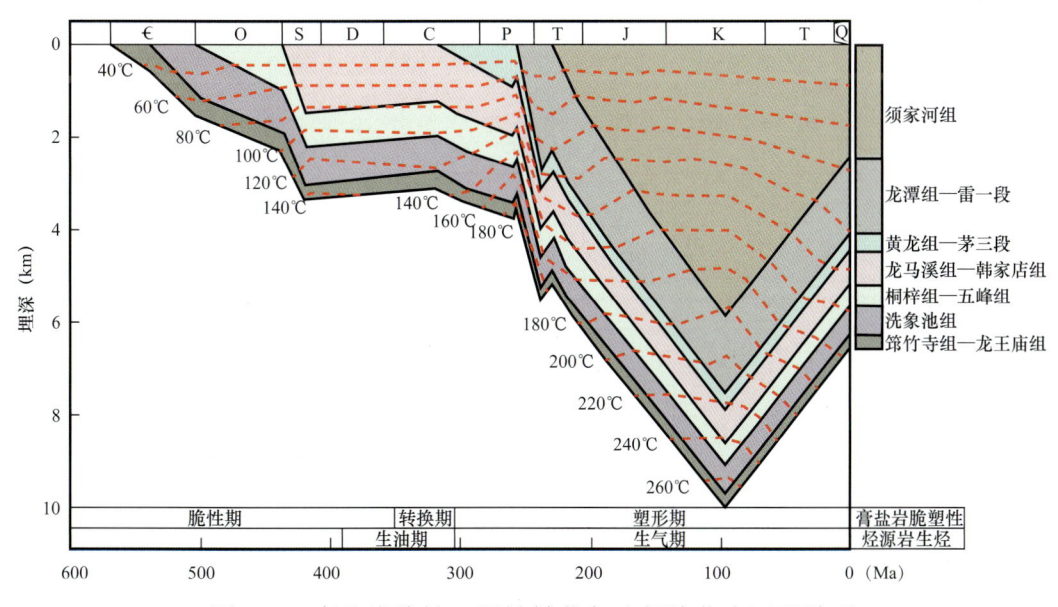

图 4-9 膏盐岩脆性—塑性转化与生烃演化史匹配关系

利用构造形变模拟可以发现，构造挤压环境盐上、盐下不协调变形，形成盐上、盐下两类圈闭及良好运移通道。物理和数学模拟实验（图4-10）发现，膏盐岩滑脱作用导致盐下和盐上地层不协调变形，形成盐上、盐下两类圈闭；

断层及盐体错位破坏了膏盐岩的封盖连续性，但是可以作为油气主要运移通道；在源储配置好的地区，与盐相关的构造圈闭有望成为新的勘探领域。

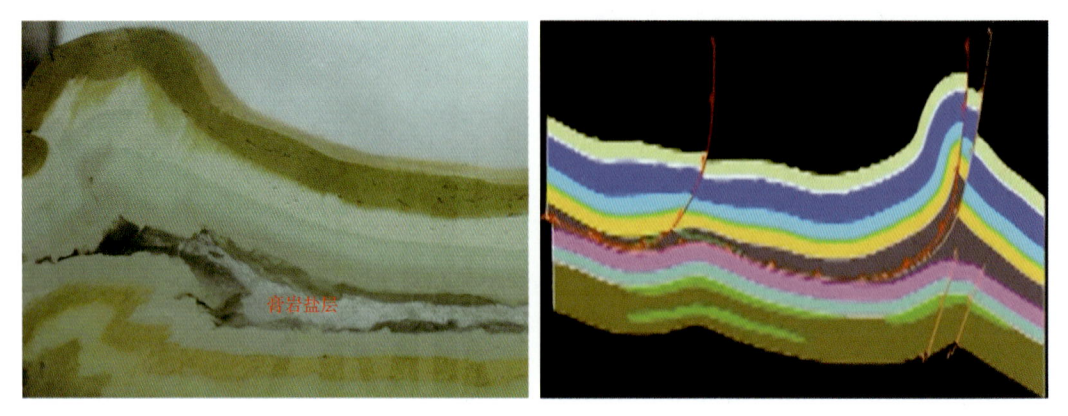

图 4-10　膏盐岩脆性—塑性转化模拟实验结果

（二）优质盖层封盖性影响因素

优质的保存条件对于油气聚集是不可缺少的条件，特别是对于古老海相碳酸盐岩经历多期构造活动，油气藏的破坏和调整不可避免，优质的盖层显得尤为重要。统计表明，国内大油气田的分布受到盖层控制，蒸发岩、泥岩和页岩三类盖层都可以作为优质盖层（图 4-11）。近期勘探证实深层海相碳酸盐岩油气成藏必须有良好的封盖条件，如安岳特大型气田三套主力层系均与直接盖层紧密共生，得益于泥质岩、膏盐岩优质盖层的有效封盖，如四川安岳特大型气藏（图 4-12），高石 1 井、磨溪 8 井及女基 1 井发现的碳酸盐岩油气藏都得

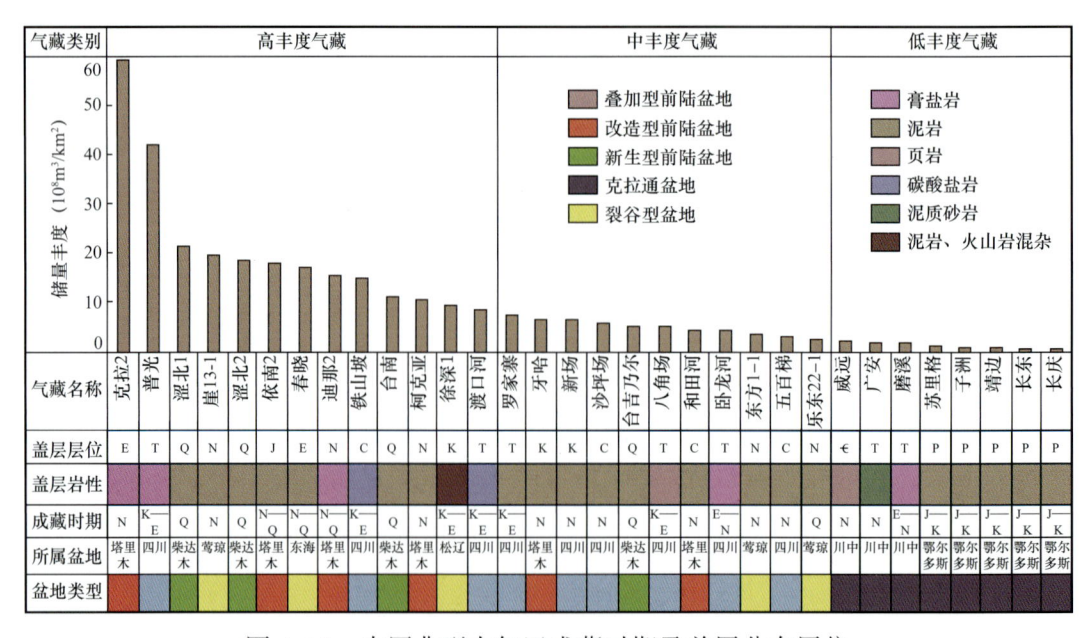

图 4-11　中国典型大气田成藏时期及盖层分布层位

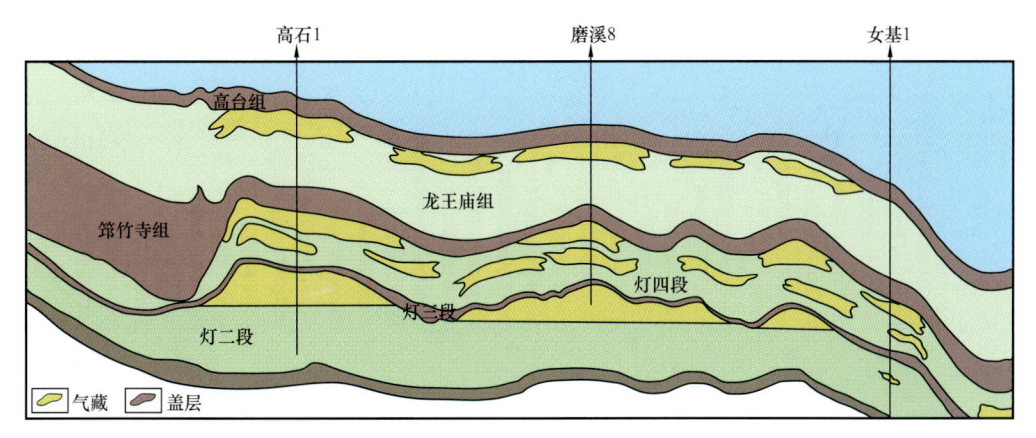

图 4-12 四川安岳大气田主力产层与直接盖层组合示意图

益于三套直接盖层：第一套为高台组泥灰岩及膏盐岩，厚度 40～70m，下伏气藏压力为 12～65MPa，气层厚度为 1.56～1.65m，探明储量为 4403×10^{8}m^3；第二套为筇竹寺组泥质岩，厚度 80～150m，下伏气藏压力为 40～150MPa，气层厚度为 1.12～1.13m，探明储量为 2200×10^{8}m^3；第三套为灯三段泥质岩，厚度 10～35m，下伏气藏压力为 15～110MPa，气层厚度在 1.10m，控制储量为 2300×10^{8}m^3。同时气藏的储量丰度与盖层的稳定性密切相关（图 4-13），盖层分布越稳定，保存能力越强。

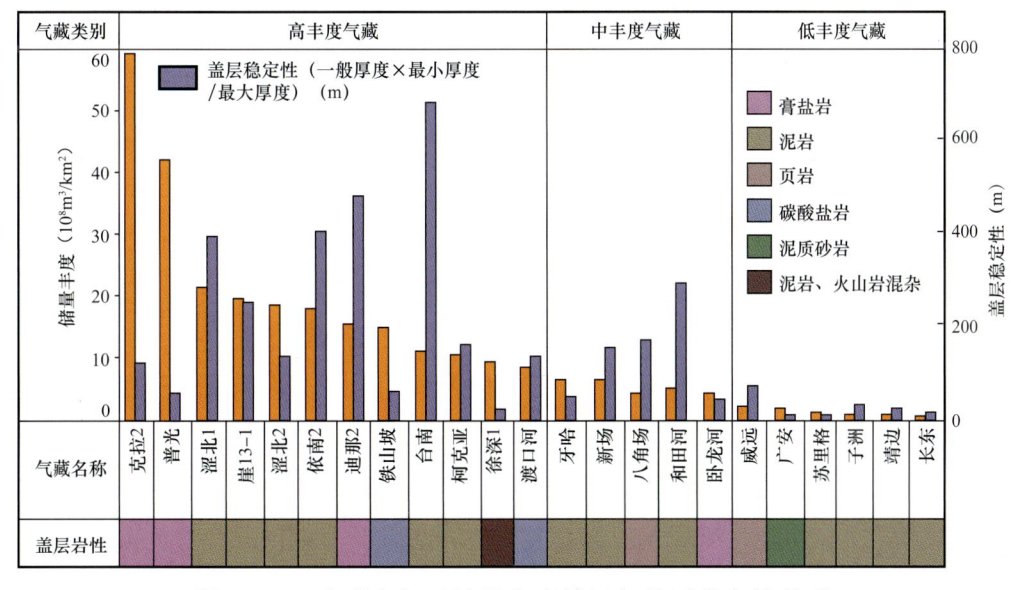

图 4-13 典型大气田储量丰度等级与盖层稳定性关系

此外，盖层排替压力也是反映其控制作用强弱的重要参数，中、高丰度气藏的压力大多为异常高压，而低丰度气藏大多为异常低压系统，压力系统与盖层的排替压力密切相关（图 4-14）。

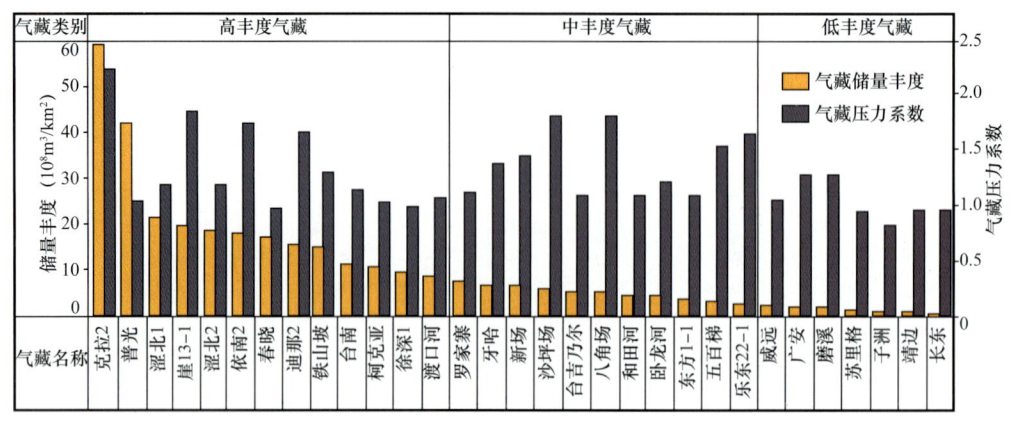

图 4-14 典型大气田储量丰度级别与气藏压力系数关系

第二节 深层油气跨构造期成藏机制

跨构造期成藏的内涵是"递进埋藏"和"退火受热"相耦合,烃源岩长期处于液态窗,未经多期构造运动破坏,液态烃保存量超过以往地质认识,也回答了海相碳酸盐岩液态烃长期保存、晚期成藏的问题(贾承造等,2006,2007)。而对于跨构造期成藏的认识,提出了两种跨越机制,一种是烃源岩长期处于液态窗,最大限度规避了构造破坏;另一种是烃类相态转换、多源灶晚期生气、继承性构造保存等多因素叠加,有利于深层古老层系天然气规模聚集与有效保存,造成了天然气跨构造期的成藏。

一、石油跨构造期成藏

(一)原油热稳定性

原油热稳定性有两种含义:一是独立相原油的消失温度,即纯油藏的最大保存温度;二是原油完全消失的温度,即液态可动烃类基本消失。Claypool等(1989)提出原油转化率为62.5%时独立相原油将消失。但也有观点认为原油转化率约达到51%时,独立相原油就开始消失。研究表明,地质条件下二者对应的原油保存温度差别不大,本模拟研究采用前者的62.5%。原油裂解模拟实验如图4-15所示,一般埋藏条件下(2℃/Ma,20℃/km),100MPa压力条件下,独立相原油消失的温度约为200℃,此时原油的保存下限可达到9km以上。150MPa的油藏保存温度比50MPa的油藏保存温度高出接近30℃,保存深度下移约2.5km。可见,高压对于原油的热稳定性影响显著,在深层油气资源评估及勘探开发中应给予足够的重视。

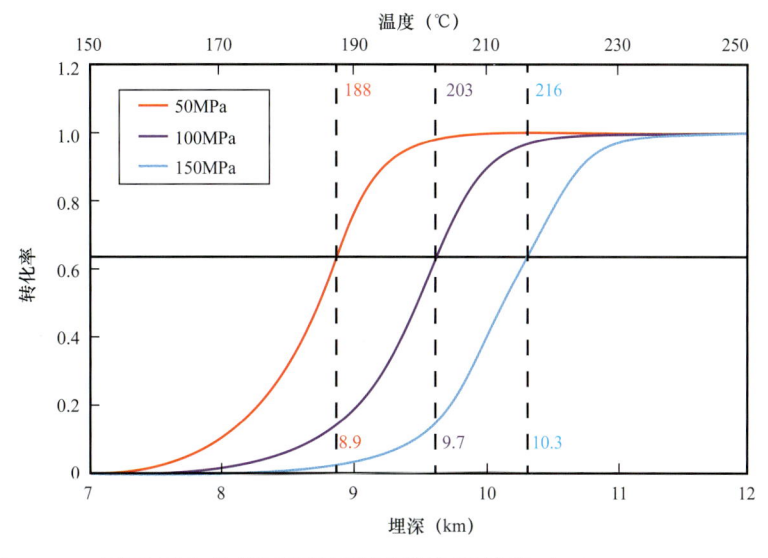

图 4-15　不同压力条件下原油裂解的地质推演（2℃/Ma，20℃/km）

（二）"递进埋藏"与"退火受热"耦合，生烃迟滞

关于古老海相层系的生烃和成藏问题，众多学者开展了大量探索性研究，普遍观点是国内的古老海相层系烃源岩（寒武系—奥陶系），在加里东晚期—早海西期大量成熟生烃，现今处于高—过成熟阶段，早期形成的油气藏曾在地质历史上遭受了大量破坏与改造，保留的原生油气藏规模和勘探潜力相对有限。因此，对于碳酸盐岩层系勘探，特别是石油勘探潜力存在诸多疑虑。但从热演化历史看，中国中西部发育的含油气盆地普遍经历了早期的高地温、后期的低地温（中生代以来逐渐降温）热演化历史，海相烃源岩受热基本处于退火过程。而且，大量的逼近地下真实环境（温压共控）生烃模拟实验结果表明，在地温梯度逐渐递减的热史背景、多次沉积—剥蚀反复、晚期快速深埋条件下，生油高峰的 R_o 为 1.5%，生气高峰的 R_o 大于 1.8%。该结果与 Tissot 的干酪根成熟生烃结果相比，具有明显的生烃迟滞特征。也就是说，在"递进埋藏"与"退火受热"的耦合作用下，可以使部分古老烃源岩延缓生排烃时期，到晚期仍有大量液态烃的生成并成藏。

塔里木盆地经历了早期的高地温及后期的低地温（中生代以来逐渐降温）热演化历史，古老海相寒武系至奥陶系烃源岩受热基本处于退火过程。并且由于盆地差异沉降明显，不同构造区埋藏演化历史有明显不同。研究表明，盆地寒武—奥陶系主要存在三种类型埋藏演化模式（图 4-16），即以满西 1 井为代表的持续递进埋藏型，以塔东 2 井为代表的早深埋、晚抬升型，以轮古 38 井为代表的早期持续浅埋、晚期快速深埋型。在第三种模式下，埋藏过程与地温场"退火"过程联合作用，使得古老烃源岩从晚志留纪便滞留在"液态窗

-111-

内，直到古近—新近纪，持续的时间长达 4 亿年之久。使得部分古老烃源岩长时间停留在"液态窗"内，生成的油气可以规避多期构造运动的破坏，古近纪以来仍有大量液态烃生成与成藏。

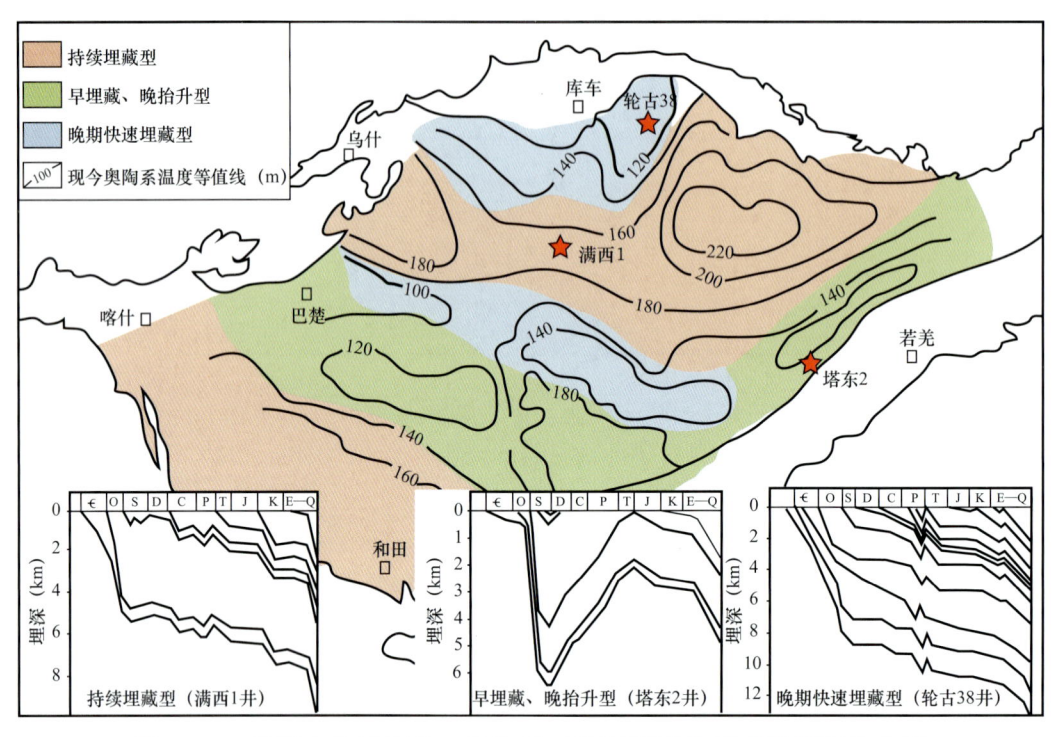

图 4-16 塔里木盆地寒武—奥陶系三种埋藏演化模式及平面分布图

（三）塔里木盆地原油跨构造期成藏

勘探发现，塔里木盆地深层埋深 7000m 以下仍然存在液态烃。这些液态烃如何跨越多期重大构造运动的破坏而得以保存至今，其核心原因是部分古老烃源岩在"退火"地温场与递进埋藏的耦合作用下，使得一部分烃源岩在很长时间里都处在生液态石油烃的范围内（图 4-17），液态窗持续时间可达 4 亿年之久。成藏解剖显示，在塔里木盆地台盆区所发现的油藏和气藏，有相当多的都是晚期形成的，仅在距今 2—5Ma 的时间形成。

以古老烃源岩跨重大构造期晚期生烃和成藏认识为指导，对塔里木盆地碳酸盐岩层系石油资源潜力进行了重新评价。确定长期处于"液态窗"范围内的烃源岩（即符合轮古 38 井代表的埋藏演化模式的烃源岩）的面积约 $15 \times 10^4 km^2$，占海相烃源岩面积的 58%，石油地质资源量由 $42 \times 10^8 t$ 增加到 $85 \times 10^8 t$，净增 $43 \times 10^8 t$，较前期评价增加 2 倍，表明塔里木盆地台盆区古老碳酸盐岩仍旧保留了相当规模的石油资源。这样大大提升了台盆区碳酸盐岩石油勘探潜力，增强了深层找油信心。

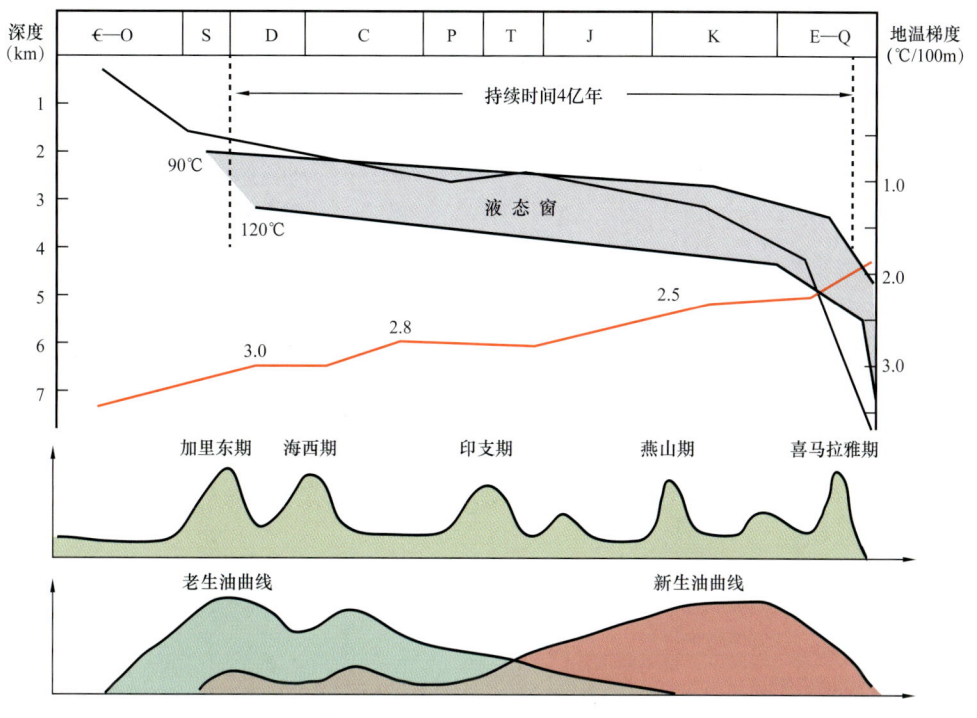

图 4-17 "递进埋藏"与"退火受热"耦合跨构造期成藏示意图

二、天然气跨构造期成藏

天然气跨构造期规模成藏的关键是烃类相态保存与转换、液态烃裂解时限长、多源灶晚期持续生气、继承性构造保存等多因素叠加。

（一）烃类相态保存与转换是跨构造期成藏的重要途径

1. 天然气热稳定性

通过模拟实验研究压力范围在 10～1000MPa（图 4-18），发现压力对甲烷裂解热力学平衡具有一定影响。压力升高明显降低甲烷裂解产物的平衡浓度，增加压力一般不改变平衡曲线的形状，但会使其移向更高的温度，即压力的增加可抑制甲烷的裂解。

2. 烃类相态保存

根据原油裂解气态烃产物在不同热成熟度下的产率，可以计算出甲烷、乙烷、丙烷、丁烷/戊烷的生成和裂解动力学参数（图 4-19）。

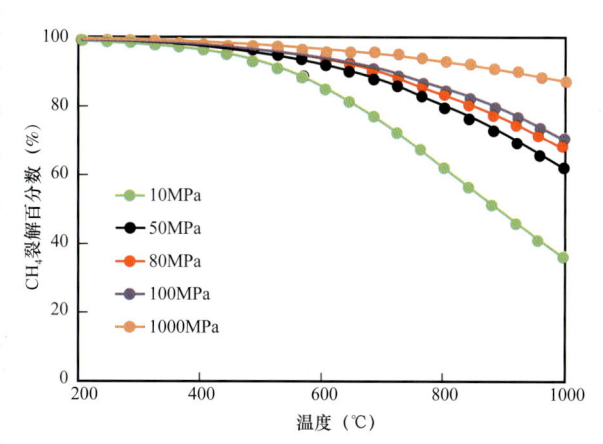

图 4-18 热力学平衡条件下不同压力下 CH_4 的转化率

Kinetics模拟值能与实验结果较好地拟合，说明这些动力学参数可信度较高。可见，乙烷的热稳定性最高，丙烷次之，丁/戊烷的最低。基于这些动力学参数可预测，一般埋藏条件下（图4-20），丁/戊烷在200℃，埋深9km左右开始裂解，而丙烷完全裂解需要的温度和埋深为210℃和10km，乙烷的热稳定性最高，能保存至250℃和11km。同样的，假设地温梯度为2℃/Ma，可计算获得甲烷的裂解曲线（图4-20）。预测出地质条件下甲烷需要温度高达1000℃才裂解完全，此时埋深约为20km。

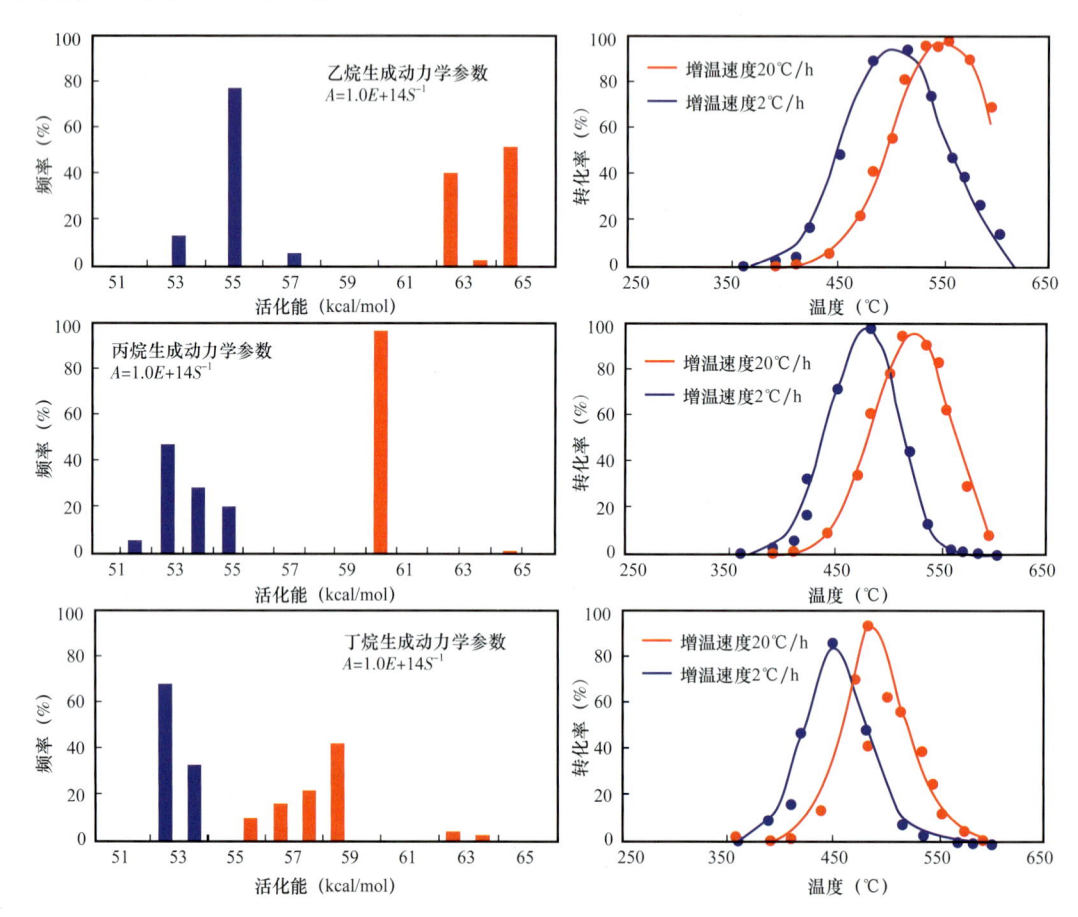

图4-19 乙烷、丙烷、丁烷/戊烷的生成（蓝色）和裂解（红色）动力学参数及模拟值与实验结果拟合曲线

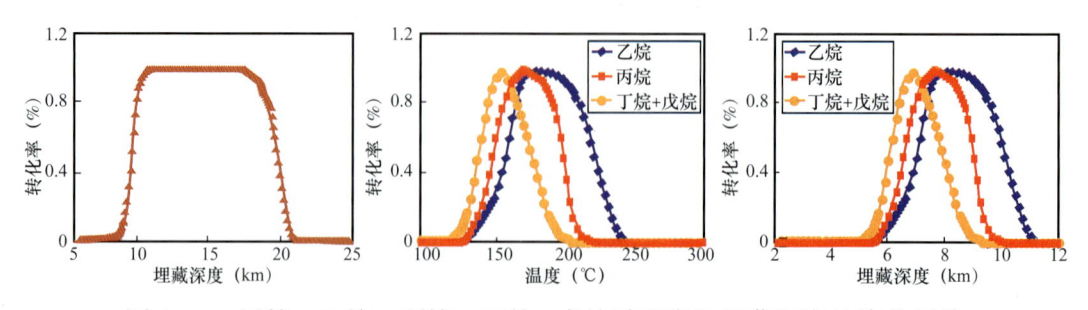

图4-20 甲烷、乙烷、丙烷、丁烷/戊烷随温度和埋藏深度的演化规律

综合以上，将原油及各种气态烃的保持深度下限及对应的热成熟度进行汇总（图4-21）。在有机质热演化初期，由于环境中的热应力不能提供足够的势能使得原油中的各组分发生裂解反应，原油处于相对稳定阶段。自成熟阶段后期（Easy R_o＞1.0%），原油在不断升高的热应力作用下逐渐发生热裂解作用，例如饱和烃基上的C＝C键断裂生成短链脂肪烃，芳烃和初焦的脱甲基反应等，原油裂解逐渐进入湿气阶段。此时甲烷的产率较低，主要因为生成甲烷的活化能较高，尚不能顺利进行。随着热应力的继续增高，原油裂解率持续增大，生成的重烃气发生二次裂解作用，即 $C_{2\sim5}$ 脂肪族链上的C＝C键断裂生成甲烷。在Easy R_o 大于2.5%、埋深约9km时，原油几乎裂解殆尽。此时，除了原油裂解生成的甲烷，重烃气还在进行大量的二次裂解，丁/戊烷、丙烷依次消失。最终，在Easy R_o 大于3.5%、埋深约11km时，乙烷也全部转化为甲烷。各种原油裂解产物中，甲烷的热稳定性最高，一般地质条件下（2℃/Ma，20℃/km）在埋深18km才开始发生分解，且能保存至地下深度大于20km。

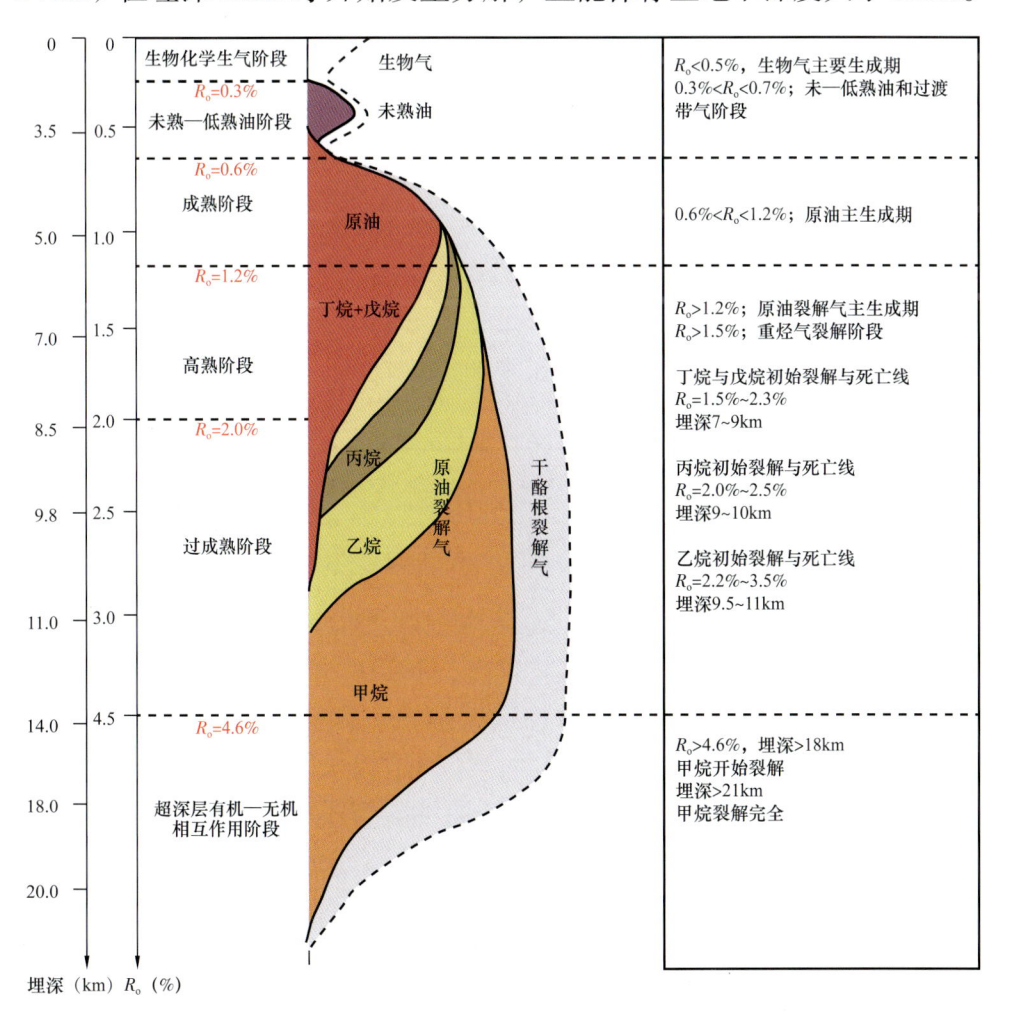

图 4-21 原油及气态烃保持的埋深及 Easy R_o 下限示意图

一般地质条件下（2℃/Ma，20℃/km），天然气中各组分甲烷、乙烷、丙烷和丁/戊烷的保持深度分别为20km、11km、10km和9km。这说明深部高压条件下天然气能够长期保存，原油裂解生气、重烃气进一步裂解生气可以持续至近万米深层，这是天然气跨构造期成藏的内在机制和物质保障。

3. 烃类相态转换

国内深层普遍经历古油藏形成、油裂解成古气藏、晚期调整形成今气藏三个阶段（图4-22），因为持续深埋，普遍进入高—过成熟阶段，跨越"液态窗"、进入"气态窗"，能够形成大气田。包裹体揭示的油气充注事件都包含古油藏形成（液态烃包裹体，均一温度100～160℃）和原油裂解气成藏（气液两相包裹体，均一温度大于160℃）。

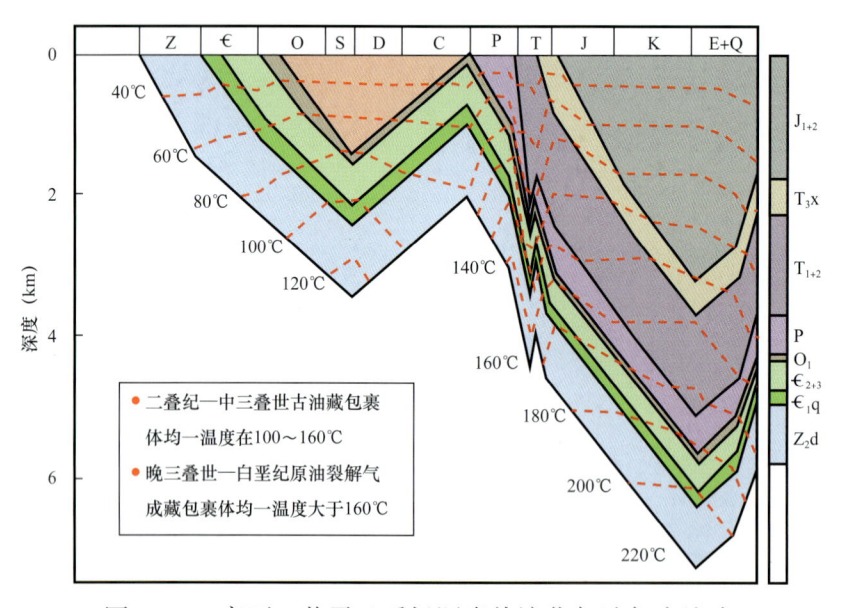

图4-22 高石1井震旦系烃源岩热演化与油气充注史

（二）液态烃裂解时限长，有利于油气保存和晚期供烃

无论地温梯度高的四川盆地，还是地温梯度低的塔里木盆地，都经历了液态烃的裂解（田辉等，2006；赵文智等，2011；张水昌等，2011），而且时限很长，有利于晚期持续供烃和跨构造期成藏。四川盆地海相深层以天然气为主，甚至部分地区C_{2+}气体发生裂解，经历了较长的裂解时限，全天候生气（图2-6，张水昌等，2013）；塔里木盆地原油裂解不充分，完全裂解的时机更晚、时限更长。模拟实验表明，蜀南地区凝析油完全裂解的温度可达240℃，这也是液态烃裂解时限长的佐证。

此外，前人研究指出，甲烷是最稳定的烃类，在催化条件下，稳定性可达700℃，在没有催化剂存在条件下可保存至1200℃以上。这也表明，深层跨构造期成藏具备晚期持续供烃的物质基础。

（三）多源灶晚期持续生气为跨构造期成藏提供物质来源

地质条件下发育多种类型的气源灶，既包括干酪根裂解型，又包括液态烃裂解型。液态烃裂解型气源灶则更加多样，包括聚集型古油藏的藏内裂解、半聚半散型"泛油藏"途中裂解、滞留烃源灶内的晚期裂解（图2-4）。多类型的源灶晚期持续生气为跨构造期成藏提供物质来源。四川高石梯—磨溪大气田的形成就存在多源灶供烃证据。以沥青含量0.5％等值线及浑圆状沥青的出现勾勒出古油藏边界，主要在古隆起高部位及陡坡带，而在缓斜坡上沥青含量低，液态烃总体上富集程度不高，但局部又有集中现象，呈"半聚半散"状分布。储层沥青的不同赋存状态及其与岩石矿物的成生关系，反映出烃类多期充注、晚期裂解（图4-23），包含以下四种模式：两期充注、晚期降解形成两期沥青环带；早期充注、晚期裂解形成的沥青发育网格孔；两期充注、重族分沉淀形成两期沥青，呈上下分布；早期充注、晚期裂解形成的沥青呈单环带分布。多种赋存状态储层焦沥青的发育，是多种烃源灶持续供烃的直接标志。

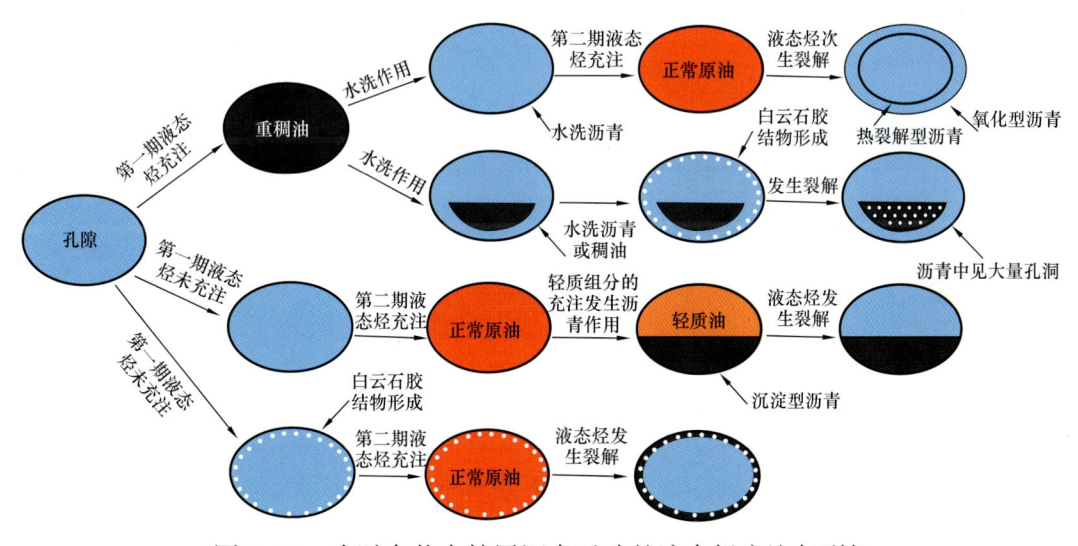

图4-23 多赋存状态储层沥青反映的液态烃充注与裂解

（四）继承性构造保存是跨构造期成藏的关键要素

中国叠合盆地具有多旋回发育的地质特征，大油气田形成以后的晚期保存至关重要。以四川盆地高石梯—磨溪大气田的形成为例，一个关键要素就是该地区长期处于继承性古隆起发育区，表现为油气的有利指向区。虽然古隆起经历了多期构造的叠加，但从桐湾期（汪泽成等，2014）到喜马拉雅期古隆起轴部由北向南迁移，但高石梯—磨溪地区继承性发育、稳定性强（图4-24），在资阳地区早期为古隆起高部位，喜马拉雅期为斜坡带；

威远地区早期为斜坡带，喜马拉雅期为构造高部位。但是，多期构造活动，特别是喜马拉雅运动对油气藏破坏改造严重，在受构造影响较小的高石梯—磨溪地区规模成藏形成大气田，在构造破坏严重的盆地边缘则油气藏完全破坏。

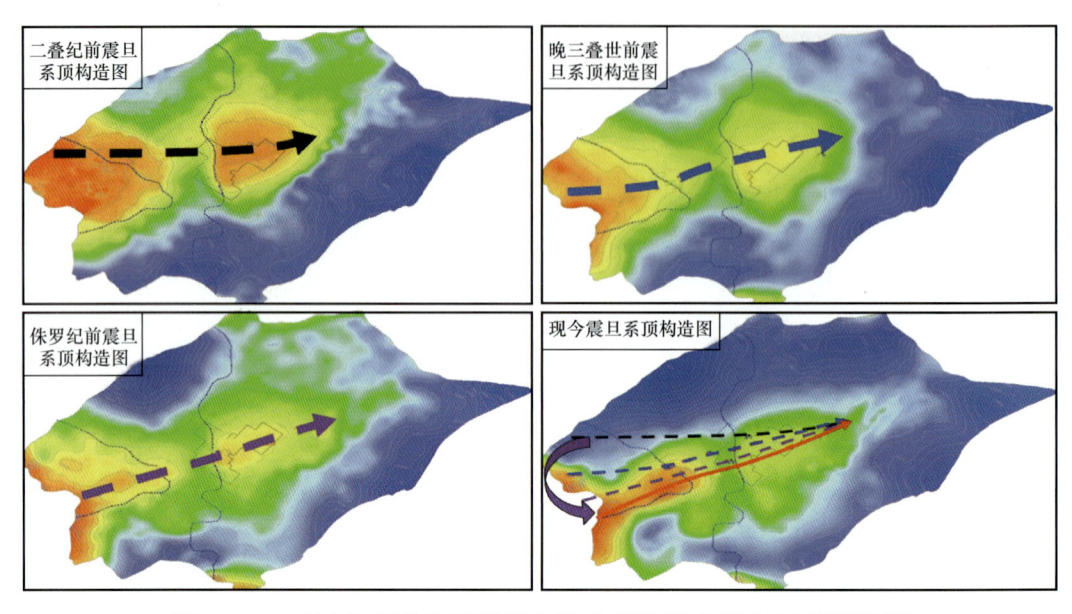

图 4-24　四川盆地震旦系顶界古构造演化及古隆起轴部迁移图

三、川西复杂构造带天然气跨构造期成藏

川中高石梯—磨溪地区长期处于古隆起斜坡部位，且构造相对稳定，后期改造作用不大，是天然气跨构造期规模成藏的因素之一。然而，对于复杂构造区而言，经历多期构造叠加，圈闭是否仍然保持完整性？能否有效成藏？这是天然气跨构造期成藏研究的另一个重要问题。

（一）龙门山北段构造建模与构造演化分析

龙门山北段各亚段构造样式有所差异，整体上表现为多期、分层滑脱构造变形的特征，可区划出四种不同类型并形成于不同构造层次和不同构造期次的构造体系：（1）前震旦系变形层体系：以基底韧性剪切带为滑脱层构成的台阶状楔形冲断块，主要在新生代活动。值得关注的是基底叠加构造楔在北亚段以前展式为主，而在中亚段和南亚段以后展式为主。（2）印支期的叠瓦构造和叠加构造楔及相关褶皱体系：为台阶状逆冲断层与须四段—白田坝组不整合面所限制的范围内，即主要变形发生于中部构造层。对龙门山的构造缩短贡献较大，控制了推覆带前缘断层转折和断层传播褶皱及局部楔形构造和叠瓦构造，是区域主要不整合面形成的构造层系。（3）燕山期台阶状断层转折褶皱和构造侵位体系：主要变形发生于中浅层系，以侏罗系卷入构造变形为特征。燕山期断层向上和向盆地方向发生侵位，形成宽缓的大型断层转折褶皱和与局部反冲断层组成的构造楔控制的剪切断层转折褶皱。这些构造包容了印支期的叠瓦构造，因而在印支期叠瓦构造发育地区表现不是很明显，而在侏罗系内部产生的构造由于后期改造破坏保存亦不完整。（4）喜马拉雅期活化冲断构造和楔入构造体系：喜马拉雅期复活的断层一般都具有较大的断距，导致古生界及中、下三叠统等海相地层直接逆冲于上侏罗统之上，并且对印支期和燕山期的先存构造表现出强烈的破坏改造作用。以香水断层为例，该断层在香水至安县之间断距最大，这里燕山期的背斜仅在地腹断层下盘有完整的构造形态，断层上盘背斜被不同程度的破坏，断层向北延伸至海棠铺背斜，断距逐渐变小。

基于对龙门山北段和川西北地区地层和构造解析，结合前人（郭正吾等，1996；沈传波等，2007；Richardson等，2008）关于该区大地构造背景和构造—沉积古地理的研究成果，初步建立了龙门山北段及川西北前陆盆地形成演化模型，厘定了5～6期关键变革期。（1）晚三叠世前，龙门山地区地壳长期处于拉张状态，二叠纪至三叠纪的"峨眉地裂运动"导致了扬子陆块西缘加里东期裂陷槽或被动大陆边缘及众多的张性断裂，这些张性断裂的发育成为龙门山形成的边界条件。（2）晚三叠世早期，印支运动在龙门山地区表现为晚三叠世马鞍塘组、小塘子组与中三叠世雷口坡组、天井山组之间的微角度不整合和平行不整合关系。（3）须家河组三段沉积末期发生的印支运动Ⅱ幕，主要表现为须三段与须四段的微角度不整合及平行不整合关系（图4-25）。在印支中期，龙门山北段主要以总体抬升为主，褶皱作用较弱。（4）印支晚期的构造运动发生于晚三叠世须家河组沉积末期（须五段），这次构造运动是龙门山印支运动中最强烈的一期，范围之广涉及整个龙门山区，在龙门山北段表现的最为强烈。地质现象上主要表现为侏罗系白田坝组与须家河组间的角度不整合关系（图4-26），这次运动的性质为强烈褶皱和冲断推覆，奠定了龙山逆冲推覆构造的属性。（5）喜马拉雅期运动是龙门山发生的最新的构造运动，也是川西龙门山地区演化历史中又一关键时期，四川盆地结束了陆相沉积历史，同时使侏罗纪以来的地层发生变形和印支期推覆构造复活，龙门山北段地区主要表现为浅层的推覆冲断和中深层的构造楔入。

（二）龙门山北段构造演化对油气的控制

四川盆地油气勘探重点已开始向川西北地区转移，但是由于冲断期次多，构造复杂，勘探程度仍然很低。结合四川盆地龙门山北段构造变形特征对其含油气性进行分析。

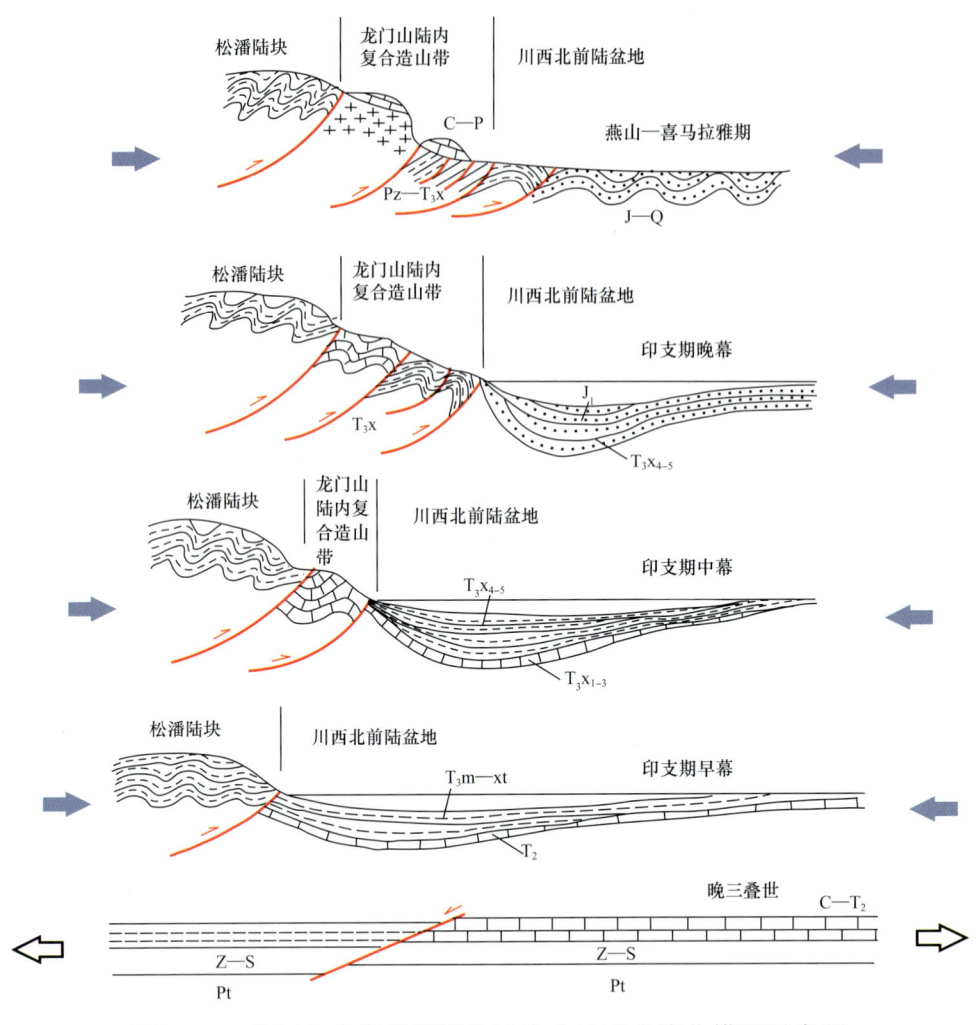

图 4-25　龙门山北段及川西北前陆盆地形成演化模型示意图

1. 生储盖组合

龙门山北段后山带、前山带和山前带影响着油气的成藏。其中后山带不能形成油气藏，山前带则形成了金子山—青林口—厚坝油气成藏带。前山带仅矿山梁—天井山—二廊庙冲断背斜亚相带受到逆冲推覆作用较弱，以形成天井山、矿山梁、碾子坝、阳泉、五花山等短轴背斜为特征。断层作为输导通道将震旦系陡山沱组中生成的油气二次运移到这些背斜内形成了寒武系古油藏，后期遭受强烈的构造作用，使古油藏遭到破坏。与此同时，断裂沟通泥盆系和侏罗系，古油藏内油气运移到泥盆系和侏罗系中形成油藏，同时在研究区内有原油出露地表，又为油气的形成创造了条件。

龙门山地区推覆运动与油气的运移存在较好的匹配关系，即地表构造圈闭的形成早于油气的运移时间。龙门山造山运动开始于三叠纪晚期，在来自北西向强大的挤压作用力下，天井山和矿山梁等地表圈闭逐渐形成，为后期油气的聚集提供了良好的圈闭。进入早侏罗世，来自地层深部的烃源岩开始成熟，烃源岩中的油气在推覆作用的挤压力作用下，一方面沿深大断裂运移至地表，另一方面油气在横向运移的过程中容易进入早期地表圈闭聚集，从而形成早期油气藏。由于龙门山造山运动是持续的，即早期地表圈闭在后期持续挤压的作用下，圈闭内部发育的断裂成为油气向地表运移的主要通道，故早期聚集的油气藏在晚期构造叠加过程中容易遭受破坏。地面地质调查发现矿山梁、碾子坝等地面构造上残留大量沥青，说明早期聚集油气的圈闭，在后期构造叠加运动中被破坏。同时通过矿2井的实钻证实，当钻入飞仙关组时，出现反复的井漏，由此推测在滑脱层附近岩石破碎严重，且盖层封堵性遭受破坏。虽钻遇良好储层，但水样分析为淡水，证实该油气藏已经遭受破坏。

根据龙门山北段构造分层特征及生、储、盖垂向分布特征，可将生储盖组合划分为上部组合、中部组合及下部组合（图4-26）。上部组合发育于中三叠统雷口坡组之上的陆相地层之中。烃源岩主要为白田坝组及须家河组中暗色的泥岩，厚度累计超过300m，总有机碳含量为0.4%～1.1%，其生油高峰期在早白垩世；储层主要为须家河组二段、四段砂岩，属三角洲—河流沉积相，平均孔隙度为5.98%，平均渗透率为2.84mD，物性优良；盖层主要为中侏罗统大段的泥页岩及须家河组中的泥岩夹层。中部组合发育于二叠系、中三叠统雷口坡组之间的海相地层中。烃源岩主要为二叠系碳酸盐岩、泥灰岩及含煤建造等，累计厚度250m左右，总有机碳含量为0.4%～3.72%，有机质高成熟至过成熟，生油高峰在侏罗纪晚期；储层主要有栖霞组白云岩、石灰岩等，孔隙度为1.3%～5.16%，渗透率为0.47～567mD，可见储层物性非均质性很强；飞仙关组三段鲕粒灰岩，孔隙度为3%～7.32%；长兴组白云岩化生物礁滩，平均孔隙度为6.5%；盖层主要为中三叠统雷口坡组—下三叠统嘉陵江组膏盐岩。中部组合目前最具勘探潜力，最有可能发现大气田。下部组合发育于深部的海相地层中，目前很少有井钻穿至二叠系以下地层，因此下部生储盖组合更多是潜在发育的，需要未来进一步证实。烃源岩主要为震旦系陡山沱组黑色泥岩、页岩及下寒武统筇竹寺组，是区内证实的优质烃源岩，总有机碳含量为2.1%～3.65%，干酪根类型为I型，生烃强度为$(18～67)×10^8 m^3/km^2$，烃源岩有机质演化程度为过成熟。潜在储层有奥陶系中统宝塔组生屑灰岩、寒武系中—下统鲕粒灰岩和上震旦统灯影组藻白云岩（李国辉等，2000）。盖层主要为层间的局部盖层，有下寒武统筇竹寺组页岩、阎王碥组泥页岩、志留系龙马溪组页岩等。下部组合可以作为龙门山北段下一步风险勘探的重要对象。

2. 构造演化对油气成藏的控制作用

控制龙门山北段变形的主要来自龙门山构造方向的叠瓦逆冲推覆，这一推

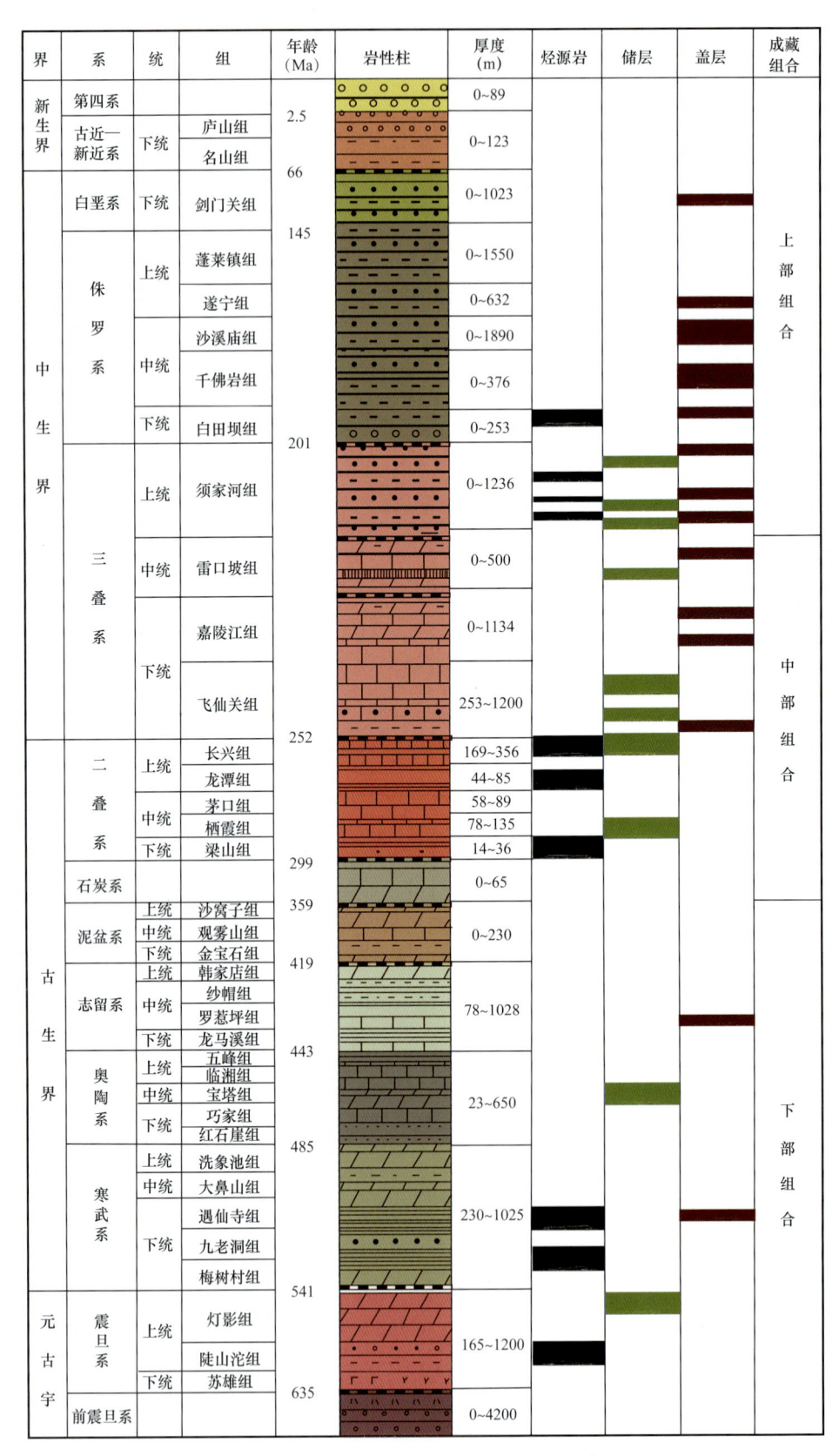

界	系	统	组	年龄(Ma)	岩性柱	厚度(m)	烃源岩	储层	盖层	成藏组合
新生界	第四系			2.5		0~89				
	古近—新近系	下统	庐山组			0~123				
			名山组	66						
中生界	白垩系	下统	剑门关组	145		0~1023				上部组合
	侏罗系	上统	蓬莱镇组			0~1550				
			遂宁组			0~632				
		中统	沙溪庙组			0~1890				
			千佛岩组			0~376				
		下统	白田坝组	201		0~253				
	三叠系	上统	须家河组			0~1236				
		中统	雷口坡组			0~500				中部组合
		下统	嘉陵江组			0~1134				
			飞仙关组	252		253~1200				
古生界	二叠系	上统	长兴组			169~356				
			龙潭组			44~85				
		中统	茅口组			58~89				
			栖霞组			78~135				
		下统	梁山组	299		14~36				
	石炭系			359		0~65				下部组合
	泥盆系	上统	沙窝子组			0~230				
		中统	观雾山组							
		下统	金宝石组	419						
	志留系	上统	韩家店组			78~1028				
		中统	纱帽组							
			罗惹坪组							
		下统	龙马溪组	443						
	奥陶系	上统	五峰组			23~650				
			临湘组							
		中统	宝塔组							
		下统	巧家组							
			红石崖组	485						
	寒武系	上统	洗象池组			230~1025				
		中统	大鼻山组							
		下统	遇仙寺组							
			九老洞组							
			梅树村组	541						
元古宇	震旦系	上统	灯影组			165~1200				
			陡山沱组							
		下统	苏雄组	635						
	前震旦系					0~4200				

图 4-26 龙门山北段油气成藏组合

覆作用造成了龙门山造山带内部的剧烈变形，也使得四川盆地龙门山山前的地壳剧烈缩短，形成了一系列向西逆冲破碎的构造。

龙门山北段青川断裂和凉水林奄寺断裂在印支期已经形成，直通地表，且在后期的构造运动中多次活动，对龙门山北段地区特别是后山带的油气保存条件造成了极大的破坏。再加之该带内多数推覆岩片破碎严重，且出露断层较为密集，岩片推覆距离较大，推覆过程中受力强烈，使得圈闭的封盖能力普遍遭受破坏。龙门山北段浅层构造是以志留系细屑岩和奥陶系、寒武系组成的叠瓦冲断系，其前锋断裂为马角坝断裂，而且这种叠瓦冲断系甚至可能是顶板断层被剥蚀的双重构造，可见其构造作用之强烈；其中层次构造主要表现为双重构造，其顶板断层汇聚于寒武系滑脱层中，底板断层汇聚于前震旦系基底中，可见处于推覆系统之下的原地系统构造变形竟也如此强烈。可以得出在马角坝竹园坝断裂以西的区域，构造作用非常强烈，对油气的保存条件造成了极大的破坏：陕西宁强地区震旦系古油藏由于整体隆升剥蚀而遭受破坏，在广元青川地区下寒武统长江沟组的砾石状沥青应该就来源于震旦系古油藏而矿山梁地区大量出露的沥青脉则是由于晚期发育的断裂和裂缝而形成。特别是汶川地震发生以后，造成该区断裂系统再次活动、破裂，因而在该区油气保存条件进一步变差。

在马角坝竹园坝断裂带以东的地区，由于其接近盆地，受早期构造运动影响较小，主要是受晚期构造作用的影响，形成一系列圈闭。而且断裂不发育，均隐伏于地下，一般均消亡于中、下三叠统嘉陵江组和雷口坡组滑脱层中，对油气保存条件并未造成太大影响。在马角坝竹园坝断裂以西地区构造作用强烈，断裂直通地表，油气保存条件较差，不利于油气的聚集与成藏。如矿井的实钻证实钻入飞仙关组时，出现反复井漏，表明该区的断层不具封堵性，油气保存条件较差。而在马角坝竹园坝断裂以东的区域，构造作用较弱，断裂均消亡于中、下三叠统嘉陵江组和雷口坡组滑脱层中，而嘉陵江组和雷口坡组的膏盐岩层具有很好的封堵能力，所以该区油气保存条件较佳。

龙门山北段双探3井资料证实二叠系烃源岩沉积后便开始了持续沉降，在早三叠世埋深至4000m左右达到成熟阶段开始生油（图4-27）。在中三叠世—晚侏罗世原油裂解大量生气，天然气运移成藏。但早白垩世发生的构造抬升使得先前的圈闭被破坏，油气重新调整成藏。

晚三叠世末期龙门山北段构造变形包含三个叠瓦构造的后展式叠加，晚三叠世末的变形结束后，冲起的叠瓦构造遭受了剧烈剥蚀，四川盆地内部及周缘

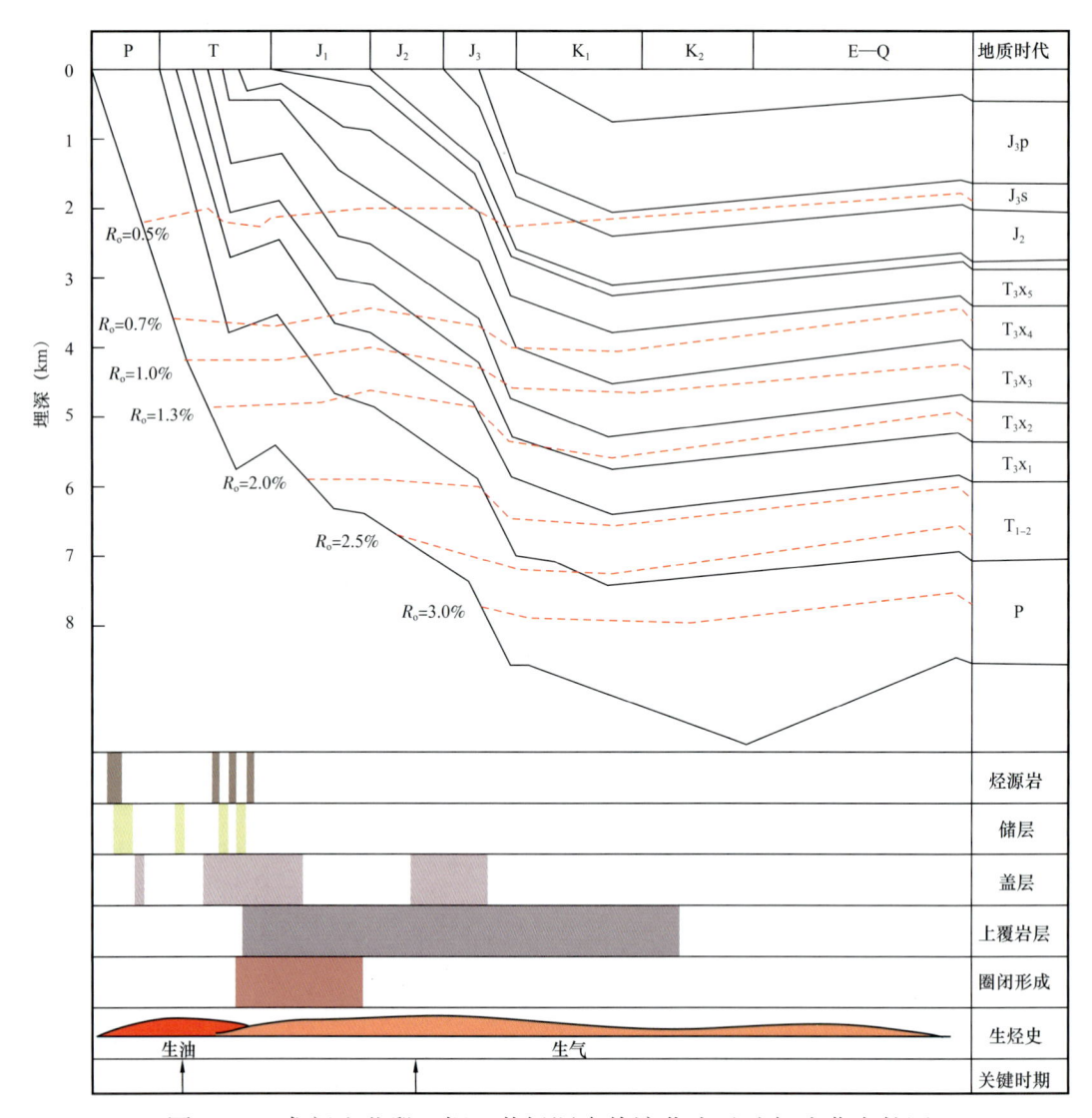

图 4-27 龙门山北段双探 3 井烃源岩热演化史及油气成藏事件图

沉积了巨厚的侏罗系。新生代变形期,受印支板块与欧亚板块碰撞作用的影响,青藏高原快速隆升,龙门山地区再次发生剧烈的缩短变形。此时的变形包括两个部分,深部两个构造楔的叠瓦式堆叠,与之相配套的为上部古生代早期地层的破碎变形(图 4-28)。

在推覆过程中沿大断裂附近产生的小断层和裂缝对油气的运移和保存也有着重要意义。在这种情况下油气的运移距离虽然没有大断层远,但是其在储层内部产生的运移对油气聚集却十分重要。在野外调查和矿 2 井二叠系栖霞组二段砂糖状白云岩取心段可以看见溶蚀针孔、孔洞和裂缝系统十分发育,裂缝具有多期次且切割孔洞的特征。部分溶蚀针孔、少数孔洞及微裂缝中充填了黑色沥青,这证实了油气确实存在这样的运移方式。

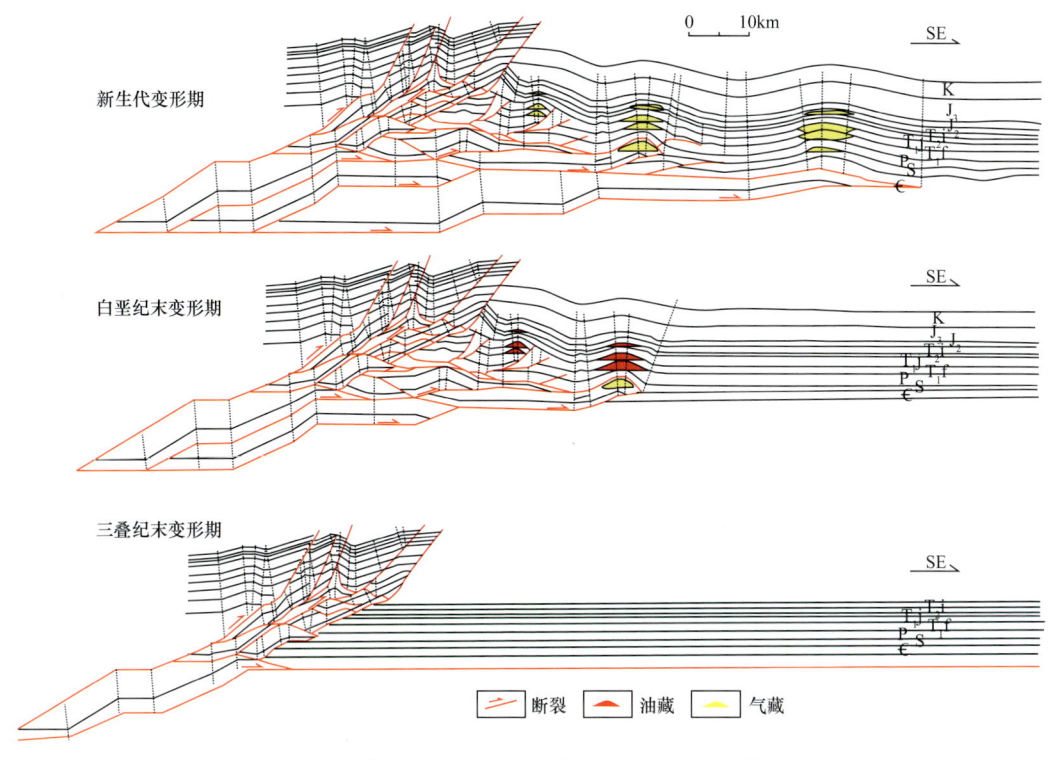

图 4-28　龙门山北段构造演化与油气成藏模式图

第三节　深层油气成藏模式

不同岩性的深部储层，油气成藏模式及分布控制因素不同。深层碳酸盐岩按照油气藏形成机制可划分为原生和次生油气藏，原生油气又可分为单源单期成藏型和多源多期成藏型，次生油气藏根据地质演变又分为三种类型；深层碎屑岩油气的大面积成藏模式依赖于烃源灶规模性与充分性、储层连续性、圈闭完整性及盖层的有效性；而深层火山岩具有近源成藏的特点，火山岩储层分布在生烃凹陷内或附近，具有"近水楼台先得月"的条件，最有利于油气的富集与成藏。

一、深层碳酸盐岩油气成藏模式

国内陆上海相盆地具有多期生烃成藏的特点，多期成藏使得碳酸盐岩成藏模式和油气藏类型也具多样性，有自生自储、下生上储和复合交叉等多种模式；按圈闭类型划分，可分为构造油气藏、岩性油气藏、地层油气藏及复合型油气藏等；按照油气系统的历史—成因分类法，可划分出了原生型油气系统、残存型油气系统、次生型油气系统及破坏型油气系统等。中国海相碳酸盐岩油气烃源岩多期生烃，油气多期成藏、调整、改造与再富集过程比较普遍（图4-29），因此，按照油气藏形成机制，可分为原生型油气藏和次生型油气藏。

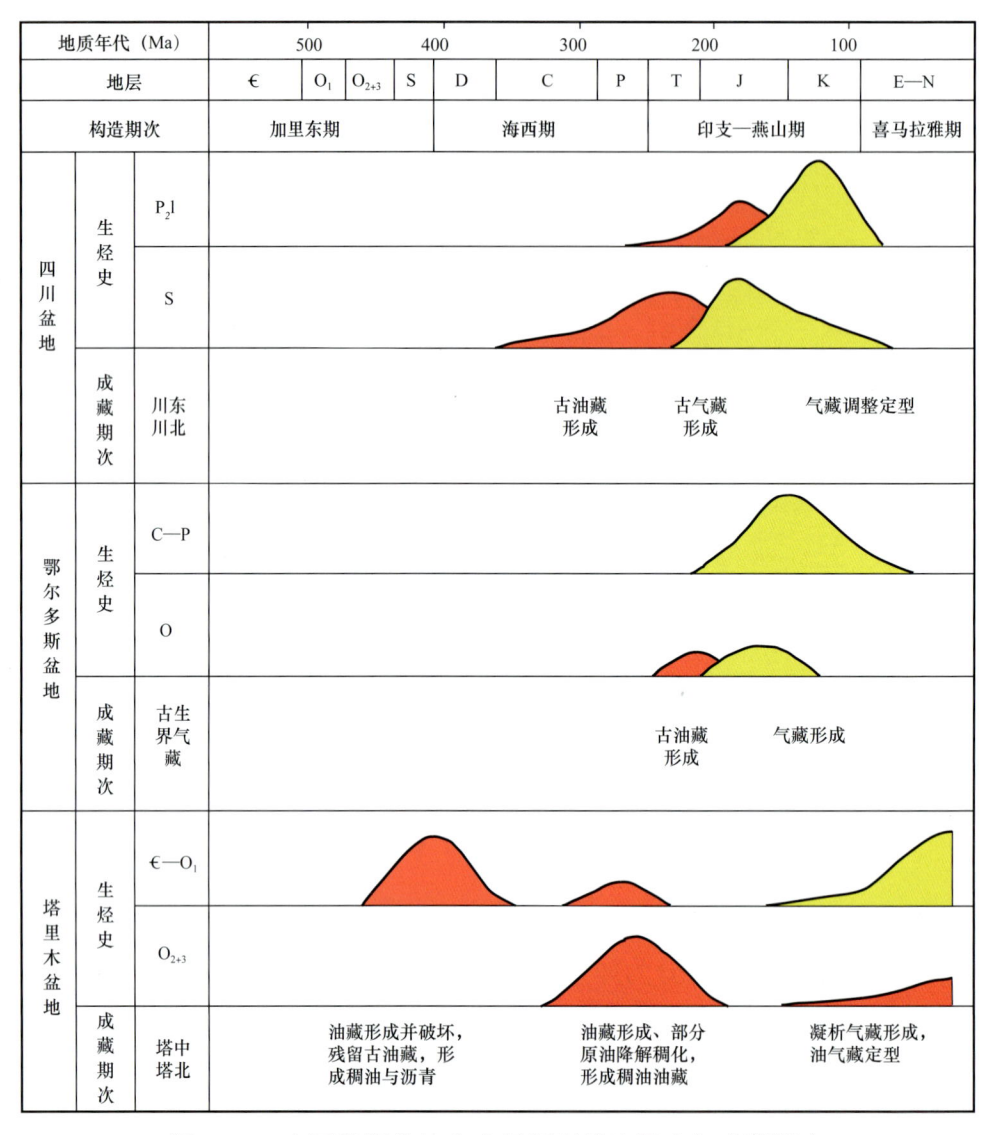

图 4-29　中国海相盆地主力烃源岩的生烃史与成藏期次

原生型油气藏主要是指由烃源岩生烃所形成的油气经运移聚集直接成藏，而且油气成藏后圈闭位置与形态相对稳定或变化不大；次生型油气藏是指原生油气藏被改造、重新调整、再次运聚形成的油气藏。其中，塔里木盆地塔北地区和塔中地区的部分碳酸盐岩油气藏、鄂尔多斯盆地古生界天然气藏、四川盆地川东和川北地区长兴组—飞仙关组含硫化氢天然气田等均属于原生型油气藏（张水昌等，2006；赵文智等，2006）；而川东石炭系气田群、川南威远气田、塔里木盆地和田河气田的天然气来自原油裂解气，是古油藏深埋裂解成气而后在异地重新分配再聚集，因此属于次生型气藏。

（一）原生型油气藏

原生型油气藏又可以分为单源单期成藏型和多源多期成藏型。塔里木盆地轮古东地区和塔中Ⅰ号带凝析气藏至少都发生过三次大规模的油气充注过程（图4-30），油气分别来自寒武系烃源岩和奥陶系烃源岩，充注时间分别发生在加里东晚期、海西晚期和喜马拉雅晚期，其中最重要的有效成藏期为海西晚期和喜马拉雅晚期。喜马拉雅晚期以天然气充注为主，对海西晚期的油藏有一定的气侵改造作用，但塔北中西部地区大部分油藏未受到喜马拉雅期天然气充注影响，因此，该区晚海西期的碳酸盐岩油藏得以很好保存。比如英买力地区的英买2油藏，在晚海西期充注成藏，后期构造稳定被有效保存下来，是一个在2.5亿年前形成的古油藏。加里东晚期充注的油气主要分布在塔中和塔北的中东部地区，但在早海西期，塔北地区抬升，这期充注的油藏基本都遭到破坏，仅在塔中地区有保留。

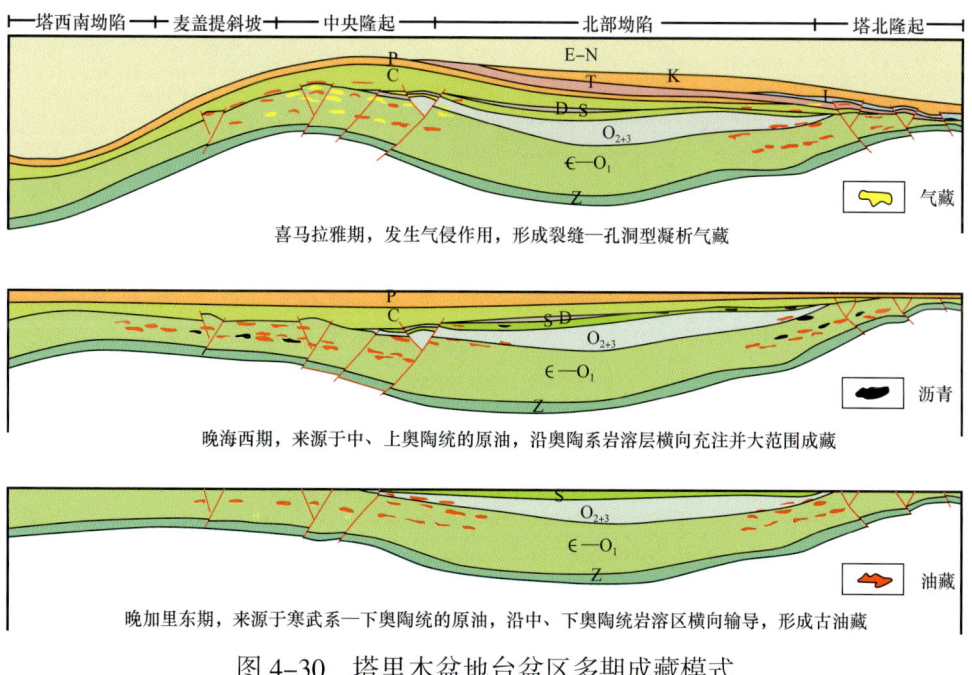

图4-30 塔里木盆地台盆区多期成藏模式

（二）次生型油气藏

次生型油气藏在中国海相盆地分布较广。由于中国海相盆地在其演化过程中表现出不同类型盆地相互叠加、不同地质过程相互复合，甚至圈闭形态和位置也在不断发生变化，改变了原生油气藏的保存条件，使油气藏中已聚集的油气处于不断再分配的调整过程中，导致油气藏破坏或深埋作用使得原油发生裂解成气等，从而造成油气相态与分布规律的复杂性。根据目前的勘探实践，次生型油气藏又可以分为三种模式（图4-31）：（1）大型古油藏后期分解为若干

-127-

小油藏。塔北地区乡3井附近晚海西期曾有大规模油气聚集，后期地层发生反倾，油气重新发生分配，形成若干油气藏，哈得逊油田就是后期构造反转形成的次生油藏。（2）古油藏在原地位置裂解成若干个小气藏。川东石炭系是这种类型油气藏的典型代表。川东石炭系气藏在早侏罗世末期为一古油藏，由于上覆地层的快速沉积，到白垩纪末，古油藏完全裂解，在原地形成大型古气藏，喜马拉雅期受到构造运动的影响，古气藏遭到调整破坏，形成一系列小气藏。（3）古油藏裂解成气后在异地位置重新聚集成藏。威远气田是其最典型的代表，加里东期古凹陷区的寒武系烃源岩大量生成液态烃，同时资阳隆起形成，成为油气聚集的重要圈闭；燕山期古油藏发生裂解，形成气藏；喜马拉雅期圈闭调整，威远构造成为构造高部位，威远气田形成。

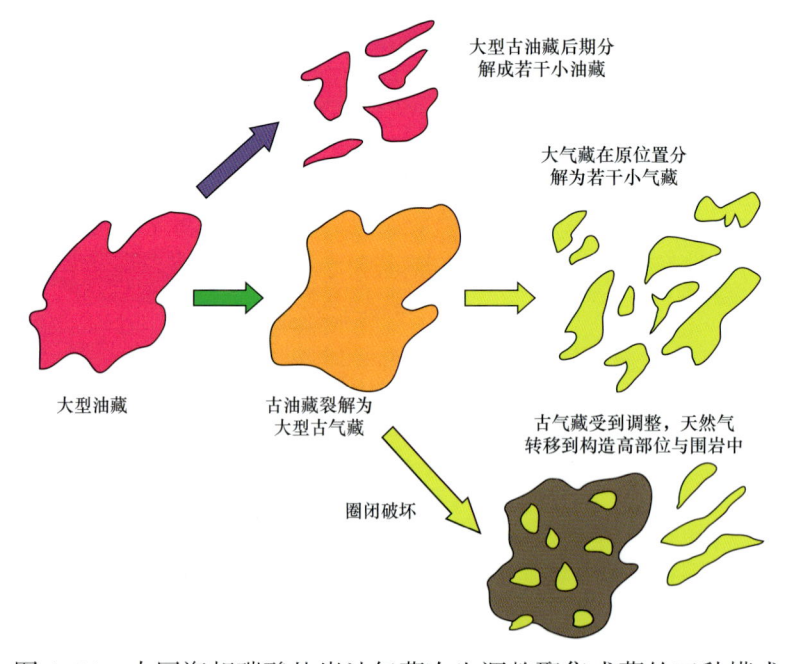

图 4-31 中国海相碳酸盐岩油气藏次生调整聚集成藏的三种模式

二、深层碎屑岩油气大面积成藏模式

（一）烃源灶规模性与充分性

烃源灶叠置，冲断带上覆于生烃中心，生排烃晚，有利于深层碎屑岩大面积成藏。塔里木盆地库车坳陷是一个以中、新生代陆源碎屑沉积发育为主的前陆坳陷，最大埋深超过 8000m。自上而下，发育第四系、新近系、古近系、白垩系、侏罗系、三叠系，其中侏罗系和三叠系是该区主力烃源层。侏罗系、三叠系烃源岩主要发育在五个组段，自下而上分别是黄山街组（T_3h）、塔里奇克组（T_3t）、阳霞组（J_1y）、克孜勒努尔组（J_2k）、恰克马克组（J_2q）。其中三叠系以湖相泥岩为主，顶部夹有碳质泥岩；侏罗系则是沼泽—湖泊相含煤沉积，煤层主要发育在阳霞组及克孜勒努尔组，厚6～29m，最厚66m；侏罗系煤系烃源岩在库车坳陷广泛分布，厚度大，具有高的有机质丰度，有机质类型以Ⅲ型为主，在热演化生烃过程中主要产气，进入中高演化阶段后生成了大量的天然气，无疑是库车坳陷的主力气源岩。三叠系烃源岩以湖相泥岩为主，也有高的有机质丰度，有机质类型为Ⅲ型与Ⅱ型，与侏罗系煤系烃源岩类似，以生气为主，特别是进入中高演化阶段后，生成的气态烃产率明显增加。三叠系和侏罗系烃源岩叠置发育，两套烃源岩总厚400～1700m，面积$2.16\times10^4km^2$，生气强度（350～400）$\times10^8m^3/km^2$，生气量达$204\times10^{12}m^3$。烃源灶"被垛"叠置（图4-32），集中供烃；冲断带叠加在生烃中心之上，源灶厚度增加3～5倍。另外，烃源岩的生排烃主要在晚新生代，断裂沟通，天然气持续高效充注。

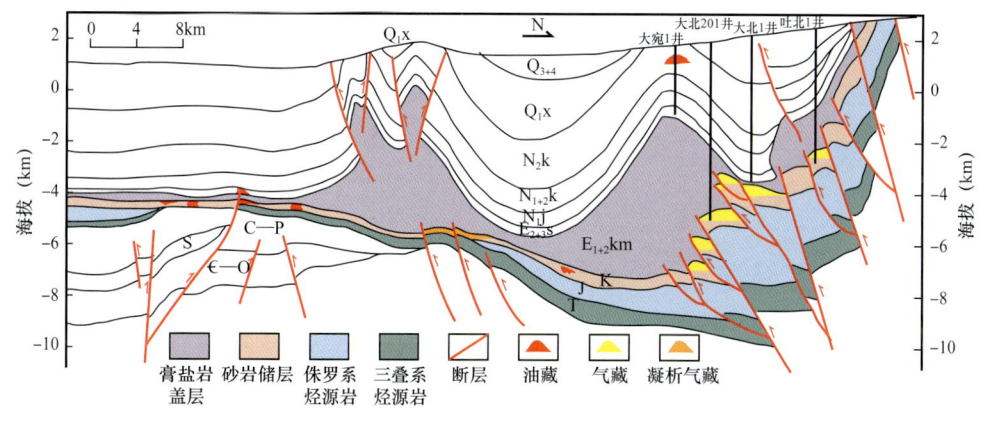

图4-32 库车坳陷源灶叠置与天然气成藏模式

对于库车坳陷来说，由于三叠系和侏罗系气源岩与白垩系储气层之间存在白垩系舒善河组、侏罗系喀拉扎组和齐古组巨厚泥岩的遮挡，三叠系和侏罗系气源岩生成的天然气只有通过断裂进行输导，才能完成其在白垩系储层中的跨层聚集。根据库车坳陷典型构造天然气成藏条件研究，总结出库车坳陷断裂输导天然气具有四种成藏模式，即由盐下断裂和穿盐断裂（不连接圈闭）构成的输导天然气成藏模式、仅由盐下断裂构成的输导天然气成藏模式、由盐下断裂和圈闭顶部突破断裂构成的输导天然气成藏模式和仅由穿盐断裂构成的输导天然气成藏模式。

（二）储层连续性

三角洲砂岩大面积发育，晚期快速埋藏有利储层保持。以库车坳陷克拉苏冲断带白垩系巴什基奇克组为例，在巴什基奇克组第二段沉积时期，构造活动相对较弱，古地貌相对平坦。物源主要来自北部天山，并向盆内延伸。丰富的沉积物供给和较强的水动力环境，使三角洲不断由北部山前向盆地内延伸，在研究区内形成了大规模的朵状砂体。北部多个物源出口形成了一系列由辫状河道组成的辫状河三角洲平原,而非单一辫状河流形成的沉积体系(图4-33);沉积物总厚度最大可达 300 余米,砂体厚度较大。三角洲前缘砂体纵向叠置、横向连片,储层厚达 200~400m,面积约 $1.8\times10^4km^2$。另外,长期浅埋、晚期快速深埋岩利于原生孔的保持,加之构造活动裂缝发育,结果是埋深 6000~8000m 仍发育有效储层,孔隙度为 5%~10%。

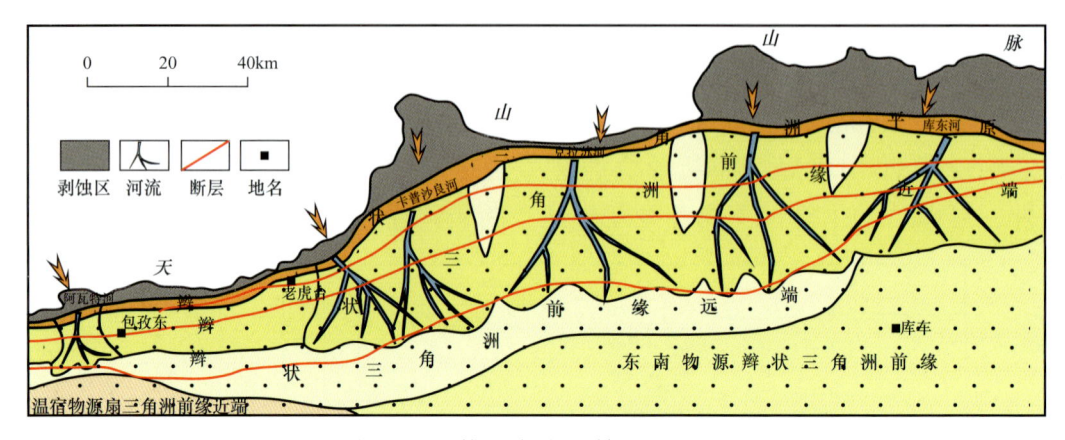

图 4-33 白垩系巴什基奇克组第二段沉积相平面图

(三)圈闭完整性

盐下冲断构造规模发育,膏盐层顶封侧堵,圈闭完整。在库车中晚期南天山强烈造山作用下,该构造段形成大规模逆冲推覆构造,尤其是盐下层一系列基底卷入及盖层滑脱逆冲断层形成了成排成带展布的背斜构造,为油气的强充注提供了圈闭基础。逆冲叠瓦构造 5~10 排,空间内鳞片状分布,圈闭数量多。由于膏盐层顶封侧堵,构造圈闭完整好,形成克拉 2 背斜、克深断背斜等有效圈闭(图 4-34)。

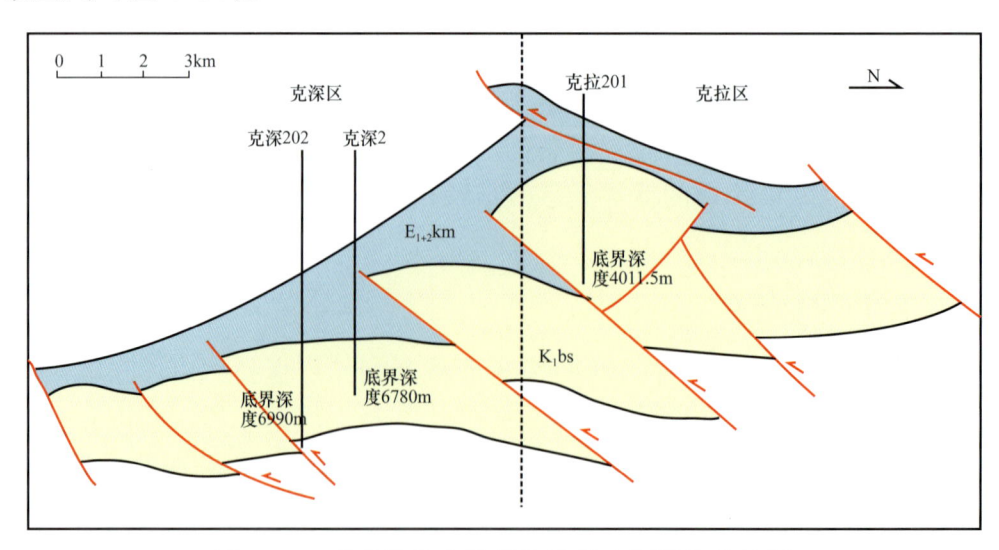

图 4-34 库车坳陷克拉苏构造带克深段构造特征

（四）盖层有效性

厚层膏盐岩优质盖层大面积分布，高强度封堵。根据膏盐岩脆塑性的演化和逆冲断裂的发育，库车前陆盆地膏盐岩层的破裂与封闭及形成的断裂与盖层组合在时空有序分布，控制了油气运聚的差异。以克拉苏断裂带为界，克拉苏富气构造带的北部克拉区带古近系膏盐岩一般埋藏较浅，以脆性变形为主，且逆冲断裂长期活动，形成了断穿型断盖组合（图4-35），圈闭多数失利。南部的克深区带在天然气大规模成藏期埋藏深度较大，呈塑性，晚期新产生的断层难以对其形成实质性的破坏，形成未穿型断盖组合，具备形成大型气田的条件。而紧临克拉苏断裂带上、下盘的圈闭，介于二者之间，膏盐岩层早期破裂、晚期封闭，形成隔断型断盖组合，大北地区膏盐岩盖层埋深远超过3000m，盖层封闭形成时间为库车早中期，捕获并聚集了早期少量原油和晚期大量天然气。由南向北，克拉苏构造带依次发育未穿型、隔断型和断穿型断盖组合。冲断带西部古近系膏盐岩厚500～3500m；东部新近系膏盐岩厚500～2000m，总面积达 $1.9 \times 10^4 km^2$，膏盐岩突破压力高达15～20MPa，3000m以下膏盐岩完全塑性，断层无法切穿，封堵性更强。

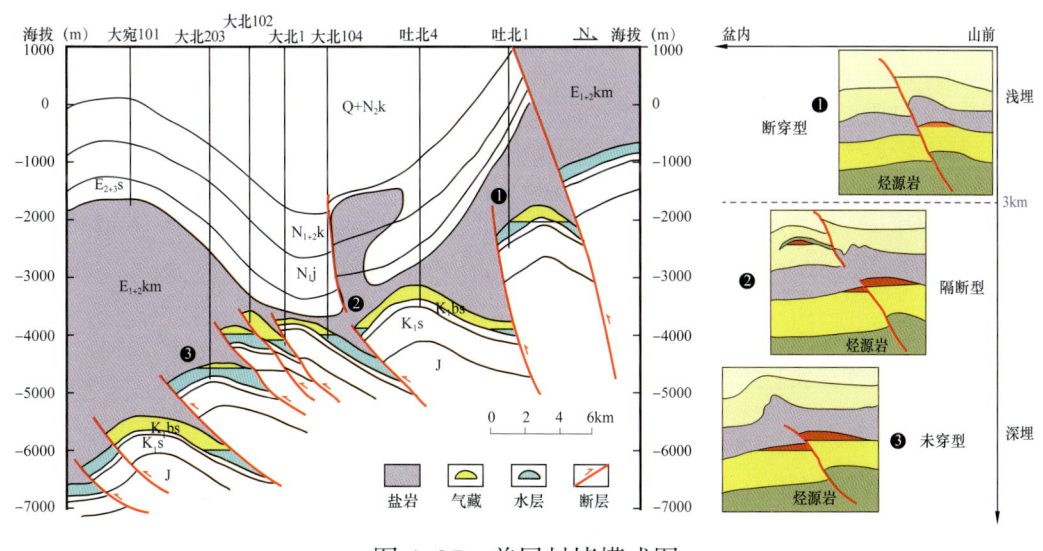

图4-35 盖层封堵模式图

三、深层火山岩油气近源成藏模式

火山岩本身不能生成有机烃类，火山岩油气藏形成的首要条件是与烃源岩伴生，即火山岩位于烃源岩系之中或位于烃源岩系上下，或附近有生烃凹陷，这样火山岩储层才具有较多的机会与沉积层中的烃源岩构成良好匹配关系。充足的油源供给是火山岩成藏的必要条件，中国发育火山岩的主要陆相含油气盆地如松辽、渤海湾、准噶尔盆地，火山岩层系与沉积层系交互，形成有利的火

- 131 -

山—沉积层序成藏组合。因此，深层火山岩具有近源成藏的特点，一般可以形成岩性及地层两类油气藏，均可规模分布。

火山岩油气藏的形成也必须具备生、储、盖、运、圈、保的条件及其在时空上的有利配置，只是其成藏规律和分布更具特殊性。目前发现的火山岩油气藏类型多样，以构造—岩性地层油气藏为主。如松辽盆地徐家围子断陷火山岩油气藏为多个气藏叠置（图4-36），无统一气水界面，气层连通性差，气柱高度超出构造幅度，为岩性气藏；准噶尔盆地西北缘二叠系火山岩风化壳孔洞缝储层发育，各种岩类均可形成好储层，油气富集受不整合面控制，属地层油气藏。近源组合中，烃源岩位于火山岩储层上下或侧缘，火山岩储层分布在生烃凹陷内或附近，烃源岩生成的油气与储层有最大的接触机会，一般来说，近源组合使火山岩具有"近水楼台先得月"的条件，最有利于油气的富集。

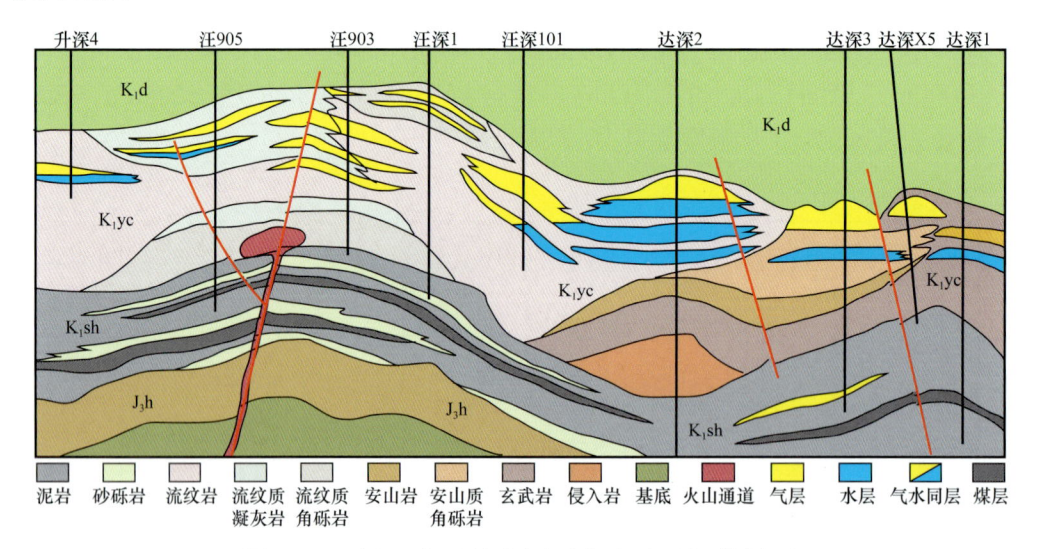

图4-36 松辽盆地徐家围子安达地区气藏剖面

第四节 深层碳酸盐岩大油气田分布规律

深层油气经历多期调整改造，油气如何分布与富集，关系到勘探方向的选择和有利勘探区带的评价。深层油气成藏与分布有其复杂性，多期构造运动能够对油气成藏起着破坏与改造的作用。规模源灶中心控制深层大油气田的形成，构造—岩相古地理背景对成藏要素起着重要的控制作用，尽管深层油气成藏复杂，但仍具源控性，主力源灶控制大油气田分布，油气富集受古隆起及斜坡、古台缘、古断裂带控制，叠合盆地深层发育多"勘探黄金带"，深层勘探前景乐观。

一、深层油气分布具有源控性

所谓源控性，就是叠合盆地各个油气富集层系形成的油气藏主体都分布在有效烃源灶地域之内或与烃源灶密切联系的范围之内。中国叠合含油气盆地发育两种类型烃源灶：一是干酪根型烃源灶，即烃源岩有机质（干酪根）热裂解作用形成的烃源灶；另一类是液态烃裂解型烃源灶，即古油藏或者滞留于烃源岩内尚未排出的分散液态烃，在高—过成熟阶段由液态烃裂解而形成的烃源灶，以成气作用为主。勘探实践证实，两类烃源灶都可以规模供烃，都是高效烃源灶。目前叠合含油气盆地各层系发现的油气，主要受这两类烃源灶控制。

塔里木盆地寒武—奥陶系发育的烃源岩平面上形成三个生烃中心（图4-37），满加尔凹陷为主力生烃中心，分布面积约 $(10\sim12)\times10^4km^2$，生烃强度最高达 $160\times10^8t/km^2$；其次是阿瓦提生烃中心，面积约 $(8\sim10)\times10^4km^2$，生烃强度最高达 $40\times10^8t/km^2$。塔北隆起区位于满加尔、阿瓦提两大生烃中心的北缘，油气富集程度高，勘探已发现轮南—塔河、哈拉哈塘、英买力等多个大型油气田，发现的油气储量规模超过 20×10^8t 油当量；塔中隆起夹持于满加尔和阿瓦提两大生烃中心之间，目前已发现的油气储量近 10×10^8t 油当量。四川盆地震旦—寒武系，尽管地层古老，但油气分布受烃源灶控制仍很明显（图4-38），近期勘探在烃源岩厚度中心控制范围内，新发现了中国产层最古老、储量单体规模最大的高石梯—磨溪震旦—寒武系大气田。

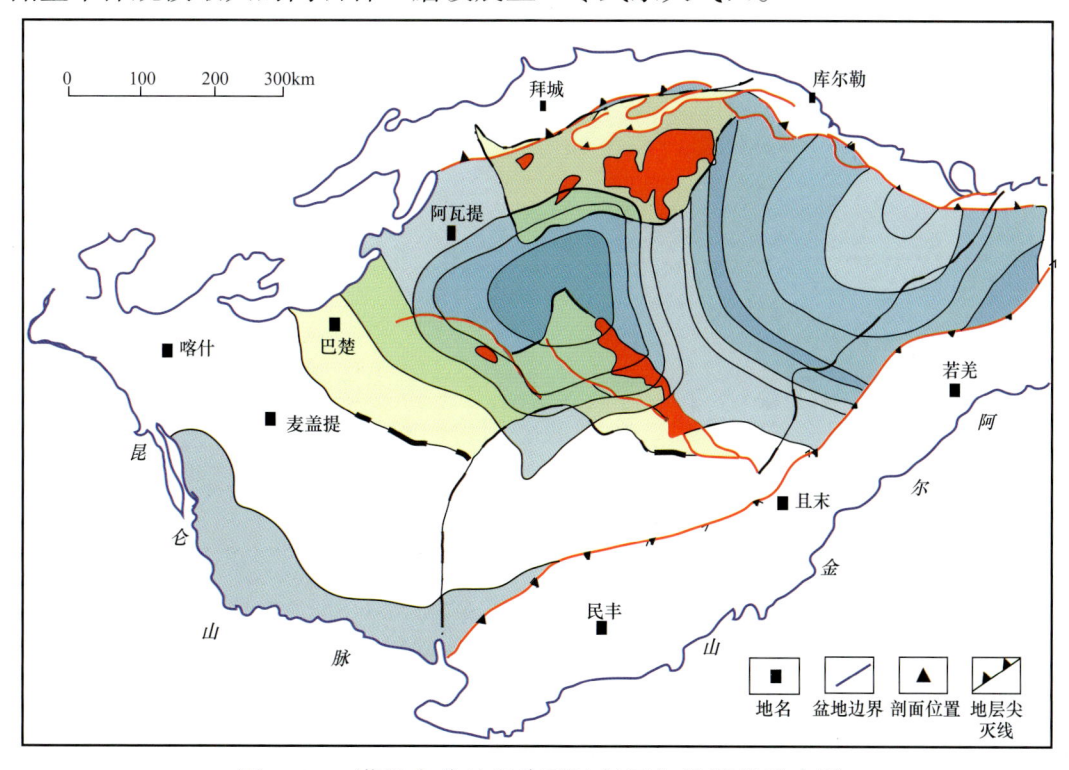

图 4-37 塔里木盆地奥陶系油气田与烃源岩叠合图

上述两类烃源灶具有相互依存关系，干酪根型烃源灶是基础，液态烃裂解型烃源灶是干酪根型烃源灶的衍生产物。干酪根型烃源灶不仅生油，也生气，成烃时间偏早；液态烃裂解型烃源灶以生气为主，成气时间偏晚。对于大油气田，特别是碳酸盐岩大气田，通常是两类烃源灶共同供烃。如塔里木盆地满加尔凹陷，既是干酪根型源灶中心，也是烃源岩内滞留分散液态烃裂解型气源灶中心。古城地区古城6井的重大突破，证实这类烃源灶对天然气成藏的控制作用与成藏贡献。

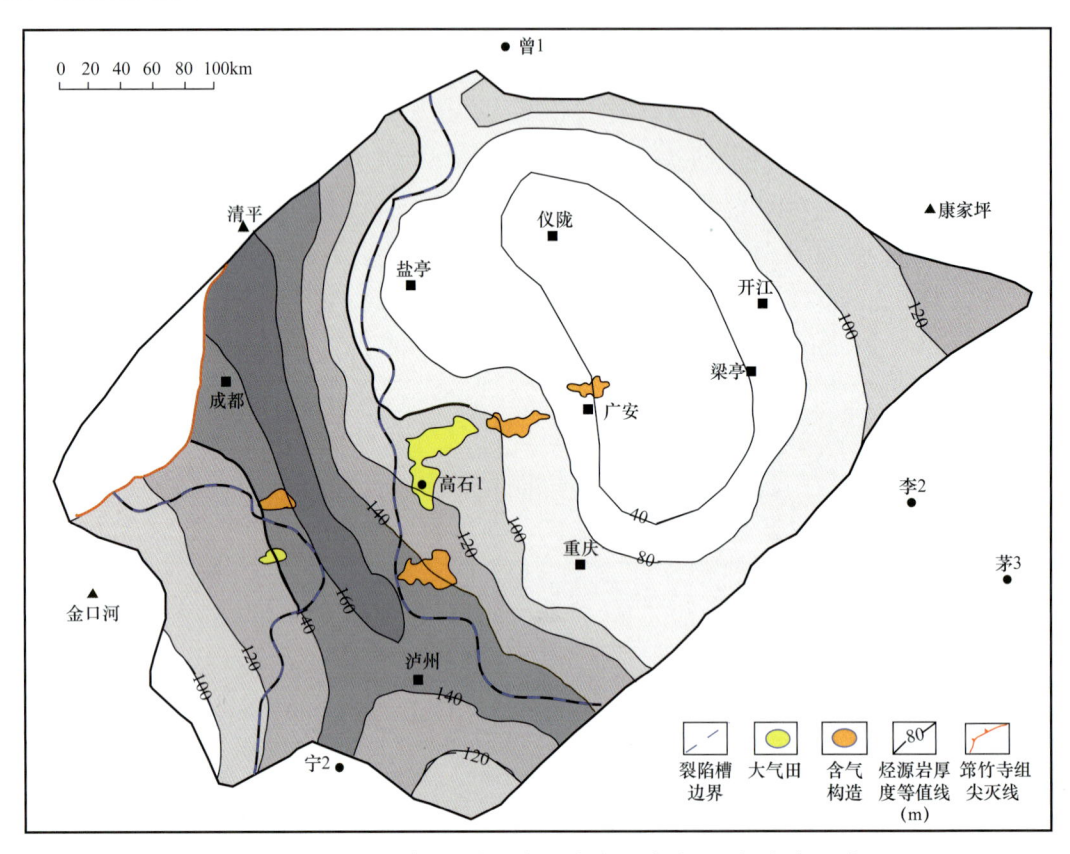

图 4-38 四川盆地高石梯—磨溪大气田与烃源岩分布叠合图

三类近源成藏组合控制大油气田的形成。国内海相碳酸盐岩大油气田常见三类近源成藏组合，即裂陷—台缘成藏组合、坳陷"夹饼式"成藏组合和坳陷—古隆起成藏组合，受古构造—沉积背景差异控制，不同成藏组合的生储盖配置条件有所不同（表4-3）。

（一）裂陷—台缘成藏组合

该类成藏组合主要发育克拉通内部裂陷槽两侧的台缘带附近，其特点是气藏主体沿裂陷槽分布；气源主要来自储集体下方裂陷槽内部的优质烃源岩，以及地层自身内部或上覆地层内的优质烃源岩；储集体物性好且优质规模大，多为台地边缘的礁滩体或丘滩体；烃源岩、储层直接接触或侧向对接接触，断层、不整合面和裂缝为其主力输导体系；构造和岩性—构造复合型圈闭发育，且闭合面积及高度相对较大，利于油气大规模聚集，其成藏模式可称之为转接式模式，具有近源自生自储和上生下储或下生上储成藏特征，如四川盆地长兴组礁滩体、四川盆地灯影组丘滩体和塔里木盆地良里塔格组礁滩体都拥有该类裂陷台缘成藏组合。四川盆地灯影组丘滩体气藏，其烃源岩主要来自德阳—安岳裂陷槽内和上覆筇竹寺组优质烃源岩及其内部灯三段烃源岩，储集体为灯二段和灯四段台缘带丘滩体，烃源岩与储层直接接触或侧向对接，不整合面、断层和裂缝为有利输导体系，构造和岩性—构造圈闭型发育，具有近源自生自储和上生下储成藏特征。

表 4-3 中国海相碳酸盐岩大气田常见三类近源成藏组合及关键要素图

成藏组合	烃源岩	储层	输导体系	模式	实例
裂陷—台缘组合	裂陷区优质烃源岩	礁（丘）滩体	不整合面、断层		四川盆地长兴组礁滩体、灯影组丘滩体、塔里木盆地良里塔格组
坳陷"夹饼式"组合	广覆式烃源岩	风化壳层状储层、台内颗粒滩	不整合面、孔隙型储层		鄂尔多斯盆地奥陶系、四川盆地龙王庙组、长兴组台内滩、雷口坡组；塔里木鹰山组风化壳
坳陷—古隆起组合	紧邻生烃中心	层状古岩溶	断裂与不整合网状输导体		塔里木盆地塔北斜坡、塔中北坡

（二）坳陷"夹饼式"成藏组合

该类成藏组合主要发育于区域不整合面附近，其特点是气源主要来自不整合面之上烃源岩，储集体主要位于不整合面之下的大面积分布的风化壳储集体，烃源岩与储层之间呈面状或斜交接触，主力输导体系为不整合面，油气运移动力主要来自源储压差。当上覆烃源岩内有机质大量生烃时产生较大流体压

— 135 —

力，当其压力大于下覆储集体内流体压力时，油气克服浮力进入储集体内部聚集成藏，其成藏模式可称之为倒灌式模式，具有近源上生下储成藏特征，如鄂尔多斯盆地奥陶系气藏、塔里木盆地鹰山组风化壳和四川盆地雷口坡组风化壳气藏都拥有该类"倒灌式"成藏组合。鄂尔多斯盆地奥陶系气藏烃源岩和盖层都为上覆中生界煤系泥岩地层，源盖配置优越，储集体为奥陶系马家沟组顶面风化壳岩溶储层，源储之间直接或斜交接触，不整合面和溶蚀缝洞为有利输导体系，具有近源上生下储成藏特征，优质的生储盖配置使得鄂尔多斯盆地奥陶系油气大规模聚集成藏，形成大油气田。

（三）坳陷—古隆起成藏组合

该类成藏组合主要发育古隆起之上及其周边斜坡带，特点是气源主要来自古隆起下部或侧翼的烃源岩，储集体主要为古隆起之上及其周边呈层状大面积分布的溶蚀缝洞体，源—储之间在同层呈斜交对接触或通过气源断裂连接，主力输导体系为储层段中的缝洞网络体和沟通气源的断裂系统，油气运移动力主要来自浮力蓄能。当位于隆起低部位的烃源岩大量生烃之后，通过缝洞网络体的输导在"大洞"中聚集和中转，同时进行浮力蓄能，当浮力达到一定程度能够克服向上运移阻力时，便从低部位沿着斜坡上缝洞网络体向较高部位运移和爬坡，这一过程可称之为"浮力蓄能，扬程中转"，如此反复，古隆起之上及其周边斜坡位置的缝洞储集体便有大规模油气聚集，形成大油气田，如塔北奥陶系隆起高部位到斜坡低部位发育大规模似层状分布的缝洞网络体，其内聚集大规模层状分布的油气藏，气藏类型以缝洞型为主，气藏烃源岩为寒武系—中—下奥陶统泥岩，源储配置优越，溶蚀缝洞为有利输导体系，具有近源"扬程式"成藏特征。

二、古隆起及斜坡、古台缘、古断裂带控藏

长期发育的大型古隆起、古斜坡是油气富集最重要的场所，这是普遍规律。古隆起、古斜坡对油气的控制作用，除形成大型构造、岩性或地层圈闭外，古隆起及斜坡背景对油气运移的"吸纳"作用、对大型储集体发育与分布的控制作用，均利于油气大面积成藏。如塔里木盆地的塔北、塔中隆起及斜坡区发现的大型碳酸盐岩油气田，四川盆地川中古隆起发现的震旦系—寒武系大气田、川中上三叠统须家河组大气田及鄂尔多斯盆地发现的上古生界苏里格大气田等，都受古隆起或古斜坡背景控制。古台缘带是碳酸盐岩礁滩储层发育的有利部位，随着台缘带的演化与消亡，后期叠加发育大型河湖三角洲沉积，礁滩储层与碎屑岩砂岩储层叠置发育，加上台缘带断裂沟通，可以多层系大面积成藏。如四川盆地龙岗台缘带，勘探已发现二叠系—三叠系礁滩、三叠系雷口

坡组碳酸盐岩风化壳、三叠系须家河组等多套含气层系。断裂不仅是油气运移的重要通道，长期发育的古断裂一方面可以形成破碎带，另一方面利于深部热液活动，使得储层物性得以改善，成为油气运移聚集的有利部位。如塔里木盆地塔中地区、塔北南缘哈拉哈塘地区发现的碳酸盐岩油气藏均与断裂活动有关。

（一）三大盆地已发现油气藏油气分布受古隆起及斜坡控制

围绕"古隆起、古斜坡"进行油气勘探，是长期碳酸盐岩油气勘探实践中的重要认识。塔里木盆地塔中（图4-39）、塔河、哈拉哈塘（图4-40）、英买力、和田河等油气田即是典型实例，主力产层主要为一间房组、鹰山组、良里塔格组，油气探明储量 37.08×10^8 t，三级储量 51.76×10^8 t，主力油源为寒武系。

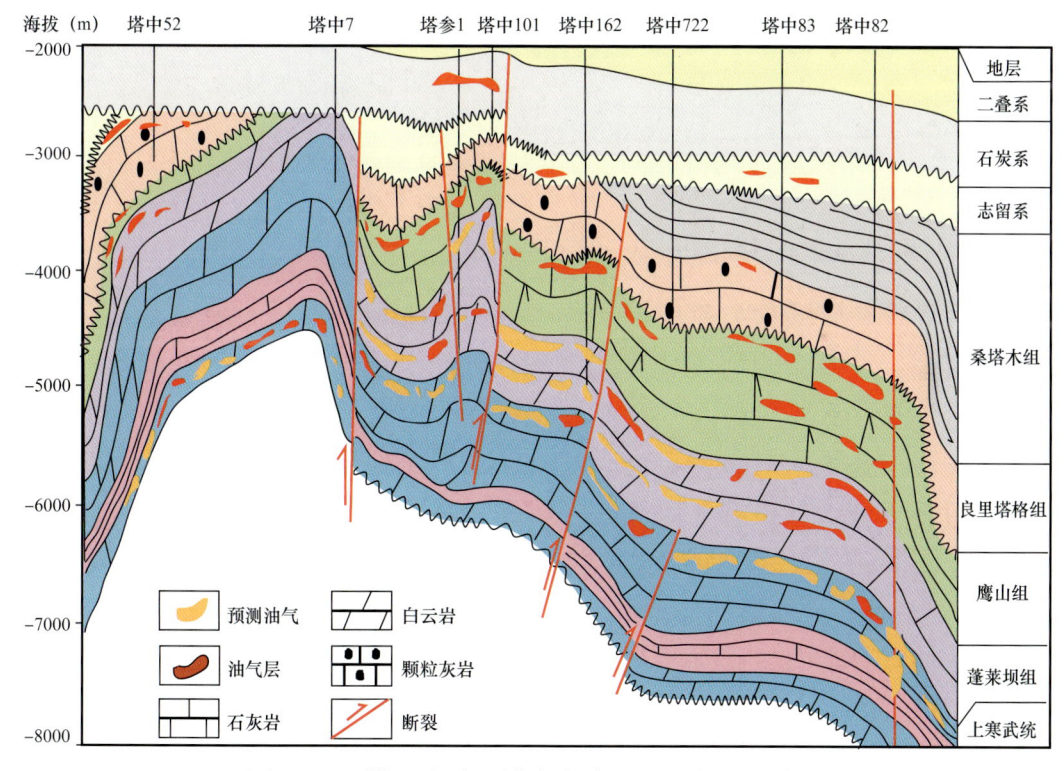

图4-39 塔里木盆地塔中古隆起大油气田分布图

在四川盆地早期发现川中古隆起资阳—威远气田，"十二五"期间，依靠地震技术和综合地质认识的进步，新发现了龙王庙组加里东期同沉积古隆起和东吴期泸州—通江古隆起两个新的古隆起。前者控制了龙王庙组颗粒滩储层的规模发育，后者则控制了中二叠统茅口组岩溶储层的规模发育。古隆起的发现对安岳大气田的发现和中二叠统勘探突破起到关键作用。

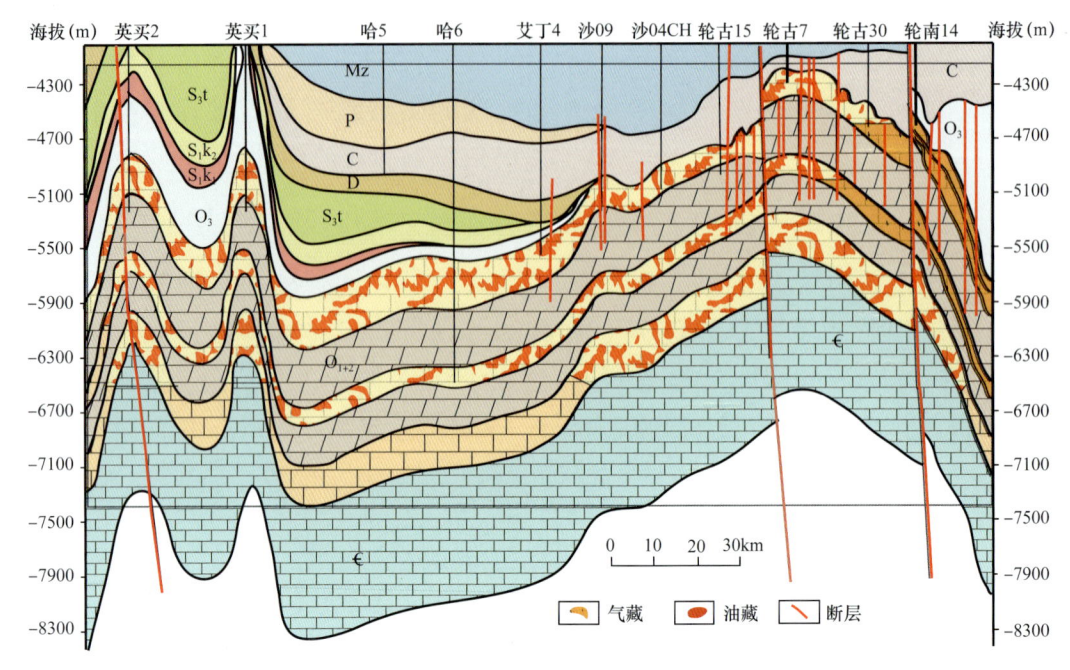

图 4-40 塔里木盆地古隆起塔北地区油气成藏剖面图

（二）古台缘控制礁滩型大油气田分布

古台缘带是碳酸盐岩礁滩储层发育的有利部位，随着台缘带的演化与消亡，后期叠加发育大型河湖三角洲沉积，礁滩储层与碎屑岩砂岩储层叠置发育，加上台缘带断裂沟通，可以多层系大面积成藏。如四川盆地龙岗台缘带，勘探已发现二叠系—三叠系礁滩、三叠系雷口坡组碳酸盐岩风化壳、三叠系须家河组等多套含气层系。以开江—梁平及蓬溪—武胜海槽台缘带礁滩大气区为例（图 4-41），受高能环境控制，形成五个台缘带礁滩体，礁体个数 68 个，面积 5500km^2，滩体分布面积 3×10^4km^3，成藏特点表现为"一礁、一滩、一藏"的特点，沿台缘带呈"串珠"状分布，台缘带整体含气，储量丰度为 $(4 \sim 40) \times 10^8$t/km^2。

（三）古断裂控制油气富集

塔里木盆地塔中地区、塔北南缘哈拉哈塘地区发现的碳酸盐岩油气藏均与断裂活动有关（石书缘等，2015）。以塔北跃满区块奥陶系鹰山组古岩溶成藏为例说明（图 4-42），沿断裂发育四个缝洞油气富集带（跃满1、跃满2、跃满3、跃满4），含油面积达 243.8km^2，石油地质储量达 2741.4×10^4t，技术可采储量 575.20×10^4t，平均单井日产油 35t，区块累计产油 15.74×10^4t。

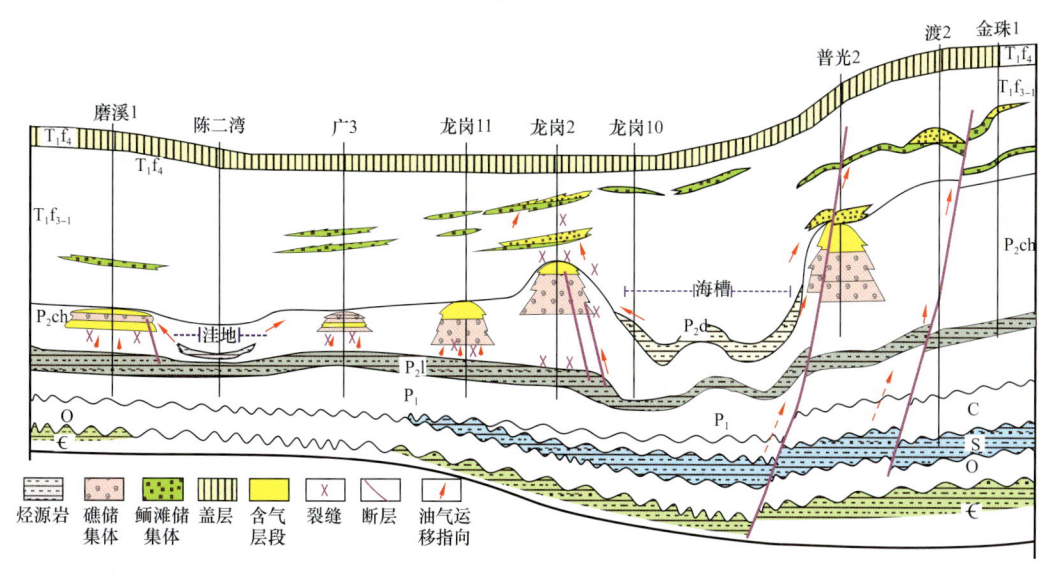

图 4-41 开江—梁平及蓬溪—武胜海槽台缘带礁滩大气区

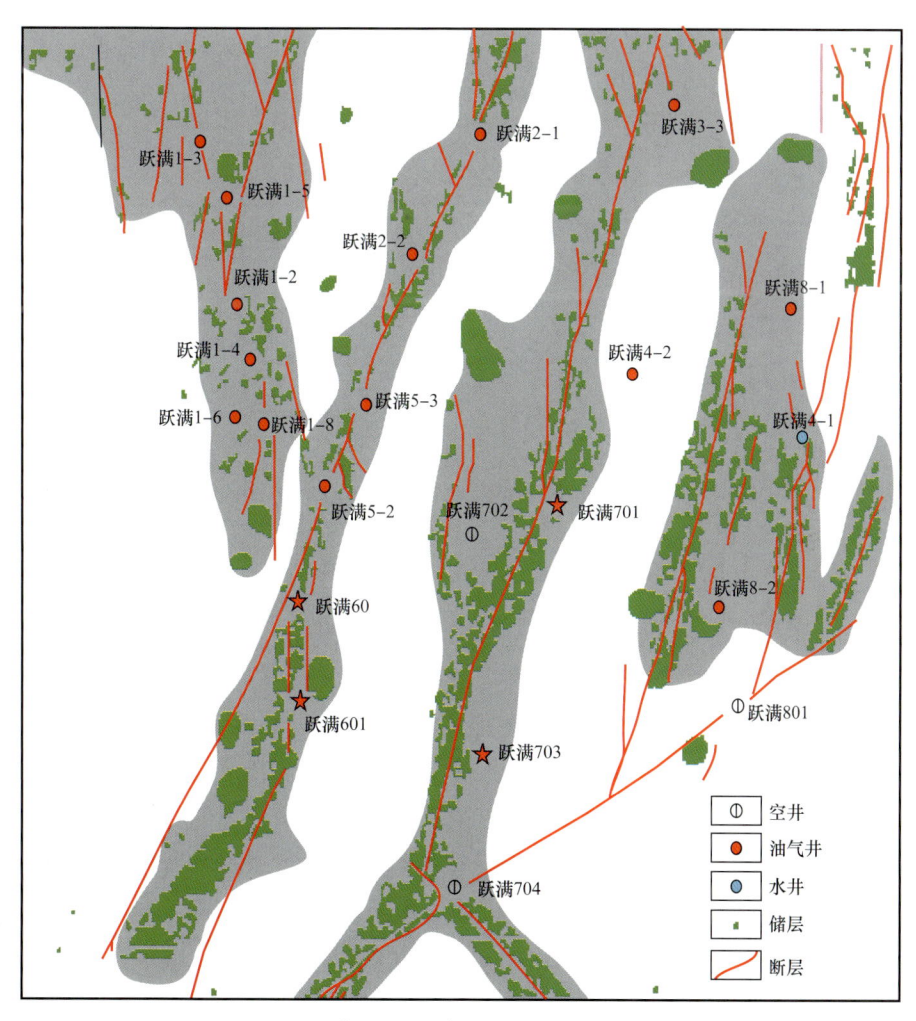

图 4-42 跃满区块奥陶系探明储量含油面积图

总之，深层海相碳酸盐岩层系发育干酪根型和液态烃裂解型两大类烃源灶，都可规模供烃；受古隆起、古斜坡、古台缘与多期继承性断裂带控制，发育多个勘探"黄金带"。尽管不同构造部位油气富集程度有差异，但油气分布范围广、储量规模大，碳酸盐岩层系勘探前景乐观。近年塔里木、四川等盆地碳酸盐岩勘探持续获得突破，展示出深层良好的油气勘探前景。特别是四川盆地川中地区近期新发现的寒武系龙王庙组大气田，不仅储量规模大，单体储量规模达到 $4404 \times 10^8 m^3$，而且单井产量高，试采效果好，日产百万立方米以上的井十口，无阻流量最高达 $1035 \times 10^4 m^3$，试采井日产规模达 $480 \times 10^4 m^3$。随着地质认识的深化与工程技术进步，碳酸盐岩领域将会为中国油气工业发展做出重大贡献，油气远景值得期待。

三、深层多勘探黄金带

近年来，四川、塔里木和鄂尔多斯等盆地勘探表明中国碳酸盐岩油气具有多层系富集的特点，特别是深层勘探潜力巨大，目前勘探深度突破6000m，远远超出挪威学者提出的勘探"黄金带"下限。基于国内叠合盆地发育多旋回性，总结多源、多储、多期成藏的石油地质特征，提出多勘探"黄金带"理论认识，针对国内叠合盆地发育多套烃源岩、多套储层，油气多期成藏的特点，指出各种成藏要素的时空耦合可形成多个油气富集层系（区带），表现为多勘探"黄金带"。多勘探"黄金带"理论认识的提出，揭示中国叠合盆地深层勘探潜力超出预期，勘探前景乐观。

（一）多勘探"黄金带"的内涵

20世纪70年代，蒂索提出的干酪根生烃模式明确了生烃门限、液态石油窗和干气阶段等概念与干酪根演化的空间分布和温度范围。其中，液态石油窗对应的地下温度为60~120℃，相应的热演化程度 R_o 值为0.6%~1.2%，成为油气勘探的主要深度范围，挪威学者称之为勘探"黄金带"。中国叠合盆地深层发育的海相层系时代古老，烃源岩热演化程度高、有机质演化充分，早期曾大规模生油，滞留于烃源岩内尚未排出的分散液态烃在进入高—过成熟阶段以后又可以大规模生气，生烃过程具有"双峰"式特点。同时，叠合盆地往往发育多期、多层系烃源岩，同一层烃源岩又可形成多个烃源灶。这些烃源灶由于差异演化，生油生气历史也有差异。烃源岩的多层系发育与多期、多源生烃，加上地质历史时期多期发育的储集体，油气多期成藏，油气富集具有纵向上呈多层系、平面上呈多带、多区的特点。如果将控制油气富集的每一层系视为一个勘探"黄金带"，那么叠合含油气盆地这样的勘探"黄金带"就不是一个，而会有多个（图4-43）。

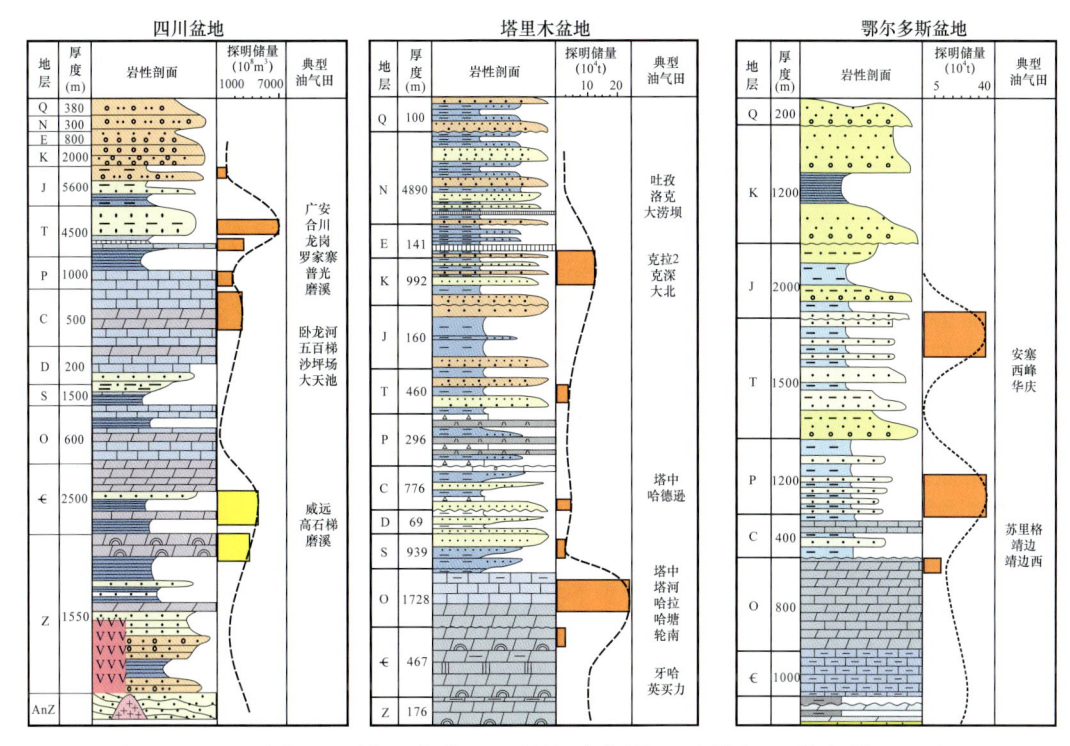

图 4-43 四川盆地、塔里木盆地、鄂尔多斯盆地多勘探"黄金带"示意图

四川盆地震旦系至中三叠统为海相碳酸盐岩沉积层序，晚三叠世以后因周缘山系隆升，盆地被封闭，逐渐转为陆相碎屑岩沉积层序，盆地至少存在五个勘探"黄金带"，自下而上依次为震旦系—寒武系、石炭系、二叠系—下三叠统、上三叠统须家河组及侏罗系。从勘探历程看，石炭系"黄金带"勘探历时 20 余年，探明天然气地质储量 $2412 \times 10^8 m^3$；二叠系—下三叠统礁滩体"黄金带"勘探历时 16 年，探明天然气地质储量 $2922.3 \times 10^8 m^3$；三叠系须家河组"黄金带"勘探历时 9 年，探明天然气地质储量 $7065.79 \times 10^8 m^3$。震旦系—寒武系勘探"黄金带"，自 20 世纪 60 年代发现威远气田后，数十年勘探无进展。2011 年以高石 1 井突破为标志，目前已发现磨溪龙王庙组整装大气田，探明天然气地质储量 $4404 \times 10^8 m^3$，预计储量规模在万亿立方米以上。此外，盆地二叠系栖霞组—茅口组及三叠系嘉陵江组和雷口坡组都有获得新突破的潜力，有望成为新的勘探"黄金带"。勘探证实，塔里木、鄂尔多斯等叠合含油气盆地同样发育多个勘探"黄金带"。

（二）多勘探"黄金带"的特点

叠合盆地多勘探"黄金带"不同于以往所说的多层系含油，是针对中国叠合盆地特点对其成藏的内在规律的总结：（1）烃源灶具有多期性。叠合含油气盆地因差异沉降与多阶段演化，使得纵向上不同层系、平面上不同凹陷烃源岩呈多源、多期供烃。特别强调滞留于烃源岩内的液态烃数量相当可观，高—过成熟阶段进一步裂解形成的天然气数量大，是一类天然气晚期成藏和有效成藏的气源灶，是突破传统"黄金带"勘探禁区的重要资源贡献者；（2）储层发育具有多阶段性。叠合盆地受多旋回沉积构造演化与多种地质因素综合作用，从而发育多套规模有效储层。碳酸盐岩建设性成岩作用贯穿地史不同阶段，储层发育范围从中浅层至中深层甚至超深层均有分布。平面上多套储层可叠合连片，纵向上多层系规模分布。在油气源充沛和源储配置关系适宜条件下，可以大规模、多层系成藏；（3）成藏多期性与晚期有效性。由于烃源灶多期生烃和在几期大的油气运移期或期后发生的多次构造运动，使油气的成藏出现多期性。其中有从烃源灶经二次运移成藏的原生油气藏，也有已经形成的油气藏在后期构造变动中发生调整、到达新层系和新圈闭中的调整成藏，还有同一烃源灶由于差异埋藏所表现出的分地域发生的多次成藏过程，以及随着热演化程度的升高，同一烃源灶由生油向生气的多阶段生烃，这些因素必然导致成藏的多阶段性。

（三）多勘探"黄金带"的意义

叠合盆地发育多个勘探"黄金带"的提出，是对中国近年油气发现规律认识的深入总结，也是油气地质理论的继承与发展，将对叠合盆地油气勘探，特别是叠合盆地深层油气勘探具有重要的指导与借鉴意义。

1. 多勘探"黄金带"使储量多峰增长，发现历史长

叠合盆地多旋回构造沉积演化，造就油气分布多层系富集的特点，勘探有多个"黄金带"。近期的勘探实践表明，当一个"黄金带"勘探成熟后，随着认识的深化和工程技术的进步，新的"黄金带"又会被发现，储量增长具有多峰、多阶段的特点。如四川盆地震旦—寒武系勘探，如果基于传统石油地质理论，川中古隆起区整体处于高—过成熟阶段（R_o>2.5%），难以规模成藏。"接力生气"和"双峰式"生烃认识的提出，改变了川中古隆起深层成藏认识。深层多套优质烃源岩的发现、基于分散液态烃（源内和源外）和古油藏裂解成气认识的重新评价及深层钻探技术的成熟，催生高石梯—磨溪万亿立方米级大气田的发现，将四川盆地天然气勘探推向新的发展阶段。川中高石梯—磨溪地区油气发现历程表明，叠合盆地由于成藏历史复杂，勘探过程不是一帆风顺的，都会经历实践、认识、再实践、再认识的过程，如此反复，逐步逼近地下实际。这就决定了叠合盆地勘探过程复杂，发现历史长，同时也是勘探潜力所在。

2. 生烃历史完整，资源潜力超预期

中国发育的大型叠合含油气盆地，通常发育常规烃源岩形成的烃源灶、液态烃裂解气源灶两类烃源灶。常规烃源岩形成的烃源灶，一般经历了完整的

"生油"和"生气"两个生烃高峰，烃源岩演化充分，生烃总量大。液态烃裂解气源灶，包括烃源岩内尚未排出的分散液态烃、"半聚半散"状液态烃及古油藏后期裂解形成的气源灶。前期的资源评价，考虑了古油藏裂解对天然气成藏的贡献，但"半聚半散"的液态烃及烃源岩内尚未排出的分散状液态烃裂解气对成藏的贡献并未考虑。塔里木盆地古城地区古城6井的突破，证实了这类源灶勘探的现实性，可以为叠合盆地深层规模成藏做出重要贡献。如果考虑这部分液态烃晚期裂解成气对成藏的贡献，塔里木盆地下古生界天然气资源量 $4.2 \times 10^{12} m^3$，较第三次资源评价结果增加1.3倍；四川盆地川中震旦—寒武系成气总量为 $12.8 \times 10^{12} m^3$，较第三次资源评价结果高出 $2.4 \times 10^{12} m^3$。这表明，中国深层天然气资源潜力大大超出预期，深层发现前景更好。

3. 叠合盆地深层有经济资源，勘探前景乐观

叠合盆地深层发育的干酪根型烃源灶和液态烃裂解型气源灶两类源灶，都可以规模供烃；受古隆起、古斜坡、古台缘与多期继承性断裂带控制，深层发育多套规模有效储层，进而形成纵向上相互叠置、横向上复合连片的多个勘探"黄金带"。尽管不同构造部位油气富集程度有差异，但油气分布范围广，储量规模大，叠合盆地深层有经济资源，值得探索。近年塔里木、四川等盆地深层勘探持续获得突破，展示出深层良好的油气勘探前景。特别是四川盆地川中地区近期新发现的寒武系龙王庙组大气田，不仅储量规模大，单体储量规模达到 $4404 \times 10^8 m^3$；而且单井产量高，试采效果好，日产百万立方米以上的井10口，无阻流量最高 $1035 \times 10^4 m^3$，试采井日产规模达到 $480 \times 10^4 m^3$。勘探效益很好，储量发现成本不到0.4美元/bbl。塔里木盆地无论是台盆区的古老碳酸盐岩，还是库车前陆区中—新生界碎屑岩，工业产能深度都已突破7000m下限。

总之，勘探"多黄金带"是对中国叠合盆地多期构造叠置、多套源储配置、多期成藏特点的系统认识。以"多黄金带"为指导，综合分析中国深层碳酸盐岩大油气田形成机理，解剖成藏要素，明确在多套海（陆）相沉积层序在垂向上叠置与不同时代多类型沉积盆地在平面上复合的复杂地质背景下，古隆起、古斜坡、古台缘带与多期继承性发育的断裂带控制着不同层段油气藏最有利成藏条件，这也是进行多"黄金带"勘探的重点目标。预计随着地质认识深化与工程技术进步，深—超深层油气领域将会为中国油气工业发展做出重大贡献，油气远景值得期待。

第五章　中国陆上深层油气田勘探展望

随着中国经济快速增长及油气供给的相对短缺，深层油气将会在中国油气资源可持续发展中占有举足轻重的地位，深层油气资源将成为能源安全的重要战略领域。陆上深层油气资源集中于深层碳酸盐岩、深层碎屑岩及深层火山岩三大领域，建成了一批以深层为主的油气田，如普光气田、元坝气田、安岳气田、克深气田、塔河油田、顺北油田等。随着开发技术的进一步完善，陆上深层将是"十三五"乃至未来油气开发的主要领域之一。依据现有的成藏地质分析，深层油气有三大有利勘探领域，包括膏岩—碳酸盐岩组合、中—新元古界及冲断带深层多层系。通过对油气藏数据的整理及软件的编制，确定深层有利区带评价的参数、标准和方法流程，形成的深层勘探有利区带评价技术可为深层油气资源潜力评价、有利区带评价和勘探目标落实提供支撑。

第一节　中国陆上深层油气勘探前景

深层油气是国际油气勘探发现的重点领域，也是中国"十三五"期间油气增储上产的关键领域。深层油气领域探明储量比例较低，剩余资源量巨大，尤其是深层碳酸盐岩剩余资源量所占比例比其他岩性剩余资源量总和还多，勘探潜力巨大。基于成藏认识，优选了"十三五"深层油气勘探的现实区带，包括碳酸盐岩区带五个、碎屑岩区带七个、火山岩区带四个。

一、深层油气资源潜力

现今油气勘探，在勘探深度上，由中浅层向深层、超深层拓展；在资源类型和领域上，由常规油气为主向常规与非常规油气并重方向发展，埋深大于4500m的深层已成为国际上油气增储上产的重要领域。目前，全球已发现的深层储量占总储量的40%，近5年中国深层石油产量从1.21×10^8t增长到1.5×10^8t；深层天然气产量从$1054\times10^8m^3$增长到$1400\times10^8m^3$，在深层碳酸盐岩、碎屑岩、火山岩三大领域都取得了一系列重大突破，超深层及古老地层油气勘探潜力巨大。以库车、元坝大型气田为代表，超深层（>7000m）天然气储量规模超万亿立方米；塔北—塔中过渡带（7200~7500m）、库车克深—大北（6900～7500m）等为代表的超深层石油取得重大突破；以四川盆地安岳特大型气田为代表，元古宇—寒武系天然气储量规模超过 $1.56\times10^{12}m^3$。按全国新一轮资源评价成果，深层剩余油气资源丰富，资源探明率较低（油5.9%、气6.1%），发现新储量潜力大。剩余石油资源量达 304×10^8t，探明储量 18×10^8t，剩余资源量达 286×10^8t；剩余天然气资源量达 $26.88\times10^{12}m^3$，探明储量 $1.64\times10^{12}m^3$，剩余资源量达 $25.24\times10^{12}m^3$。从表5-1统计看，深层碳酸盐岩剩余资源量比例较高，勘探潜力大，原油剩余量 93.8×10^8t 占57.5%，天然气更高，剩余量 $11.5\times10^{12}m^3$ 占76.8%；深层碎屑岩剩余资源量次之，火山岩及变质岩剩余资源所占比例最低。

表5-1 深层油气资源潜力统计表

领域	石油资源（10^8t）				天然气资源（$10^{12}m^3$）			
	资源量	探明储量	剩余资源量	剩余资源量比例（%）	资源量	探明储量	剩余资源量	剩余资源量比例（%）
深层碳酸盐岩	98.7	4.9	93.8	57.5	11.8	0.3	11.5	76.8
深层碎屑岩	48.6	2.1	46.5	28.5	3.17	1.1	2.07	13.8
深层火山岩	22.1	4.8	17.3	10.6	2	0.6	1.40	9.4
深层变质岩等	7.0	1.5	5.5	3.4				
合计	176.4	13.3	163.1	100.0	16.97	2.0	14.97	100.0

二、深层油气勘探前景

（一）深层碳酸盐岩

海相碳酸盐岩领域，已经成为"十三五"油气勘探的重点。基于成藏认识，优选塔里木盆地哈拉哈塘、塔中、鄂尔多斯下古生界、川中龙王庙组、川中灯影组五个现实区带（表5-2），增储以气为主（$7500\times10^8m^3$），占规划的27%；优选古城南北垒带、塔中寒武系盐下、靖边下古生界盐下、蜀南—川中震旦—寒武系、川中栖霞组—茅口组五个接替区带；优选六个准备区带，即满西低隆、巴楚寒武系盐下、鄂尔多斯盆地东部奥陶系、中—新元古界裂陷槽、川东北二叠系—三叠系礁滩、川东震旦系—寒武系。

表 5-2 "十三五"碳酸盐岩油气勘探前景统计表

序号	盆地	区带	资源量（油 10^8t）（气 10^8m^3）	基本情况 剩余控制预测储量	已探明	探明率	未来五年增储潜力	领域类型
1	塔里木盆地	哈拉哈塘	10（油）	0.93×10^8t（控制）	2.2×10^8t	22%	1.5×10^8t	现实
2		塔中	12000（气）	控制+预测储量 2886×10^8m^3	4012×10^8m^3	33%	1500×10^8m^3	现实
3		塔中（寒武系盐下）	4000（气）	中深1C获发现，有利面积2100km²				接替
4		古城南北垒带	5100（气）	古城6获发现，有利面积4300km²				接替
5		满西低隆		早期古隆、后期保存条件有利				准备
6		巴楚寒武系盐下		继承性古隆，成藏条件好				准备
7	鄂尔多斯盆地	下古生界	25000（气）	控制+预测储量 1533×10^8m^3	6547×10^8m^3	26%	1500×10^8m^3	现实
8		靖边（下古生界盐下）	1000（气）	桃38、靳探1获突破，面积1115km²				接替
9		东部奥陶系		古隆起东侧奥陶系中组合勘探取得勘探突破				准备
10		中—新元古界裂陷槽		发育多套富有机碳烃源岩，微生物岩建设性成岩作用形成规模储层				准备
11	四川盆地	川中龙王庙	42600（气）	预测储量528×10^8m^3	4404×10^8m^3	10%	1500×10^8m^3	现实
12		川中灯影组	24400（气）	控制+预测储量 9575×10^8m^3			3000×10^8m^3	现实
13		蜀南—川中（震旦—寒武系）	5000（气）	荷深1、南充1获发现，有利面积1860km²				接替
14		川中（栖霞组—茅口组）	5000（气）	南充1获发现，有利面积5000km²				接替
15		川东震旦—寒武系		寒武系烃源岩发育，滩相白云岩储层大面积分布				准备
16		川东北二叠—三叠系礁滩		坡西龙岗与相邻普光、铁山坡等气藏成藏条件相似				准备

（二）深层碎屑岩

"十三五"期间，深层碎屑岩现实勘探领域（表5-3）包括库车深层天然气、四川须家河组天然气、准噶尔腹部岩性地层，总面积达 $9.5\times10^4\text{km}^2$，包含 $8\times10^8\text{t}$ 石油及 $(4.5\sim5.2)\times10^{12}\text{m}^3$ 天然气。油气接替勘探领域包括七大区带，即渤海湾深层碎屑岩、塔里木盆地海相砂岩、准噶尔深层致密砂岩气、塔西南深层油气、吐哈盆地台北凹陷致密气、三塘湖盆地致密油及松辽盆地深层致密气，勘探总面积约 $34\times10^4\text{km}^2$，资源量包括 $(29.8\sim42.3)\times10^8\text{t}$ 油及 $(5.5\sim9.0)\times10^{12}\text{m}^3$ 天然气。

表5-3 "十三五"碎屑岩油气勘探前景统计表

领域类型	勘探领域	有利条件	勘探面积（10^4km^2）	资源规模
现实	库车深层天然气	有利的源储配置，稳定的膏盐盖层	2.3	$(2.69\sim3.42)\times10^{12}\text{m}^3$
现实	四川须家河组天然气	煤系生烃中心，有利储集砂体，形成"三明治"结构	3.8	$1.8\times10^{12}\text{m}^3$
现实	准噶尔腹部岩性地层	多个生烃凹陷，大规模沉积体系和有利的运聚条件	3.4	$8\times10^8\text{t}$
接替	渤海湾深层碎屑岩	Es1—Es4洼槽和斜坡远岸水下扇、辫状河（扇）三角洲前缘砂体发育，与主力烃源岩近距离大面积接触，超压充注成藏	6.5	油 $(15\sim20)\times10^8\text{t}$ 气 $(1.0\sim2.0)\times10^{12}\text{m}^3$
接替	塔里木盆地海相砂岩	砂体连通性好，处于古隆起斜坡背景，断裂或不整合面输导体发育，保存条件好，具有形成大规模油气聚集的有利成藏条件	20	油 $(8.5\sim14)\times10^8\text{t}$ 气 $(0.5\sim1)\times10^{12}\text{m}^3$
接替	准噶尔深层致密砂岩气	致密砂岩大规模分布，源储配置有利	2	$(0.8\sim1.2)\times10^{12}\text{m}^3$
接替	塔西南深层油气	三套主力烃源岩：C、P、J；三套含油气层系：新近系、古近系、白垩系	3	油 $3.3\times10^8\text{t}$ 气 $1.3\times10^{12}\text{m}^3$
接替	吐哈盆地台北凹陷致密气	吐哈盆地成熟的煤系烃源岩内大面积致密砂体有利于形成大型致密砂岩气藏	1	$(0.6\sim0.9)\times10^{12}\text{m}^3$
接替	三塘湖盆地致密油	致密砂岩大规模分布，源储配置有利	0.4	$(3\sim5)\times10^8\text{t}$
接替	松辽盆地深层致密气	多断陷有利烃源岩，砂体大面积分布，保存条件好	1.3	$(1.32\sim2.53)\times10^{12}\text{m}^3$

（三）深层火山岩

陆上深层火山岩面积 $36\times10^4 km^2$，资源量约 $50\times10^8 t$ 油当量，探明率 10%，潜力大。现实领域（表 5-4）包括准噶尔盆地石炭系及二叠系、松辽盆地侏罗系及白垩系、三塘湖盆地石炭系及二叠系、渤海湾盆地侏罗系及古近系，勘探面积达 $14\times10^4 km^2$，剩余资源量包括 $11.3\times10^8 t$ 油和 $2.97\times10^{12} m^3$ 气。接替领域包括塔里木盆地二叠系、吐哈盆地石炭系及二叠系、四川盆地二叠系，勘探面积达 $17.5\times10^4 km^2$，资源量包括 $6.5\times10^8 t$ 油和 $1\times10^{12} m^3$ 气。

表 5-4 "十三五"火山岩油气勘探前景统计表

领域类型	勘探领域	有利条件	勘探面积（$10^4 km^2$）	资源规模	探明储量
现实	准噶尔盆地 C、P	风化壳储层、火山岩与烃源岩有效配置，8个残留断陷	6	油 $9.6\times10^8 t$ 气 $0.8\times10^{12} m^3$	油 $3.3\times10^8 t$ 气 $1266\times10^8 m^3$
	松辽盆地 J、K	火山岩体叠置发育，26个凹陷具备良好生气条件	5	气 $2\times10^{12} m^3$	油 $196\times10^4 t$ 气 $4560\times10^8 m^3$
	三塘湖盆地 C、P	火山岩风化壳、火山岩体发育，与烃源岩配置良好	1	油 $3.5\times10^8 t$	油 $4730\times10^4 t$
	渤海湾盆地 J、E	火山岩体位于烃源岩中，有利成藏	2	油 $3\times10^8 t$ 气 $0.8\times10^{12} m^3$	油 $9971\times10^4 t$
接替	塔里木盆地 P	火山岩风化壳及岩体与下伏烃源岩形成良好生储组合	13	油 $3\times10^8 t$	
	吐哈盆地 C、P	火山岩风化壳及岩体紧邻烃源岩	2	油 $3.5\times10^8 t$ 气 $0.55\times10^{12} m^3$	
	四川盆地 P	火山岩与下伏烃源岩良好配置	2.5	气 $0.45\times10^{12} m^3$	$30\times10^8 m^3$

第二节　深层油气有利勘探领域

中国陆上深层具备形成大油气田的地质条件和资源基础，勘探潜力大，就目前地质研究来看，有三个深层油气勘探领域值得关注。现今全球，膏盐岩—碳酸盐岩组合是发现油气的重要领域，中国三大海相盆地广泛发育膏盐岩—碳酸盐岩组合，但目前勘探认识程度较低，一旦突破将成为重要接替领域；国内外勘探已证实中—新元古界可以找到大油气田，中国中—新元古界油气地质条件有利，具很大的成藏潜力；冲断带深层多层系值得关注，一般来说烃源与构造不成问题，关键是储层的规模性与圈闭有效性。

一、膏盐岩—碳酸盐岩组合

全球看,膏盐岩—碳酸盐岩组合是发现油气的重要领域,占海相碳酸盐岩总储量的65%。全球含膏盐沉积盆地115个(图5-1),与油气有关盆地97个,其中66个富含油气,截至2012年发现石油可采储量 $665 \times 10^8 t$ 和天然气可采储量 $103 \times 10^{12} m^3$。如普里皮亚特盆地在泥盆系发现 $1221.32 \times 10^6 bbl$ 油和 $6575.2 \times 10^8 ft^3$ 气,库姆盆地Alborz和Sarajeh油田在寒武系获得 $49.25 \times 10^6 bbl$ 油和 $2558.0 \times 10^8 ft^3$ 气,阿曼盆地在AlKhlata和Amin构造带分别获得 $855.75 \times 10^6 bbl$ 和 $1925.8 \times 10^8 ft^3$ 气, $611.77 \times 10^6 bbl$ 油和 $81191.3 \times 10^8 ft^3$ 气。

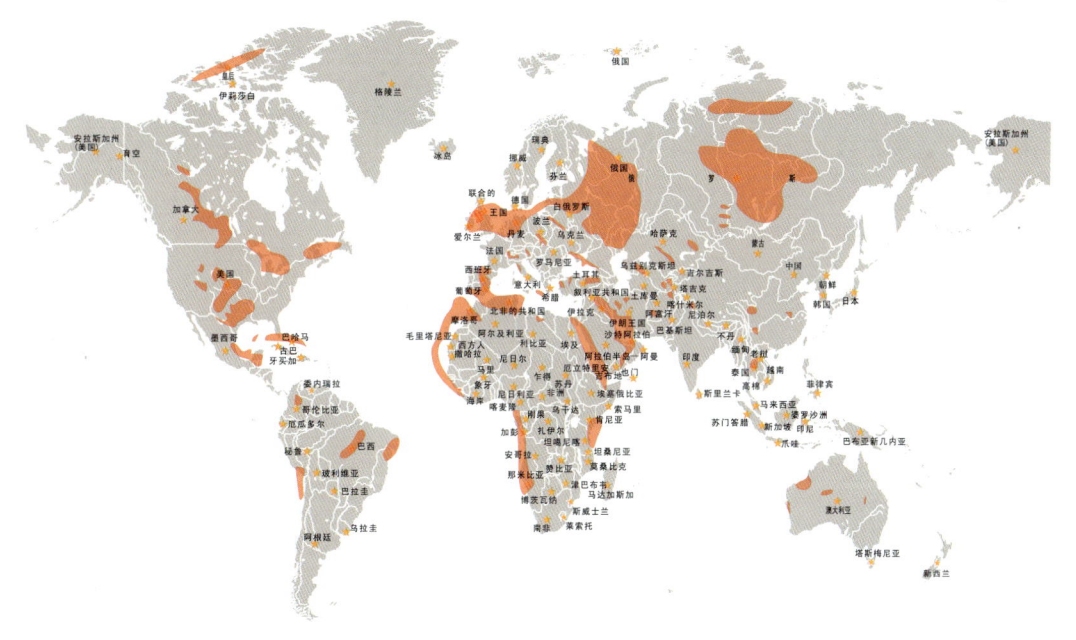

图5-1 全球含膏盐沉积盆地分布图

中国三大海相盆地广泛发育膏盐岩—碳酸盐岩组合,目前油气勘探及认识程度较低,一旦突破将成为重要接替领域。第一,中国膏盐岩—碳酸盐岩组合分布广泛,近期勘探获得重要发现。三大克拉通盆地都有膏盐岩—碳酸盐岩组合发育,尤其在寒武—奥陶系、石炭—二叠系及中—下三叠统三套地层层系。近期,四川龙王庙组发现规模储量,塔里木中深1井及鄂尔多斯马家沟组均获重要发现,初步评价有利面积 $1 \times 10^4 km^2$。第二,膏盐岩—碳酸盐岩组合成藏要素匹配,成藏潜力大。膏盐岩—碳酸盐岩组合发育优质烃源岩,有机质生烃潜力变大;与膏盐岩共生的颗粒滩可形成规模分布的白云岩储层;膏盐岩可做为良好盖层和滑脱层,盐下、盐上都发育构造圈闭;同时构造挤压环境可以在盐上、盐下产生不协调变形,形成盐上、盐下两类圈闭,以及断层和盐体错位等良好运移通道。

川东—蜀南寒武系可能发育盐下、盐上两类成藏组合。依据地震剖面及平衡剖面观点（图 5-2），建立川东深层构造新模式，发现盐上对冲构造发育，盐下大型构造发育；基于成藏条件研究，认为川东地区寒武系可能发育盐下、盐上两种成藏模式。盐上成藏组合目的层为洗象池组、龙王庙组、奥陶系，构造圈闭面积 1370km²，盐下成藏组合目的层为灯影组，构造圈闭面积 488km²，而盐下目的层埋深偏大，深层资料品质较差，圈闭落实及储层预测难度大，有一定的勘探风险。

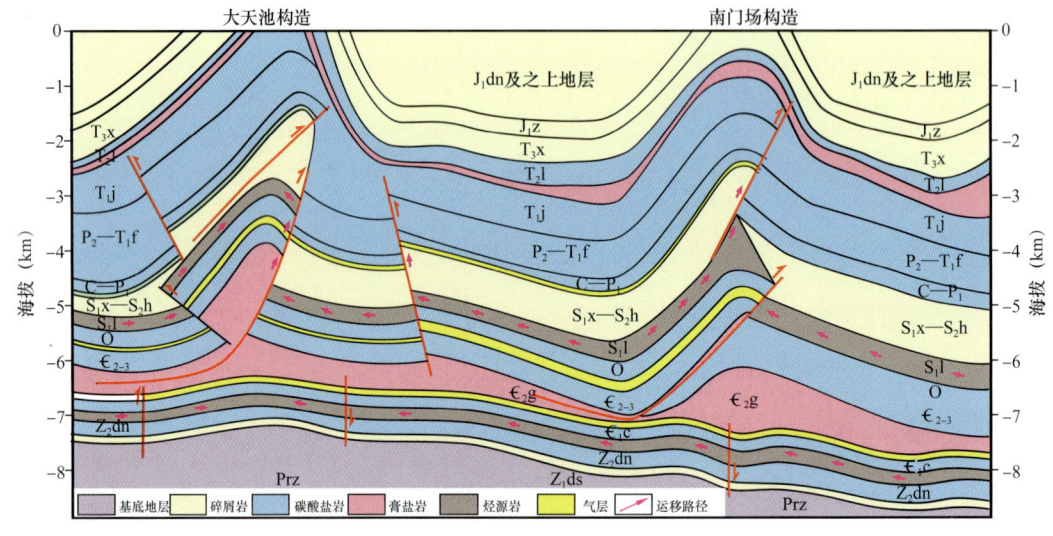

图 5-2　川东寒武系盐下—盐上膏盐岩发育地质剖面图

塔里木盆地寒武系盐下白云岩及鄂尔多斯盐凹内环带颗粒滩是有利勘探目标。塔里木盆地 8000m 以浅的有利区带（图 5-3）分布在巴楚东—塔中、塔北台缘、古城台缘、墨玉—玉龙及柯坪—巴楚北，Ⅰ类面积近 $1.7 \times 10^4 km^2$，Ⅱ类面积达 $1.15 \times 10^4 km^2$。由于埋深偏大、目标识别及储层预测难度较大，风险也相对较大。鄂尔多斯盆地多口井在马五$_{7-9}$获工业气流，如桃 38 井、靳探 1 井、统 74 井及统 75 井（图 5-4），其有利勘探目的层为马五$_7$、马五$_9$及马四段，证实盐凹周缘颗粒滩［面积约 $(1.5 \sim 2.0) \times 10^4 km^2$］及盐下颗粒滩［$(1.0 \sim 1.5) \times 10^4 km^2$］具有很好的气藏勘探前景，但是盐下烃源灶的规模使得勘探具有一定的风险。

二、中—新元古界

国内外勘探已证实中—新元古界可以找到大油气田（图 5-5）。俄罗斯发现 64 个油气田，截至 2005 年底探明储量和控制储量达 $22.36 \times 10^8 t$ 油当量，阿曼 90% 以上石油产量来自新元古界—下寒武统烃源岩，印度巴格哈瓦拉油田新元古界—寒武系地质储量 $6.28 \times 10^8 bbl$，中国高石梯—磨溪震旦系含气面积 7500km²，探明天然气储量 $2201 \times 10^8 m^3$，控制储量达 $2038 \times 10^8 m^3$。

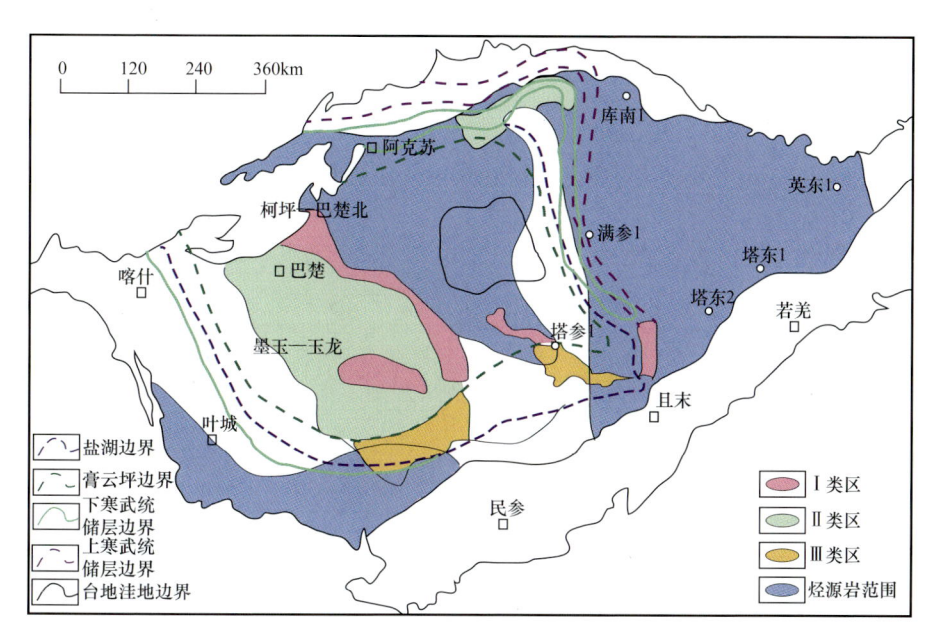

图 5-3 塔里木台盆区盐下勘探评价图

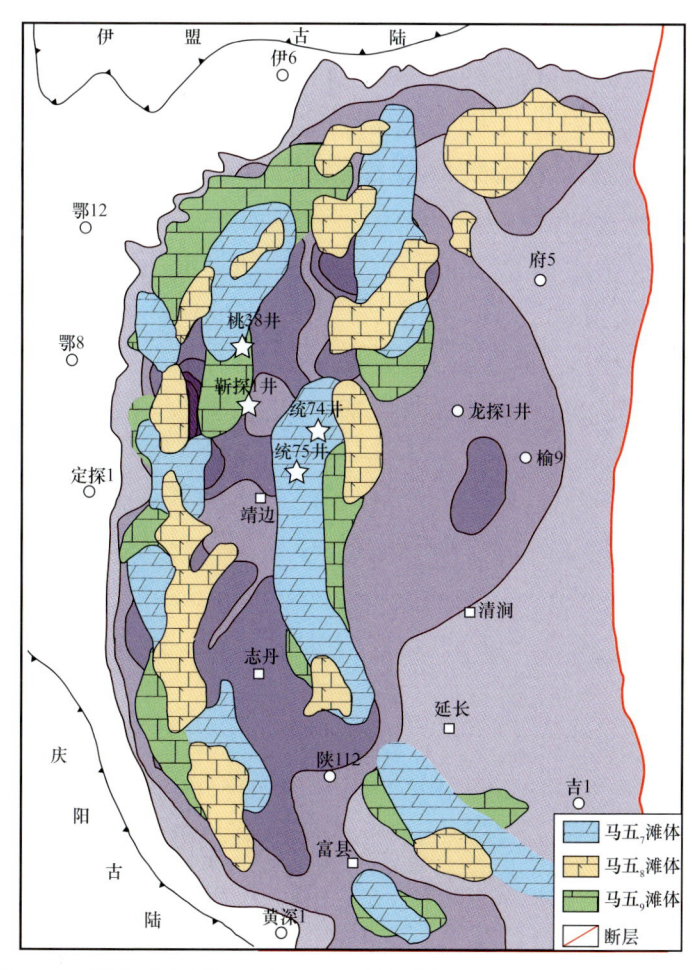

图 5-4 鄂尔多斯盆地马五$_{7-9}$颗粒滩与马五$_{5-10}$烃源岩叠合图

— 151 —

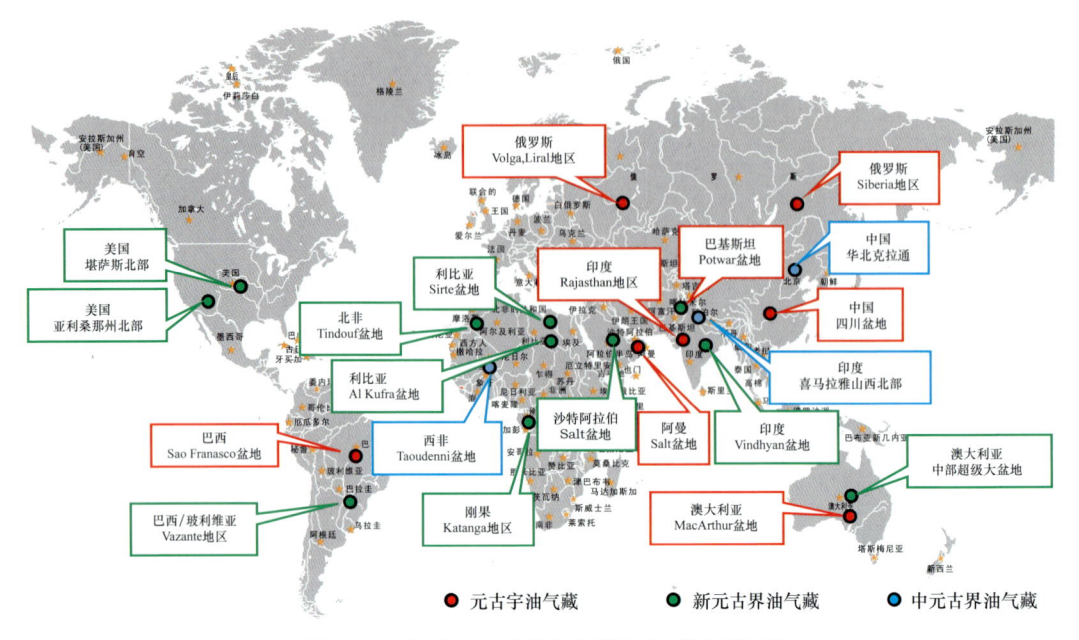

图 5-5　全球中—新元古界油气勘探发现

中国中—新元古界油气地质条件有利，具备成藏潜力。气候环境、间冰期、火山物质、放射性等因素促进低等生物繁盛，中—新元古界发育古老优质烃源岩。同时，微生物岩经建设性成岩作用可形成规模储层。四川盆地高科 1 井元古宇灯四段（图 5-6）发育凝块石、泡沫绵层、颗粒白云岩等微生物岩，发育微生物格架（溶）孔、晶间溶孔及溶蚀孔洞等孔隙类型，孔隙度 2%～10%（平均 3.3%），渗透率 1～10mD（平均 2.26mD），储层物性较好。

三大克拉通元古宙发育大型裂陷槽，勘探潜力值得重视。中国发育的华北、扬子和塔里木三大克拉通，保留了相对完整的元古宇—寒武系。中—新元古代克拉通内裂陷的形成、演化与发展规模对后期盆地发育、沉积岩相古地理格局及烃源岩的规模和储盖组合的都有重要影响，决定了中—新元古界的石油地质特征。

鄂尔多斯盆地（图 5-7a）深层发育北东走向长城系裂陷槽群，整体呈北东—南西向延伸。盆地北部的甘陕裂陷槽向东北延伸，可能与北缘兴蒙裂陷槽连通。盆地南部的晋陕裂陷槽向东延伸，进入沁水盆地并进一步东延与燕辽裂陷槽连通。鄂尔多斯盆地内部长城系可能存在有规模的烃源岩，分布于裂陷槽范围内，元古宇—寒武系可能存在长城系—蓟县系烃源岩作烃源灶，上覆古、中生界作储盖层的次生成藏组合。下一步有利勘探目标的选择，应优先考虑裂陷槽主体部位，在有深大断裂可将天然气输送到浅层古、中生界的区带上。

— 152 —

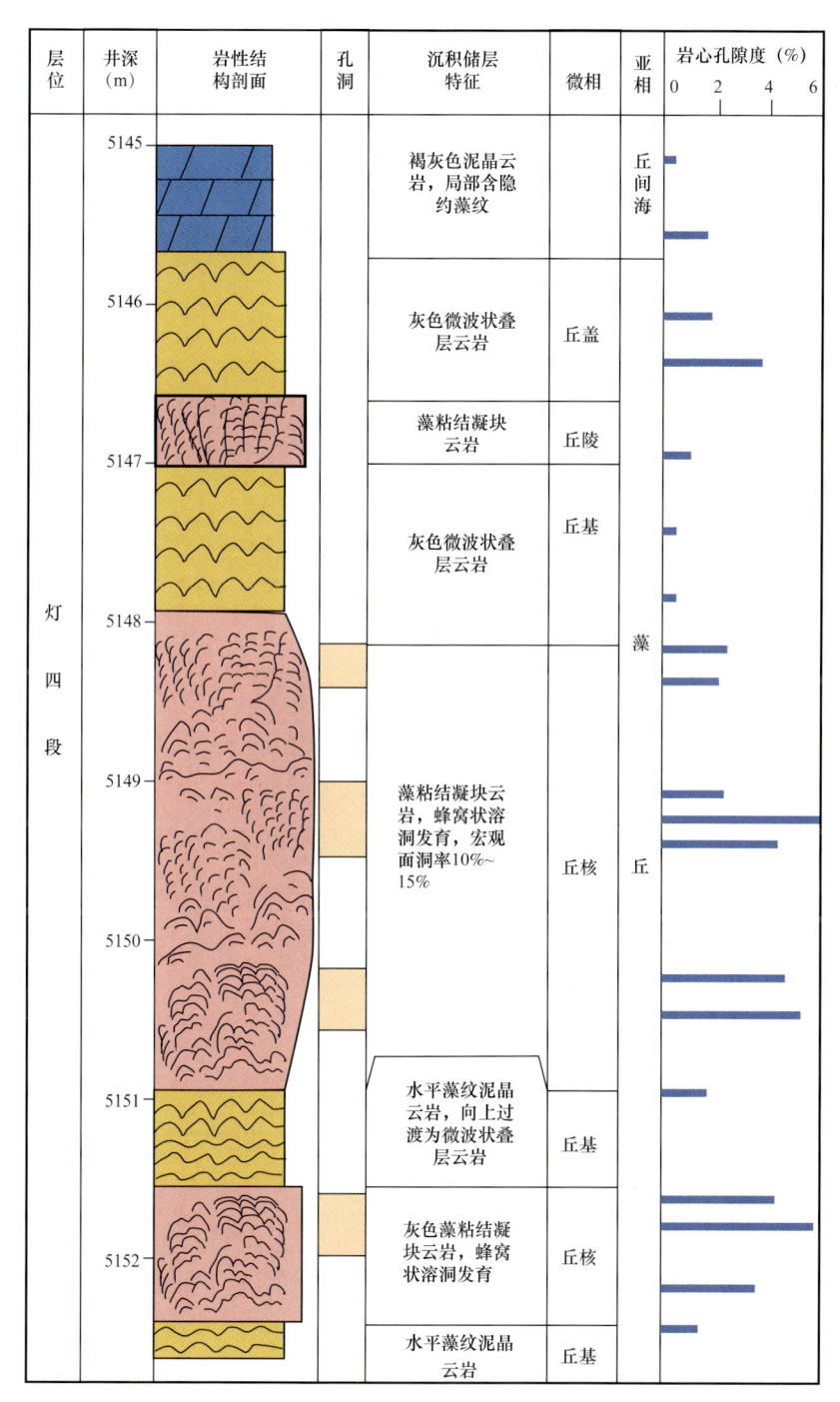

图 5-6 四川盆地高科 1 井元古宇发育的微生物岩储层

渤海湾盆地深层应该存在元古宇残留烃源岩,燕辽地区中—新元古界发现油苗 70 多处,在承德地区进行元古宇钻孔取心,发现洪水庄和串岭沟组多段岩心含油,且饱含原油,应该来自元古宇本身。综合判断,燕辽地区可能广泛发育元古宇烃源岩,热演化程度适中,目前尚处生油和生气早期阶段,在有古近—新近系覆盖且保存条件好的地区,如冀北坳陷、冀中坳陷北部等,应是寻找元古宇原生油气藏的有利地区。

塔里木盆地（图 5-7b）北部可能发育一个近东西走向克拉通内裂陷，南部发育两个北东走向克拉通内裂陷。目前盆内尚未钻遇该套烃源岩，仅在雅尔当山露头剖面的特瑞爱肯组中下部见到黑色泥页岩，厚 326.59m，TOC 值平均为 2.96%。推测塔里木盆地南华系—震旦系发育元古宇烃源岩的可能性大，是潜在的烃源层系。

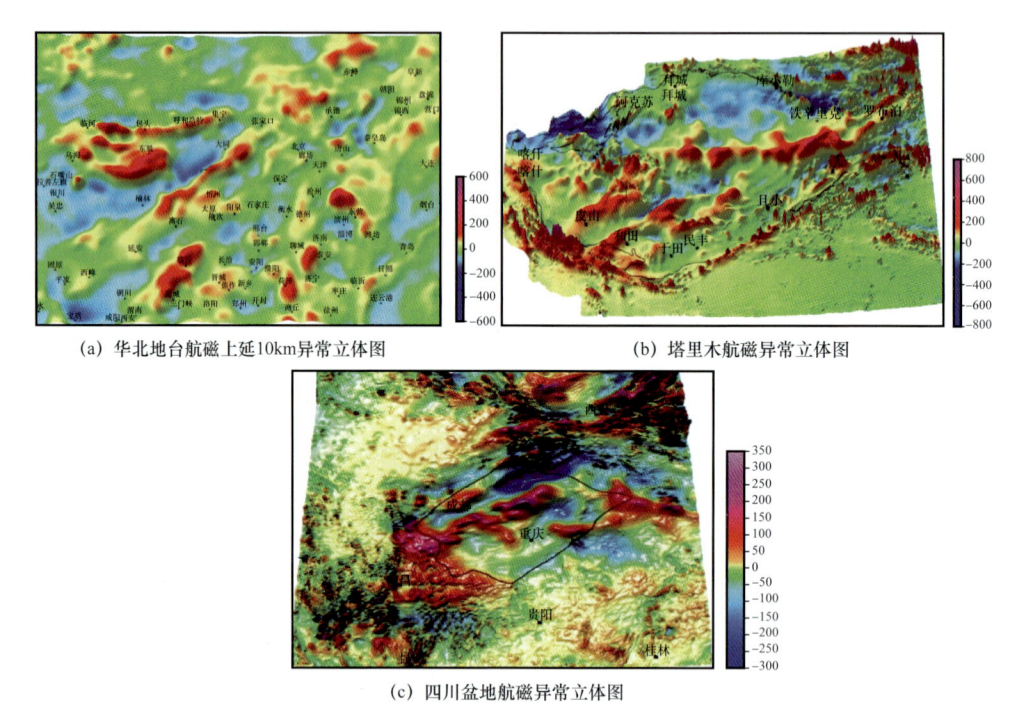

(a) 华北地台航磁上延10km异常立体图

(b) 塔里木航磁异常立体图

(c) 四川盆地航磁异常立体图

图 5-7　三大克拉通航磁异常分布图

四川盆地航磁异常表现为北东向带状展布（图 5-7c），推测四川盆地存在南华纪大型克拉通内裂陷。盆地演化经历了裂谷前期的火山活动和裂谷期的沉积充填，裂谷期充填厚度较大的碎屑岩。野外露头显示，震旦系陡山沱组、南华系大塘坡组都发育良好的烃源岩，震旦系中经建设性改造的微生物岩与寒武系及以上层系中发育的颗粒滩相碳酸盐岩可作为储层，可能形成的成藏组合有下生上储、新生古储及上生下储三种类型（图 5-8）。围绕控制烃源灶发育的裂陷槽周边分布的台缘隆起带，是有利成藏区带。

综上所述，中国华北、扬子和塔里木三大克拉通区中—新元古界均发育大型克拉通内裂陷，其所控制的烃源灶有规模，高—过成熟阶段热裂解成气潜力大。震旦系和寒武系及以上层系中的微生物碳酸盐岩、颗粒白云岩经多期建设性改造可以形成规模有效储层，勘探具现实性，找气潜力值得挖掘。下一步需要精细刻画克拉通内裂陷的展布，加强层序对比研究，评价优选有利勘探区，可望实现元古宇—寒武系油气勘探新突破。

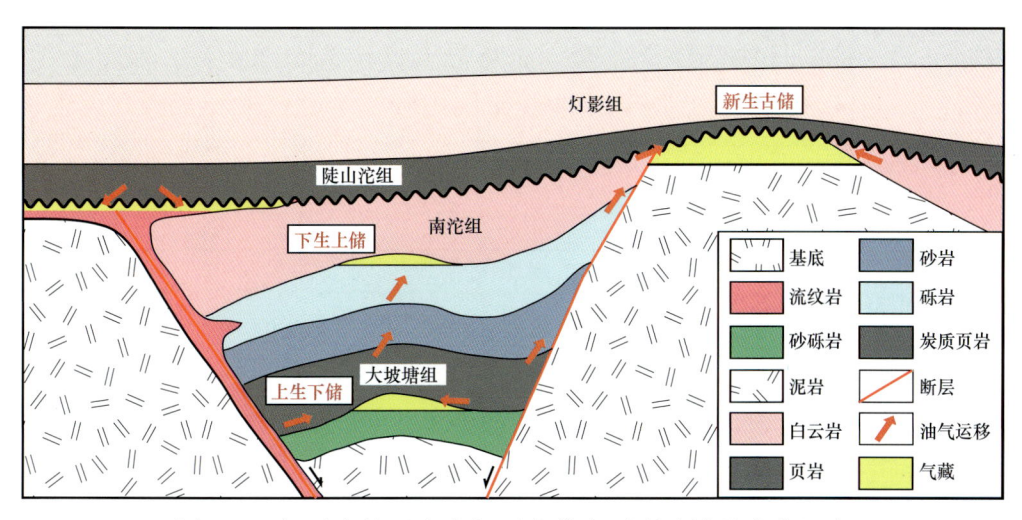

图 5-8　扬子克拉通发育新元古代大型裂陷槽的成藏组合

三、冲断带深层多层系

对于川西复杂构造带来说，烃源与构造不成问题，关键是储层的规模性与圈闭有效性。该区域发现规模气源灶 3 个（筇竹寺组、上二叠统、须家河组），冲断构造 4～7 排（图 5-9），发现气藏 18 个，含气构造 30 多个。其中不乏双探 1 井、川科 1 井等高产气流井，矿 2 井与矿 3 井相距 9km，矿 2 井栖霞组发育储层 44m，而矿 3 井无储层，川西南雾 1 井等多口井雷口坡组产水。川西北、川西南冲断带，储层目的层及圈闭完整性也有差异。

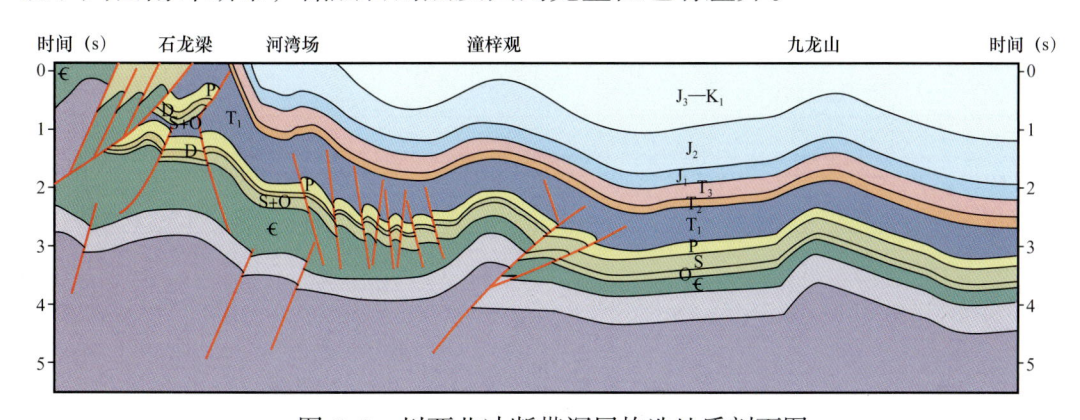

图 5-9　川西北冲断带深层构造地质剖面图

川西北海相多层系发育规模储层，储层评价及圈闭落实是关键。川西北地区已发现 7 套含气层系（奥陶系、栖霞组、茅口组、吴家坪组、长兴组、飞仙关组、雷口坡组），6 套有高能相带（震旦系、寒武系、栖霞组、长兴组、飞仙关组、雷口坡组），其中栖霞组值得重视。在川西北地区栖霞组沉积面积 5000～8000km^2（图 5-10），厚度 20～100m，储层孔隙度 2%～7.5%，沉积相发育台缘滩和台内滩，在野外碾子坝上发育台缘储层100m，在双探1井发育台内储层约20m。从构造稳定性看，冲断带下盘构造圈闭发育，保存条件好。以雷口坡嘉陵江膏盐岩为盖层，以冲断带层内断层为油气输导通道，发育成排成带的圈闭（图5-11），初步落实圈闭18个，面积370km^2，加强储层评价及断层下盘圈闭落实，优选钻探目标。

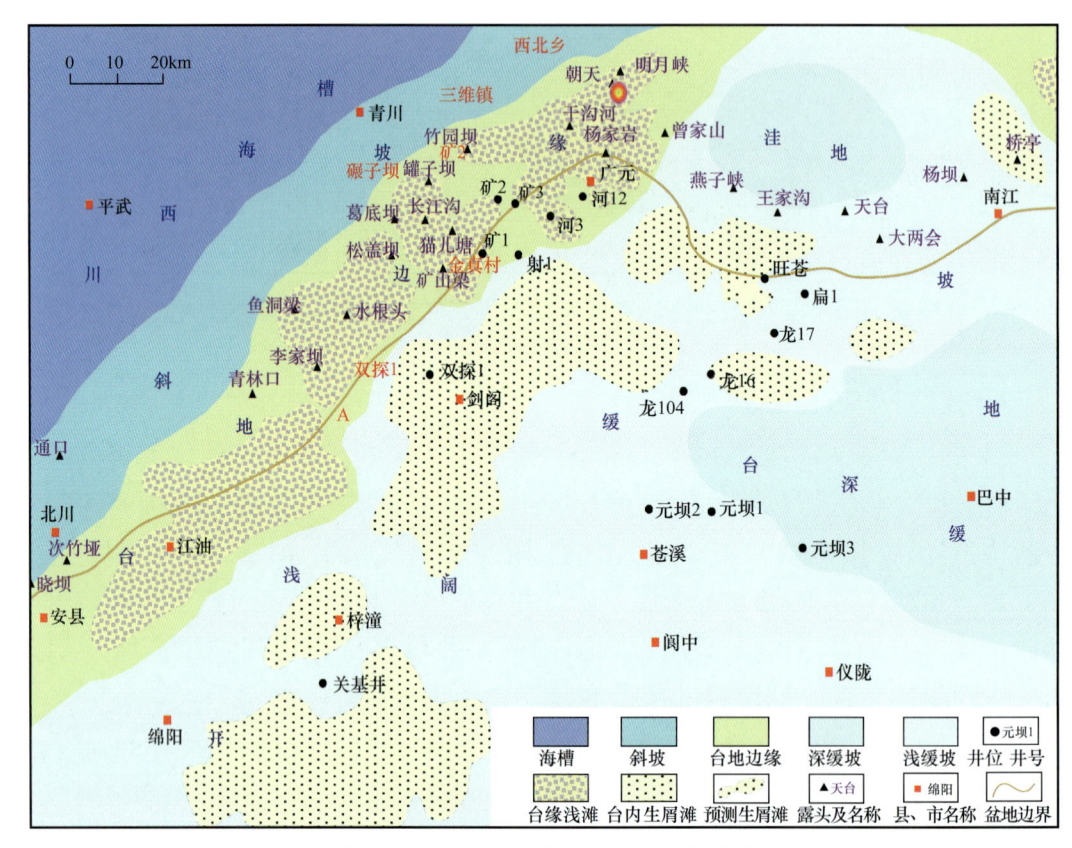

图5-10 川西北地区二叠系栖霞组沉积与岩相古地理图

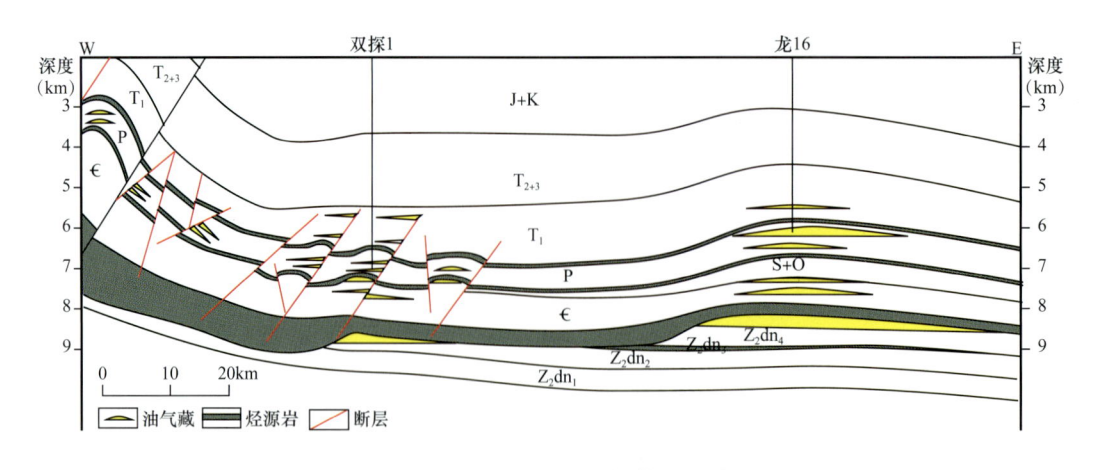

图5-11 川西北海相地层气藏预测剖面图

川西南雷口坡组颗粒滩岩溶储层规模发育，而圈闭有效性是勘探成功的关键。雷口坡组气藏主要的储层类型为碳酸盐颗粒滩储层（图版Ⅲ），主要发育两种储渗形式。砂屑云岩储层以残余粒间孔和粒间溶孔为储集空间，喉道以缩颈喉道和管束状喉道为主，孔喉配置关系较好，储层多表现为中孔中渗的特征；鲕粒灰岩储层和残余生屑云岩储层以粒内溶孔、铸模孔和生物体腔孔为储集空间，喉道欠发育，储层多表现为中孔、渗透率偏低的特征。原生粒间孔的保存和同生期大气淡水淋溶作用分别是形成这两种储渗形式的颗粒滩储层的关键。测井评价雷四岩溶储层厚约20～57m，孔隙度3.72%～4.8%，分布面积达3500km²。圈闭有效性是川西南雷口坡组勘探成功的关键。中国石油在冲断带上盘雾1井、高家1井、莲花2井等失利，然而在下盘罐口003-5井获得高产；中国石化在冲断带下盘构造稳定区的鸭子河与新场等构造也获重大发现。近期突破都是冲断带下盘构造（图5-12），建议在构造稳定区落实圈闭、优选目标实施钻探。

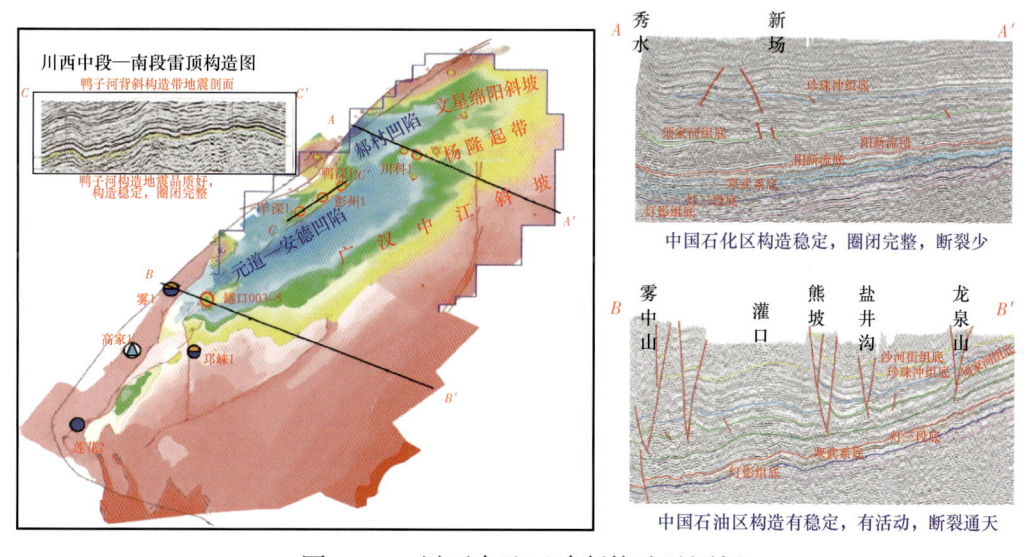

图5-12 川西南地区冲断构造及圈闭

第三节 深层油气地质评价技术

深层油气是否有规模性、资源的经济性如何、有利勘探区带评价的参数标准及方法流程等问题，是深层油气地质评价的关键问题。统计建立与地质条件、地面工程、市场变化相关的油气藏数据，确定参数标准及方法流程，编制软件模块，形成了深层油气资源经济性评价技术；在上述基础上，确定深层有利区带评价的参数、标准和方法流程，形成了深层勘探有利区带评价技术。回答了深层油气资源的规模性和经济性，为深层油气资源潜力评价、有利区带评价和勘探目标落实提供支撑。

一、深层油气资源经济性评价技术

油气资源经济性评价的关键是要回答"评价的资源是否有经济性""开发是否有经济价值"。与油气资源评价不同的是，经济性评价强调要通过预测的油气资源规模，评价在勘探开发过程中，是否有先进适用的技术，关键在于是否开发能带来经济效益。通过对各类型资源的经济评价，优选有经济价值的资源区，为勘探战略部署提供依据。

经济性评价方法包括主要是现金流方法和指标评价法两种。前者主要用于成熟探区的资源评价；后者可应用于所有类型的资源评价。在国内，针对深层油气资源的经济评价特点，大部分油田未进入开发中后期，根据目前深层的实际情况，重点分析深层碳酸盐岩油气资源经济共性和特殊性，选择适合油气资源经济评价的方法，建立了经济评价的方法选择、参数标准的评价体系，并用案例说明了评价的工作流程和应用成效。

（一）评价思路

指标评价方法的研究思路主要依据统计类比资料，采用统计和专家评定方法进行评价，定性评价资源区经济价值，也称为指标要素评价法。针对深层古老碳酸盐岩的特点，提出了集地质—地面—工程条件一体化的经济性指标要素评价方法。在此基础上，针对岩溶型碳酸盐岩、颗粒滩型碳酸盐岩和礁滩型碳酸盐岩等多种不同油气藏类型建立了评价流程及指标方案（图5-13）。

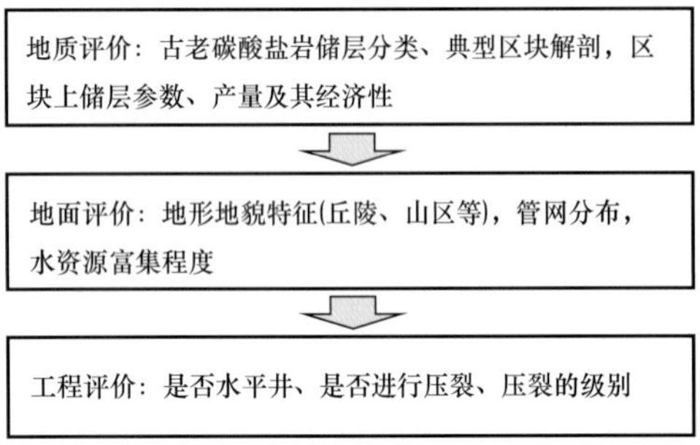

图5-13 深层古老碳酸盐岩油气资源经济评价技术思路

1. 评价指标

评价指标是反映资源经济性的重要因素，针对各类型资源，采用统一的逻辑框架建立评价指标。在评价指标体系建立工程中，除了注重对地质因素、地面因素、技术因素的考虑外，对部分开发相对成熟的地区，还要考虑进行单井产量的评价；指标要素根据不同资源类型而变化。

针对中国深层油气资源的特点，由于油气藏类型以碳酸盐岩为主，所以不涉及深层碎屑岩和火山岩油气藏的评价。指标可以划分为单要素指标，简称要素；多要素指标，简称指标，指标有若干个要素组成。指标要素中有数字型、概念型和模糊型三种情况（表5-5）。其中基础数据以数字型为主，地质数据以数字型和概念型为主，地面数据、技术数据以概念型和模糊型为主。

表 5-5 深层碳酸盐岩油气资源经济性评价基础数据表

	评价区名称	川中地区	图件
基础	目的层系	灯影组、龙王庙组	
	面积（km²）	8100	
	资源量（10⁸m³）	15000	
	可采系数（%）	15	
	资源丰度（10⁸m³/km²）	3.3	
地质	目的层埋深（m）	4000~5800	埋深图
	可采资源量（10⁸m³）	10000	丰度图
	储层质量	（1）类型为海相；（2）空间分布厚度20~135m，横向分布稳定，水平井平均长度1000m；（3）地层压力系数为1.1~2.0；（4）孔隙度为3.5%~8%；（5）渗透率为0.008~10mD	
	盖层和圈闭质量	（1）盖层厚度（m）；（2）盖层分布范围；（3）圈闭类型和面积	圈闭形态图
地面	地形地貌	川中地貌主要为丘陵	地形地貌图
	管线，资源区与管线距离（km）	评价区内50%地区有管线，50%地区无管线	管线分布图
技术	水平井钻井完井技术	水平井钻井、完井技术基本具备	
	压裂技术	技术基本具备	
单井	直井单井初始日产量（m³）	产量分段	典型井产量图
	水平井单井初始日产量（m³）		

2. 指标评价标准

为了有效赋予指标要素的经济含义，经济性评价中对岩溶型、颗粒滩型和礁滩型等不同类型的油气藏指标要素赋予评价等级和参考标准。其中，要素或者指标评价划分为好（评分大于90）、中（评分60~90）、差（评分小于60）三个等级；经济性分析按价格分为高、中、低三个档次（表5-6）。

表 5-6 指标要素评价分级标准表

要素评价等级	好	中	差
评分	90~100	60~90	0~60
价格等级	高	中	低
油价格（美元/bbl）	100~120	80~100	60~80
气价格（元/m³）	2~3	1~2	<1

3. 资源经济性评价

资源经济性评价是根据预测的资源量，采用专家评价打分的方法，估算出具有经济价值的资源。评价做如下假设：

Q——评价区资源量，10^4t 或 10^8m^3；

Q_r——评价区技术可采资源量，10^4t 或 10^8m^3；

Q_e——评价区技术经济资源量，10^4t 或 10^8m^3；

E_i——表示第 i 个要素评价分值，i=1，2，……，n；

n——要素个数；

R_i——第 i 个要素的权重系数，小数。

1）基础资料准备

对开展经济性评价的对象进行基础数据和资料的准备。内容主要包括评价区基础类数据和经济性评价指标标准要求的数据。其中，基础类数据涵盖盆地名称、评价区名称、目的层系等内容。

2）指标要素评价

依据评价区要素的实际资料，参照岩溶型、颗粒滩型和礁滩型等指标要素的评价标准，对评价区每个要素评分。

$$E_i = \begin{cases} 90\sim100, & \text{第 } i \text{ 个要素资料} \in \text{好} \\ 60\sim90, & \text{第 } i \text{ 个要素资料} \in \text{中} \\ 0\sim60, & \text{第 } i \text{ 个要素资料} \in \text{差} \end{cases}$$

通过对指标要素 E_i 的经济性评价，综合评价资源区经济性等级。指标要素定量化，有计算法、定性描述法及定性描述与图形结合法三种模式（黄旭楠等，2010）。

（1）计算法。

指标体系中，有些指标要素可以通过公式计算，获取要素评分。在评价中属于这类的要素主要有目的层埋深、可采资源量等。例如，目的层埋深量化评价方法为：

$$E_i = \begin{cases} 90\sim100, & h < 4500 \\ 60\sim90, & 4500 \leqslant h < 5500 \\ 0\sim60, & 5500 \leqslant h < 6500 \end{cases}$$

式中　h——目的层埋深，m。

（2）定性描述法。

有些指标要素不能完全用公式方式量化指标，在评价中这类要素主要有工程技术等不确定性指标要素，在评分中需要通过经验确定分值。以水平井钻井完井技术为例，对于确定的好、中、差三个级别的评价，还需要通过有经验的专家赋予具体分值，实现量化目的。

（3）定性描述与图形结合法。

有些指标要素需要（如储层质量等）结合图形进行定量化，有利于直观分析资源区经济价值。在评价中这类要素主要有地面条件的地形地貌等指标要素，在评分中需要借助图形确定分值。

3）经济性资源评价

资源经济性评价受地质、地面、技术、单井等指标影响，每项指标又受多个要素影响。在评价中，以要素为基础，评价资源经济性。

$$Q_e = Q \times \left[\sum (E_i \times R_i) \right] \times 资源经济性比例转换系数$$

式中，资源经济性比例转换系数，根据统计估算。

（二）评价技术流程及参数取值标准

针对经济评价方法和技术，结合资源评价特点，在开展经济评价过程中，主要进行指标要素评价。

开展经济指标要素评价，重点是夯实基础资料，规范评价流程，对比评价结果。当针对某类油气藏资源，确定了要评价的评价单元、主要目的层系之后，采用图5-14评价流程进行经济性评价，主要内容如下：

（1）基础数据准备。选用不同的方法数据准备亦不同。指标评价法需要准备地质条件、地面条件、工程技术和单井产量等指标和相关要素的资料及配套图件。

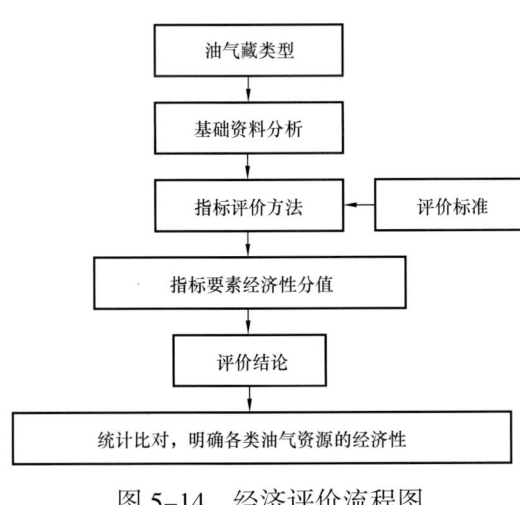

图5-14 经济评价流程图

（2）经济评价。选用经济指标评价或现金流评价方法，预测经济评价结果。其中，经济指标评价结论为经济性评价分值，按好（90～100），中（60～90）和差（0～60）三个等级评价。

（3）经济评价结论对比分析。根据不同类型资源的经济性评价结果，进行汇总和对比，综合评价各类资源的有效经济区、经济区和无效经济区。

（三）评价实例

针对四川盆地高石梯—磨溪地区深层古老碳酸盐岩进行经济性评价，按照油气藏类型，进行岩溶型、颗粒滩型和礁滩型三类油气藏的经济性评价。其中，四川盆地岩溶型油气藏评价共划分成六个评价区，共包括有高石梯构造区、磨溪构造区、龙女寺构造区、高石梯东构造区、荷包场构造区、绵竹—长宁内陷构造区（表5-7和图5-15）。

对该评价区依据前述的经济评价基础数据图件准备、评价方法选择、评价指标建立、经济评价、结论分析等步骤，开展经济指标评价。

第一步，基础数据准备。评价单元基础数据是围绕经济评价指标和要素来准备数据，基础图件主要按照高石梯、磨溪和龙女寺三个评价区来准备（表5-8）。以评价区2为例，龙女寺构造面积为752.31km^2。

第二步，经济性评价系统界面及操作。通过编制软件模块，实现界面操作。

第三步，评价结论。依据提出的深层经济性碳酸盐岩指标评价方法，对深层盆地川中古隆起不同的构造单元开展经济性评价，评价的目的层包括灯影组和龙王庙组，评价结果如图5-15所示。

表5-7 四川盆地岩溶型油气藏经济评价单元构造基本参数表

地区	面积（km^2）	构造位置	典型井位	储层发育特征
刻度区1	2041.90	高石梯构造	高石1、高石2、高石3、高石6、高石7、高石8、高石9、高石10、高石11、高石12、高石18、高科1	灯二段和灯四段两套储层，发育台地边缘丘滩体，表生期位于岩溶斜坡，断裂对岩溶有促进作用
刻度区2	1757.40	磨溪构造	磨溪8、磨溪9、磨溪10、磨溪11、磨溪12、磨溪13、磨溪17、磨溪18、磨溪19、磨溪21、磨溪22、磨溪47、安平1	发育灯二段和灯四段两套储层，以台地边缘丘滩体为主，东部地区逐渐发育颗粒滩及台坪沉积，表生期位于岩溶斜坡，断裂发育
刻度区3	1518.41	龙女寺构造	磨溪23、磨溪41	灯二段和灯四段两套储层，以颗粒滩和台坪沉积为主，东部地区位于岩溶高地，断裂较发育
刻度区4	752.31	高石梯构造东	高石21、高石105	灯二段和灯四段两套储层，以台坪和潟湖亚相为主，局部发育颗粒滩沉积，主体位于岩溶高地
刻度区5	459.69	荷包场构造、盘龙场构造	盘1、荷深1	灯二段和灯四段两套储层，发育台地边缘丘滩体，评价区东部位于岩溶高地，西部位于岩溶斜坡
刻度区6	978.49	绵竹—长宁克拉通内裂陷	高石17	整体储层不发育，仅南部荷深1井附近地区发育灯二段储层，以台地边缘丘滩体为主，表生期位于岩溶斜坡

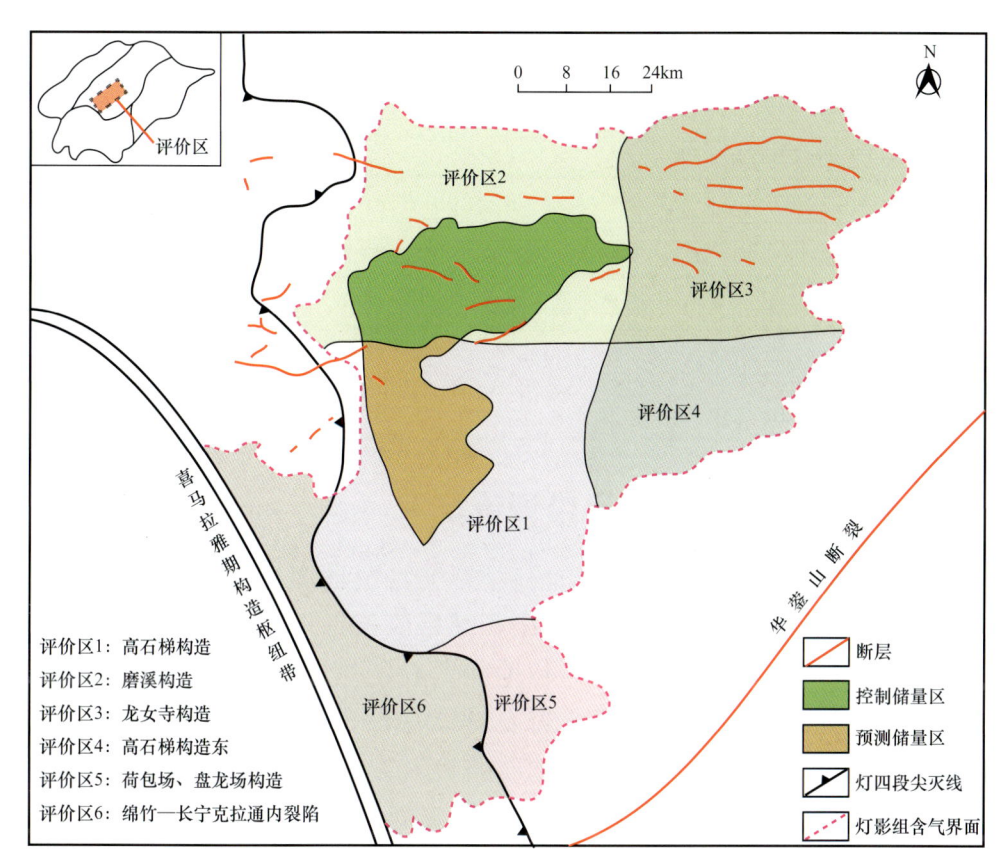

图 5-15 川中地区评价结论图

表 5-8 深层碳酸盐岩油气资源经济性评价基础数据表

	评价区名称	川中龙女寺地区	图件
基础	目的层系	灯影组	
	面积（km²）	752.31	
	资源量（10⁸m³）	2000	
	可采系数（%）	15	
	资源丰度（10⁸m³/km²）	2.8	
地质	目的层埋深（m）	5000~6500	埋深图
	可采资源量（10⁸m³）	253	丰度图
	储层质量	（1）类型为海相；（2）空间分布厚度20~135m，横向分布稳定，水平井平均长度1000m；（3）地层压力系数为1.1~2.0；（4）孔隙度为3.5%~8%；（5）渗透率为0.008~10mD	
	盖层和圈闭质量	（1）盖层厚度（m）；（2）盖层分布范围；（3）圈闭类型和面积	圈闭形态图

- 163 -

续表

地面	地形地貌	川中地貌主要为小型丘陵	地形地貌图
	管线，资源区与管线距离（km）	评价区内80%地区有管线，20%地区无管线	管线分布图
技术	水平井钻井完井技术	水平井钻井、完井技术基本具备	
	压裂技术	技术基本具备	
单井	直井单井初始日产量（m³）	产量分段	典型井产量图
	水平井单井初始日产量（m³）		

二、深层油气勘探有利区带评价技术

油气富集区带评价的主要目的是科学指导油气勘探战略和规划部署，降低勘探风险和提高勘探效益，其评价方法和结果应该是一个动态变化和不断完善的过程，因为随着勘探程度的提高和地质资料的增多，以及各类油气勘探技术的进步和地质认识的不断深化，需要对以往勘探成果及认知程度进行多轮修改和完善，实现区带评价与基础地质研究和勘探实践一体化，确保油气区带评价结果的合理性和科学性，以便更有效地指导油气勘探的选区和选带，最大限度地勘探和挖潜油气资源潜力。通常所说的油气富集区带评价系统包括三大部分，即地质评价、资源量预测和经济评价。陆上深层海相碳酸盐岩油气勘探实践和大量研究显示，古裂陷、古隆起及斜坡、古台缘和古断裂带控制了大油气田分布。以下着重探索三大盆地碳酸盐岩油气区带地质评价的方法及技术。

（一）评价原则

油气区带划分原则是基于区域一级和二级构造单元划分，从油气区带成因机制出发，确保区带划分及其分类的完整性，确保油气成藏地质条件及其特征的相似性，把控油气区带关键地质要素的相似性及评价结果的可预测性。区带划分及其分类的完整性，是指区带划分及其分类应包含碳酸盐岩领域的所有油气藏类型。油气成藏地质条件及其特征基本相似，主要指同一区带内沉积背景、烃源条件、储集体特征、油气输导体系、盖层与保存条件及成藏过程等基本相似，但不强调油气来源的相似性。控油气区带关键地质要素的相似性，主要指平面上同一油气区带内控制油气聚集和成藏的关键地质因素基本相似，且具有确定性和可对比性，如古隆起、台地边缘礁滩体、超覆不整合、古潜山和断裂带等。区带划分和评价结果应与现有勘探成果相吻合，且具有预测作用。

（二）评价方法及流程

碳酸盐岩油气区带划分和地质评价过程复杂，主要采用"成藏组合"纵向分层与"控油气区带关键要素"平面分带相结合的综合法，包括以下八个步骤：

（1）成藏组合纵向划分与评价；

（2）油气区带控制关键地质因素分析；

（3）油气区带平面划分与评价；

（4）不同成藏组合油气区带面积和资源储量规模估算；

（5）油气区带评价方法优选；

（6）油气区带评价参数体系及量化标准建立；

（7）根据区带评价参数量化标准，对不同成藏组合的油气区带分别赋予相应评价分值，并加权叠加，进行综合打分或"多图叠合"，得到区带综合评价值；

（8）结合各区带勘探程度和资源潜力等因素，根据区带综合评价值，进行区带排队优选和分级评价。

（三）区带划分标准及其类型

深层碳酸盐岩油气区带评价地质参数的选择首先要优选刻度区油气成藏关键地质参数，并建立其地质评价标准，然后结合研究区油气整体勘探现状、资源空间分布和勘探经济效益等，优选并确立研究区的油气区带评价标准。需要强调的是评价标准的确立应重点考虑研究区成藏主控地质因素、工程技术难度及勘探效益等，不同地区碳酸盐岩油气富集区带评价参数标准及权重有所差异，通常情况下碳酸盐岩油气区带评价常用参数和标准见表5-9。

表5-9 深层碳酸盐岩油气区带地质评价主要参数及标准

区带评价参数			权重	Ⅰ类	Ⅱ类	Ⅲ类
关键参数	权重	小类		1～0.7	0.7～0.4	<0.4
烃源条件	0.15	烃源岩岩石类型	0.3	黑色泥岩、页岩	灰色泥岩	灰色泥质云岩
		烃源岩层数	0.05	两套以上	两套	一套
		烃源岩厚度（m）	0.2	≥500	500～50	<50
		生烃强度（10^4t/km²）	0.2	>1000	1000～200	<200
		距生烃灶距离（km）	0.25	<10	10～50	>50

续表

区带评价参数			权重	Ⅰ类	Ⅱ类	Ⅲ类
关键参数	权重	小类		1~0.7	0.7~0.4	<0.4
输导体系	0.1	断层长度（km）	0.2	3	3~1	<1
		裂缝密度（条/m）	0.2	0.5	0.5~0.05	<0.05
		断裂性质及开启	0.2	高角度斜交张性缝	未充填垂直张性缝	剪切缝
		不整合和复合输导	0.2	连通性好	连通性较好	较差
		输导要素匹配度	0.2	匹配好	匹配较好	匹配较差
储集条件	0.15	沉积相	0.3	台缘带礁滩相	台内滩	台地
		储层厚度（m）	0.4	>50	10~50	<10
		储层类型	0.3	缝洞型云岩/石灰岩	孔洞型云岩/石灰岩	孔缝型石灰岩
构造背景	0.05	古构造位置	0.6	稳定古隆起及斜坡	活动古隆起及上斜坡	下斜坡及凹陷
		现今构造位置	0.4	背斜带	枢纽带	向斜区
圈闭条件	0.1	圈闭类型	0.3	构造型	构造—岩性—地层复合型	岩性—地层型
		圈闭面积系数（%）	0.3	>30	10~30	<10
		圈闭幅度（m）	0.4	>400	50~400	<50
源储组合	0.15	源储组合类型	0.6	自生自储型、下生上储近源型、旁生侧储型、上生下储型	下生上储远源型、上生下储型	下生上储远源型、上生下储型
		空间接触关系	0.4	直接上下叠置面接触	上下迁移性面或线接触	隔层上下叠置或迁移接触
保存条件	0.05	盖层岩性	0.3	发育膏盐岩厚层泥岩	中厚层泥岩	碳酸盐岩
		盖层厚度（m）	0.3	≥500	100~500	<100
		破坏程度	0.4	无破坏	轻微破坏	较严重破坏
成藏要素时空配置	0.1		1.0	早或同时	同时	晚
区带资源储量规模	0.05	区带资源量（10^4t）	0.4	>10000	2000~10000	<2000
	0.1	区带面积（km²）	0.6	>300	100~300	<100

深层碳酸盐岩油气区带边界类型纵向上以"油气成藏组合"为基本地质单元，平面上区带边界类型可包括：盆地构造构造单元边界、构造形态突变带、储集体岩性或物性变化边界、断层或地层尖灭带、油气运聚单元边界。

成藏组合作为碳酸盐岩油气区带纵向分层评价的基本地质单元，其同一成藏组合内油气成藏地质条件及其特征基本相似性，即其沉积背景、烃源条件、储集体类型及特征、油气输导体系、盖层与保存条件及成藏过程等基本相似，不强调油气来源的统一性，其构成的核心地质要素是源储配置关系和储集体类型，故可根据这两个核心要素对成藏组合进行分类和命名。

目前已发现碳酸盐岩油气地层中常见五种源—储配置空间位置关系，即自生自储型、下生上储近源型、下生上储远源型、旁生侧储型和上生下储型。油气勘探发现，碳酸盐岩储集体类型主要分为三大成因类型，即礁滩体、白云岩和岩溶型。综合五种源—储配置关系和三大储集体成因类型，通过两两相互组合后，可得到13种地质条件下常见的成藏组合类型，见表5-10。

表5-10 碳酸盐岩地层常见成藏组合类型

储集体类型 源储配置关系	礁滩型	白云岩型	缝洞岩溶型
自生自储型	自生自储礁滩型		
下生上储近源型	下生上储近源礁滩型	上生下储近源白云岩型	下生上储近源岩溶型
下生上储远源型	下生上储远源礁滩型	上生下储远源白云岩型	下生上储远源岩溶型
旁生侧储型	旁生侧储礁滩型	旁生侧储白云岩型	旁生侧储岩溶型
上生下储型	上生下储礁滩型	上生下储白云岩型	上生下储岩溶型

碳酸盐岩油气区带类型划分受不同盆地类型（克拉通盆地、坳陷型盆地、断陷型盆地）构造形成机制和构造单元划分影响，可划为四大油气区带类型，即构造控制型区带、地层控制型区带、岩性控制型区带和复合控制型区带，每种区带类型又可细分次级区带（表5-11）。

表5-11 深层碳酸盐岩油气区带类型

盆地类型	一级构造单元	二级构造单元	油气区带类型			
			构造控制型区带	地层控制型区带	岩性控制型区带	复合控制型区带
克拉通碳酸盐岩台地	隆起裂陷槽、坳陷、斜坡	凸起、凹陷、缓坡带、冲断带	背斜带、断裂/裂缝带、构造枢纽带、岩体刺穿带	古潜山带、削蚀不整合带、超覆不整合带、台缘礁/滩带、台内礁/滩带	岩性突变带、斜坡带、溶蚀改造带	包含多种组合，如岩溶—潜山带、岩性—背斜带、地层—裂缝带、地层—背斜带、岩性—构造枢纽带

三、典型地区有利勘探区带评价

以四川盆地震旦系—下古生界及下二叠统栖霞—茅口组为重点领域，深化地质认识，助推四川盆地深层油气勘探快速发展。

（一）震旦系灯影组勘探方向与有利区带

四川盆地震旦系灯影组成藏组合类型主要为旁生侧储岩溶型、"三明治"型、上生下储近源白云岩型和下生上储岩溶型，其主力烃源岩为寒武系筇竹寺组，储层为灯二段和灯四段。基于目前的勘探成果和对气藏控制因素的主要认识，以控气藏关键要素为重点依据，围绕生烃灶、德阳—安岳裂陷、构造背景以及储层空间分布划分成藏组合及其运聚单元边界，将四川盆地震旦系灯影组划分为三大勘探区带（图5-16），根据成藏要素优劣排队，依次为：Ⅰ类区（环"裂陷槽"构造枢纽带）、Ⅱ类区（斜坡带）、Ⅲ类区（高陡断背斜构造带），其中Ⅰ类区为目前最有利勘探区。

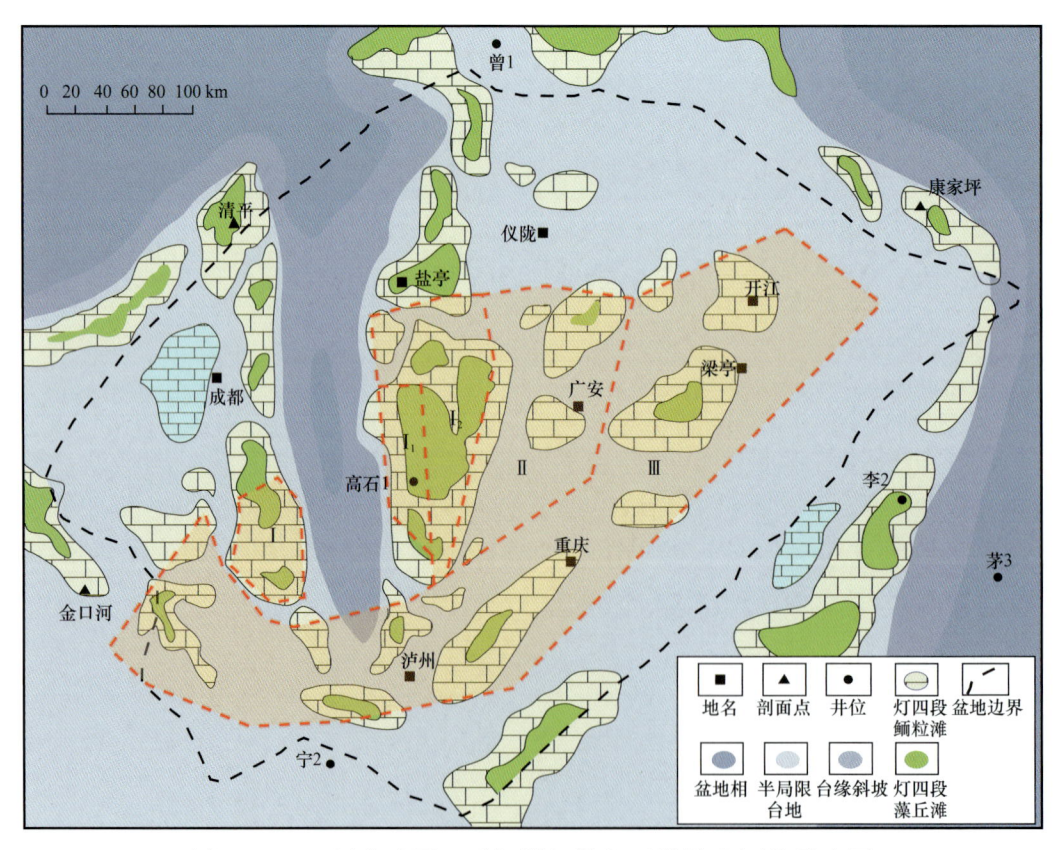

图5-16 四川盆地震旦系灯影组勘探区带综合评价叠合图

1. Ⅰ类区（环"裂陷槽"构造枢纽带）

该区带环绕德阳—安岳裂陷槽分布（图5-16），勘探区带面积约$1.6 \times 10^4 km^2$，目前已发现威远、资阳震旦系气藏、高石梯—磨溪灯影组灯二段气藏和高石梯—磨溪—龙女寺灯影组四段气藏。其中，高石梯—磨溪地区灯影组完成钻井25口，试气17口，获工业气井17口。根据勘探程度和成藏条件的差异，该区可细分为三个有利区块。I_1区带位于"裂陷槽"东侧台缘带，丘滩相岩溶储层发育，厚度大；"裂陷槽"下寒武统发育巨厚优质烃源岩，与该区震旦系优质储层侧向对接，有利俘获油气聚集成藏；且位于继承性古隆起高部位，古构造、现今构造叠合较好，始终处于烃类运移的指向区；已发现高石梯—磨溪—龙女寺地区灯二段、灯四段气藏，勘探效果好，且以高产井为主。I_2区带位于高石梯—磨溪地区台缘带东部，面积约6000km²，成藏有利条件，现在处于古隆起今构造斜坡区，女基井及磨溪23井在灯四段试油均获气，勘探程度低，勘探潜力大。I_3区带位于德阳，安岳裂陷"裂陷槽"西侧台缘带，古隆起西段现今构造高部位，灯四段剥蚀强烈，残厚薄，局部缺失，灯二段为主力产层，气藏受喜马拉雅期影响，构造隆幅度大，气藏盖层遭破坏造成大量天然气散失。

2. Ⅱ类区（斜坡带）

该勘探区带位于高石梯—磨溪构造以东的古隆起现今构造斜坡区，东至广安西，北到南充以北地区、南抵合川，面积约1.3×10^4km²，该区目前已有钻井3口，成藏条件较有利，主要体现在：（1）古隆起演化过程中该区构造变形较弱，发育南充、广安、龙女寺等构造圈闭；（2）灯影组台内丘滩体发育，寒武系沉积前整体处于震旦系顶界岩溶斜坡带，丘滩体受区域性岩溶作用改造，储层普遍发育；（3）与上覆的寒武系优质烃源岩直接接触，形成侧接式和上生下储式源储配置关系，区域性的不整合面为油气的运聚提供了有利通道；（4）高石梯—磨溪地区灯四段区域普遍含气，埋深较浅。

3. Ⅲ类区（高陡断背斜构造带）

该区位于川中古隆起外围川南—川东地区高陡逆冲短背斜构造带，区带面积合计约4.5×10^4km²，已在川南的自流井、大窝顶、老龙坝、天宫堂、汉王场、盘龙场等钻探6口井，成藏条件较有利，主要体现在：（1）震旦系灯影组台内丘滩体岩溶储层发育；（2）喜马拉雅期构造圈闭数量众多；（3）荷深1井的勘探证实，喜马拉雅期圈闭可以捕获晚期裂解气（干酪根裂解和分散液态烃裂解）而形成气藏。

（二）寒武系龙王庙组勘探方向与有利区带

寒武系龙王庙组成藏组合类型主要为下生上储近源白云岩型，其气源主要来自寒武系筇竹寺组。基于目前勘探成果和对气藏控制因素（储层和不整合面、断裂输导体系）的主要认识，围绕筇竹寺生烃灶分布、构造背景及储层空间分布划分成藏组合及其运聚单元边界，将寒武系龙王庙组划分为三大勘探区带，根据成藏要素优劣排队，依次为：Ⅰ类区（构造枢纽带）、Ⅱ类区（斜坡带)、Ⅲ类区(高陡构造带),其中Ⅰ类区为目前最有利勘探区。

1. Ⅰ类区(环"裂陷槽"构造枢纽带)

该勘探区带位于德阳—安岳裂陷优质烃源灶之上、继承性古隆起高部位,构造稳定,颗粒滩相储层发育,属于古今构造叠合,利于原生型气藏群的形成和保存,是寒武系龙王庙组天然气勘探最有利勘探区,勘探区带面积约8000km^2(图5-17)。目前该区已发现高石梯、磨溪、龙女寺三个龙王庙组气藏。已有试油井33口,获工业气井21口。根据勘探程度和成藏条件的差异,该区可细分为三个有利区块。Ⅰ$_1$区带位于"裂陷槽"古隆起高部位,以磨溪—龙女寺构造为主,面积约2400km^2,成藏条件优越,具体体现在:(1)属于剥蚀古隆起与厚层颗粒滩相岩溶储层叠合区;(2)近烃源,位于德阳—安岳裂陷筇竹寺组优质烃源灶之上;(3)烃源断裂发育,供烃条件优越;(4)属于古今构造叠合区,为烃类运移长期指向区;(5)钻探结果以高产井为主,证实油气规模大,已在该区获得探明储量4403.83×10^{8}m^3。Ⅰ$_2$区带位于古隆起翼部高石梯地区,面积约2000km^2,其成藏条件与Ⅰ$_1$区带类似,但储层厚度薄,勘探效果较好。Ⅰ$_3$区带位于磨溪—龙女寺构造北侧,北至南充地区,面积约3600km^2,处于古隆起斜坡区高部位,主要发育岩性气藏,南充1井龙王庙组已见良好显示。

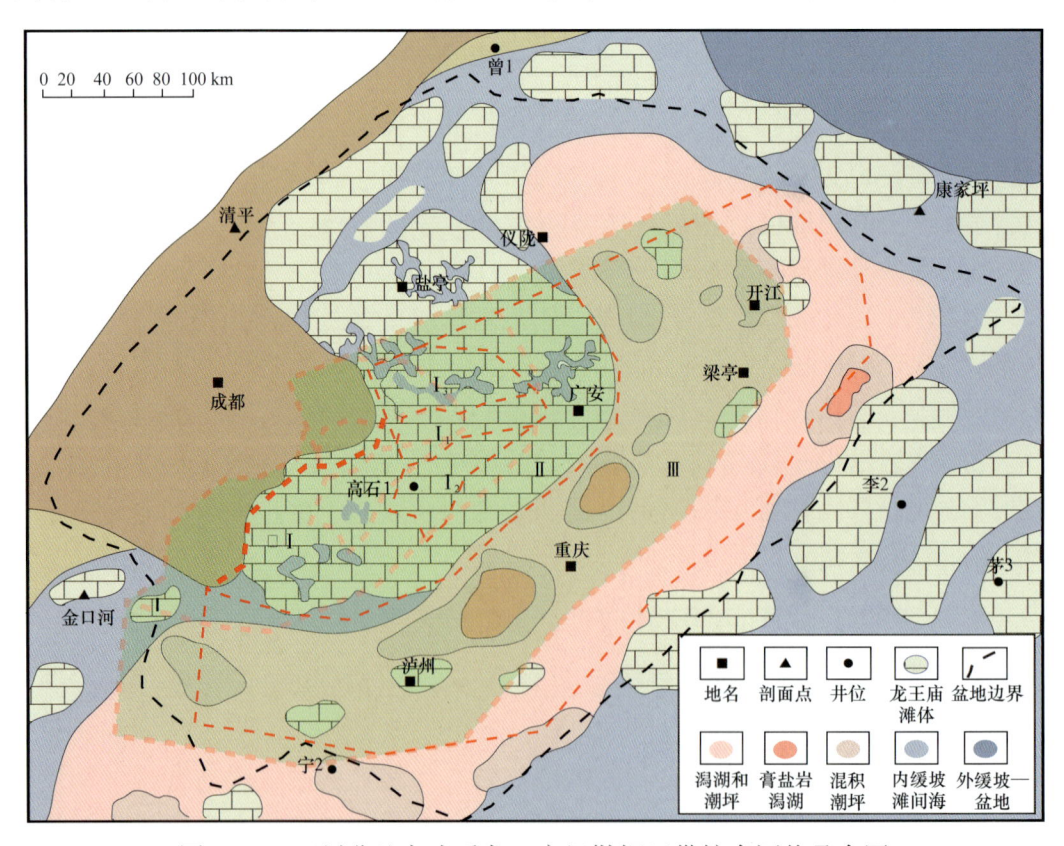

图5-17 四川盆地寒武系龙王庙组勘探区带综合评价叠合图

2. Ⅱ类区（斜坡带勘探区）

该勘探区带位于Ⅰ类勘探区内东侧、南侧的古隆起上斜坡带，目前在广安、荷包场、盘龙场构造有探井3口，产水，威远龙王庙组钻探含气，勘探面积$1.9×10^4km^2$，成藏条件较有利，表现在：（1）颗粒滩相发育；（2）圈闭发育，已发现威远、荷包场、南充、广安等构造圈闭；（3）除威远地区以外，古隆起东段斜坡带构造变形较弱，可能发育岩性、构造—岩性、构造等类型气藏。目前已在威远、南充构造测试获气。

3. Ⅲ类区（高陡构造带）

该勘探区带位于位于古隆起南部和东部的川南和川东高陡构造带，龙王庙组沉积相以蒸发潟湖和潮坪相为主，膏盐岩发育厚度大，储层厚度薄，以岩性气藏为主，勘探程度低，区带面积合计约$6.2×10^4km^2$，天然气资源量可达$(0.5～0.7)×10^8m^3$，具有一定勘探风险，关键是储层是否规模性发育。

（三）寒武系洗象池组勘探前景

寒武系洗象池组成藏组合类型主要为下生上储远源白云岩型，其气源主要来自寒武系筇竹寺组。基于目前勘探成果和对气藏控制因素的主要认识，以控气藏关键要素是输导体系和气源供给、颗粒滩云岩，围绕控气藏关键要素，结合构造背景划分成藏组合及其运聚单元边界，将寒武系洗象池组划分为三大勘探区带（图5-18），根据成藏要素优劣排队，依次为：Ⅰ类区（构造枢纽带）、Ⅱ类区（斜坡带）、Ⅲ类区（高陡构造带）。

Ⅰ类勘探区主要位于古隆起高部位，区带面积约$3.3×10^4km^2$，其成藏条件优越，体现在滩相储层和现今构造圈闭发育，如磨溪23井洗象池组测试日产气$2.11×10^4m^3$，南充构造南充1井洗象池组测试日产气$13.64×10^4m^3$。Ⅱ类勘探区位于古隆起南斜坡，勘探面积约$1.8×10^4km^2$，岩性圈闭发育。Ⅲ类勘探区位于川东—蜀南高陡构造带，区带面积约$3.9×10^4km^2$，高台组膏盐岩之上排状高陡构造断背斜圈闭发育，与志留系龙马溪组构成旁生侧储成藏组合，可形成与膏盐岩相关的断层和裂缝型构造，属于晚期成藏，但该区尚无探井，有待钻探证实。

（四）栖霞—茅口组有利区带评价

四川盆地中二叠统天然气资源量可达$1.47×10^{12}m^3$，但整体勘探程度很低。然而双探1井、磨溪31Xl井、南充1井、磨溪39井在中二叠统孔隙型白云岩储层均获得高产，展示出盆地中二叠统良好的勘探前景。对于茅口组的岩溶勘探研究表明，岩溶高地和斜坡区都可以发育较好的岩溶缝洞储层，盆地范围内勘探面积广；在滩相白云岩储层勘探方面取得突破，明确在栖霞组、茅口组都存在规模发育的云岩储层,存在规模油气成藏的潜力。基于整体勘探和规模勘探的研究思路,认为岩溶储层和滩相白云岩储层叠加部位为中二叠统天然气勘探最有利地区。

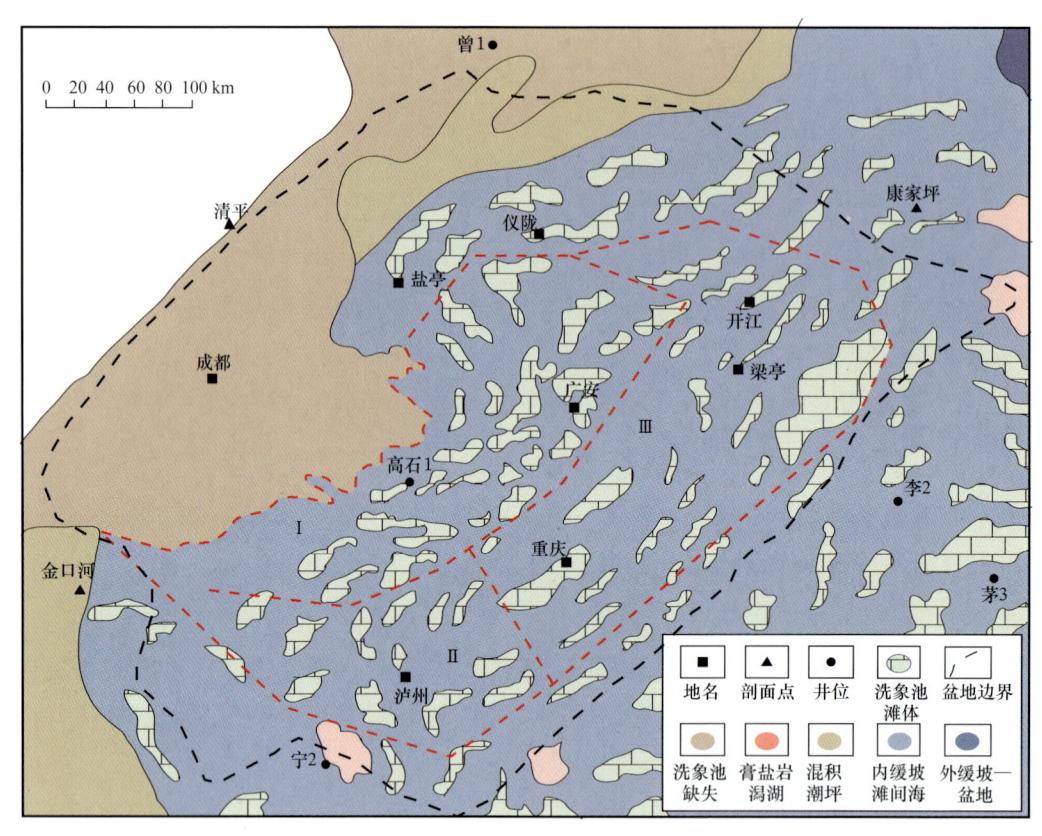

图 5-18 四川盆地寒武系洗象池组勘探区带综合评价叠合图

中三叠世末期四川盆地东吴期构造运动对于川盆地中二叠统规模宏大的岩溶储层发育起到至关重要的作用,泸州—通江大型古隆起控制着中三叠统岩溶地貌的发育(图 5-19)。并结合茅口组的保存条件、构造发育特征及生储盖组合的配置关系将四川盆地茅口组划分成四大有利勘探区:川西北有利勘探区、川西南有利勘探区、川中—川南有利勘探区、川东北有利勘探区,以上四个区域均位于岩溶斜坡或岩溶高地区,岩溶储层应该较发育,且生烃强度均在 $20 \times 10^8 \mathrm{m}^3/\mathrm{km}^2$ 以上,具有较大的勘探潜力,其中川中—川南有利勘探区两套烃源岩侧向供烃,位于岩溶高地区,构造圈闭幅度虽低但规模较大,且保存条件好,具备形成大中型油气田的条件;其次是川东北有利勘探区,志留系烃源岩生气强度高,且构造发育,圈闭幅度大,岩溶储层发育,但该区保存条件较川中地区要差;最后是川西北和川西南有利勘探区,为中二叠统自身烃源岩供烃,构造发育,位于岩溶高地和斜坡区,有利于岩溶储层发育,但由于二者位于龙门山与米仓山前,保存条件相对较差,需要优选山带的构造进行钻探。

- 172 -

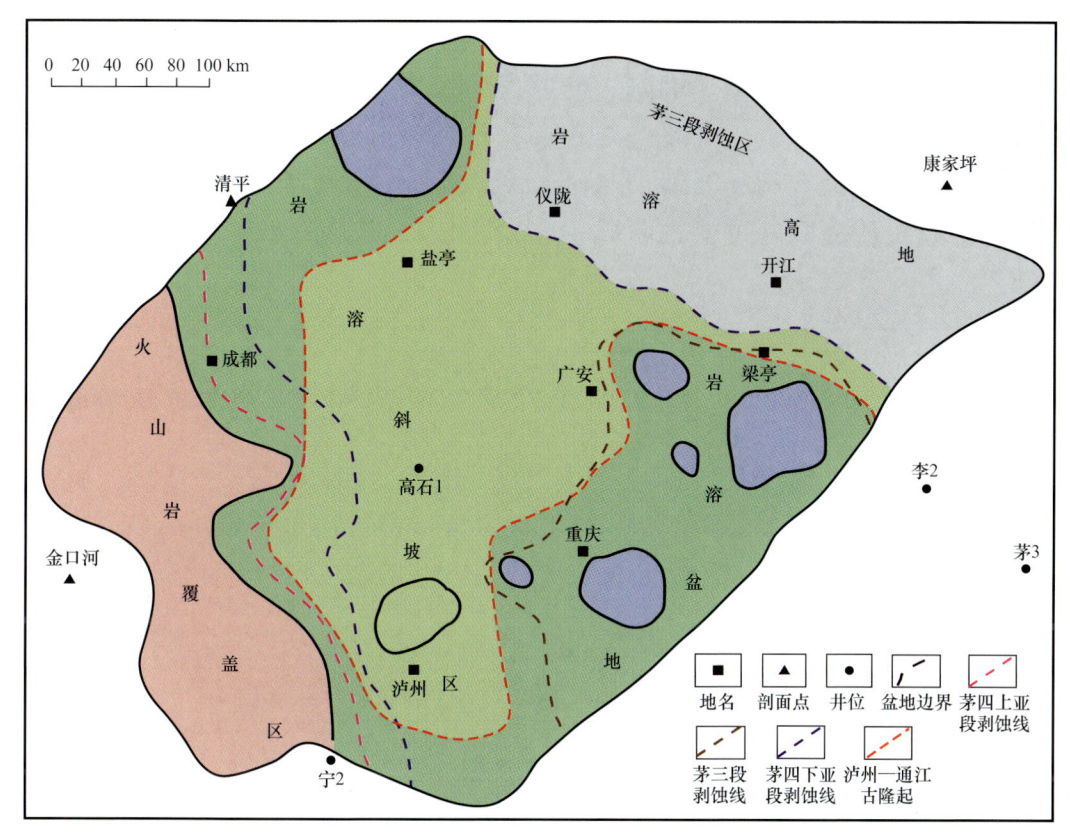

图 5-19 四川盆地泸州—通江东吴期古隆起

（五）川东膏盐岩—碳酸盐岩组合有利勘探目标

全球深层盐下勘探获得了许多重大发现，川东深层盐下震旦—寒武系发育三套烃源岩、三套储层、两套区域性盖层和三套生储盖组合，同时又发育宣汉—开江古隆起，具备了有利的天然气成藏条件；川东盐上寒武系洗象池组发育优质储层，志留系发育优质烃源岩，通过断层的沟通可以形成良好的侧向对接成藏模式。川东深层自西向东发育6～7排大面积构造圈闭，具备了大气区形成的有利条件，是四川盆地近期重要的战略接替勘探领域。

从天然气成藏条件与生储盖组合分析，水井沱组泥页岩是川东深层盐下最为重要的烃源岩，与该套烃源岩密切相关的灯四段风化壳与层间岩溶、石龙洞组颗粒滩与风化壳岩溶是重要的储层，但由于石龙洞组部分地区如座3井附近上部发育膏盐岩层，其储层尤其是颗粒滩相储层的发育规模可能较灯四段差，因此川东深层盐下应首选古隆起及其斜坡部位的灯四段储层和石龙洞组滩体作为勘探首选目的层，其次为灯二段储层。川东地区志留系烃源岩非常发育，品质优良，是川东地区盐上最好的烃源岩，可以与寒武系洗象池组储层形成侧向对接的成藏模式，因此洗象池组是川东盐上层系的主要勘探

-173-

目的层。

从油气运移的主要方向分析,川东在地质历史时期一直处于乐山—龙女寺古隆起与川东北城口生烃坳陷、湘鄂西生烃坳陷之间的斜坡区,即处于油气运移的长期有利指向区(图5-20)。紧邻川中地区的座3井—梁平—开江以西地区是川东最有利的油气聚集区,古油藏原油裂解成气与烃源岩内滞留分散可溶有机质在高—过成熟阶段生气是川东深层盐下两种主要的气源供给类型。

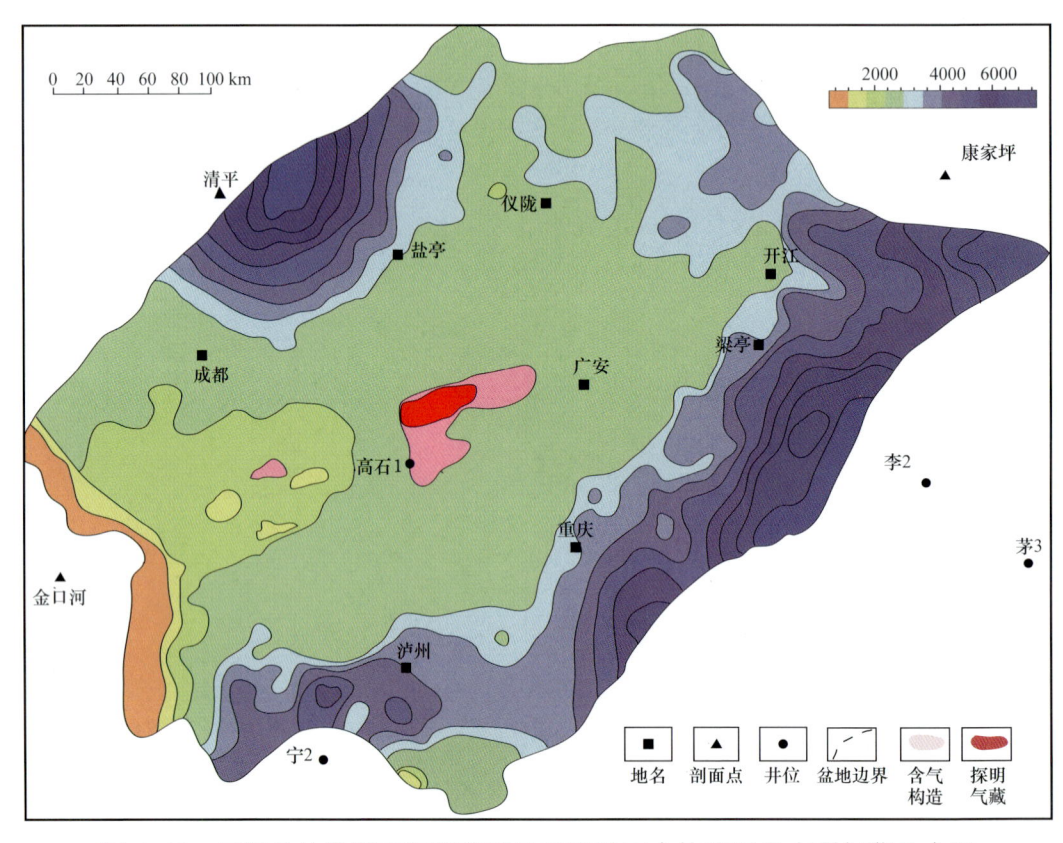

图 5-20　四川盆地侏罗系沉积前震旦系顶界面古构造图及有利气藏叠合图

1. 川东盐下三类有利区带

1)宣汉—开江古隆起及其斜坡区

该区域颗粒滩与岩溶风化壳储层大面积发育,寒武系膏盐岩盖层区域性展布,构造圈闭大且成排成带展布,但是距离烃源岩中心较远。

2)大巴山前缘冲断—褶皱带

该区域邻近烃源中心,处于古隆起斜坡区,靠近台缘,滩体发育。由于地震资料品质差,构造样式复杂,圈闭面积小,保存条件差。

3)齐岳山前缘冲断—褶皱带

该区域邻近烃源中心,处于古隆起斜坡区,靠近台缘,滩体发育。由于地震资料品质差，构造样式复杂，保存条件差。

通过地震资料的构造综合解释以及盐下寒武系龙王庙组顶界和震旦系灯影组顶界构造整体成图表明，川东地区发育七排北东—南西向延伸的高陡构造，表现为较为典型的隔档式高陡构造格局，其中中、西部地区构造位置相对较高，北部地区构造位置最低，南部地区构造位置相对较低。综合分析认为，中、西部地区自西向东发育的前五排大构造是下一步盐下震旦—寒武系勘探的有利目标区带。以构造规模、埋藏深度、圈闭落实程度和保持条件等作为评价依据，可以将这五排构造区带评价为两类有利勘探区。Ⅰ类有利勘探区带包括前三排，第一排的华蓥山北—红花店—四海山构造带，第二排的凉水井—蒲包山—七里峡构造带，温泉井构造带，第三排的大天池构造带，这些构造带上的构造圈闭规模大、埋藏相对较浅、圈闭落实程度较高、保持条件较好。Ⅱ类有利勘探区带包括后两排，第四排的南门场构造带，第五排的云安厂构造带，这些构造带上的构造圈闭规模大、埋藏深度相对较深、圈闭落实程度较高、保持条件较好（图5-21、图5-22）。

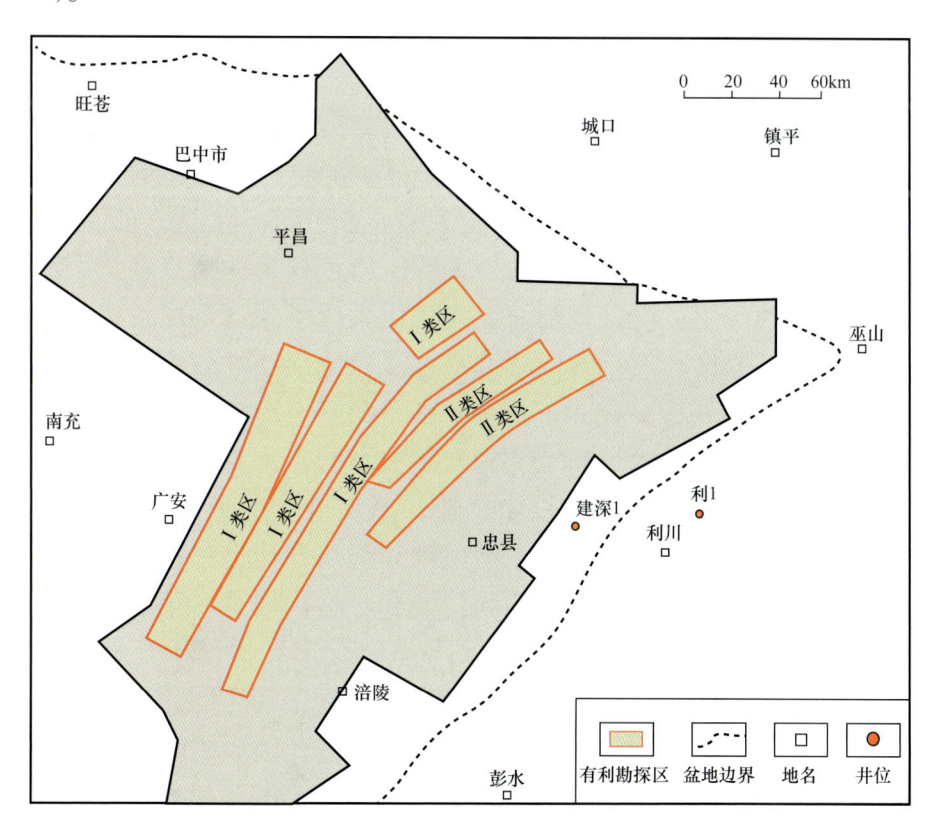

图5-21 川东龙王庙组顶界构造及有利勘探区带和风险井位部署图

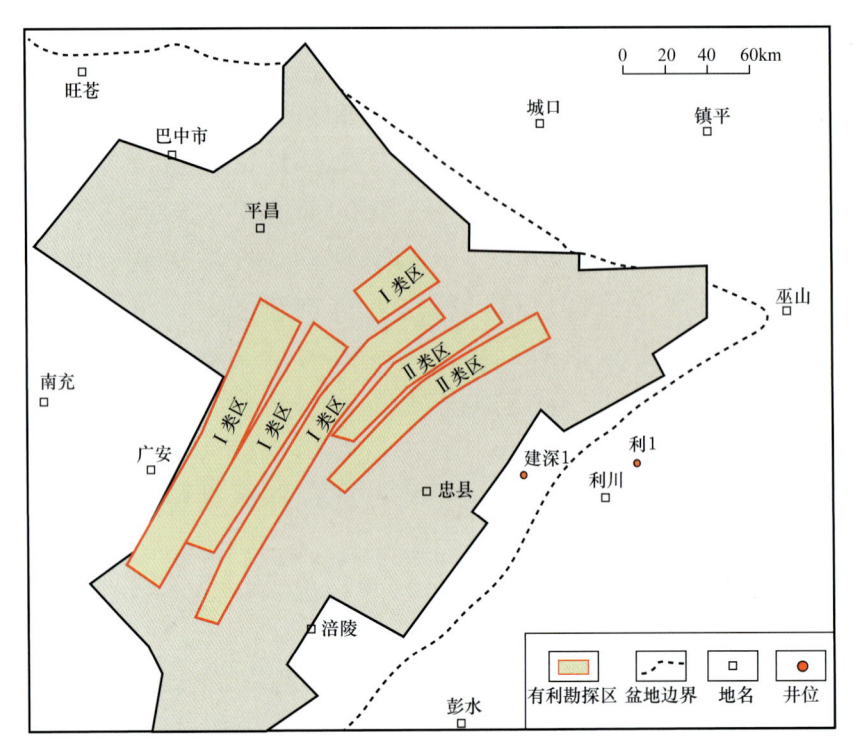

图 5-22 川东灯影组顶界构造及有利勘探区带和风险井位部署图

2. 川东盐上有利区带评价

川东地区中—下寒武统膏盐岩广泛发育,将川东震旦系—下古生界划分为盐下和盐上两套含气系统。盐上含气系统主要勘探目的层以寒武系洗象池组为主,通过断层的作用,洗象池组储层与志留系优质烃源岩层直接发生侧向对接,从而形成油气聚集。川东地区普遍存在洗象池组逆冲于志留系之上,具备形成侧向对接盐上油气成藏模式的现象(图 5-23)。川东地区自西向东发育的六排构造带上均发育多个满足断层侧向对接关系的盐上含气层系构造圈闭。第一排构造带有宝和场、福成寨和铁山构造;第二排构造带有相国寺、铜锣峡、九峰寺、凉水井、蒲包山、雷音铺、七里峡和温泉井构造;第三排构造带有明月峡和大天池构造;第四排构造带有南门场和丰盛场构造。第五排构造带有云安厂、黄泥塘、长寿和苟家场构造;第六排构造带有大池干井构造。通过四个方面的评估:洗象池组与志留系烃源岩充分对接;构造圈闭完整并且规模较大;断层断距适度,没有断到地表,保存条件较好;地震资料品质较好,构造落实,埋藏深度适中。对川东地区符合侧向对接盐上油气成藏模式的六排构造进行优选评价,优选出云安厂、大天池、南门场和温泉井四个构造作为盐上有利勘探区带。

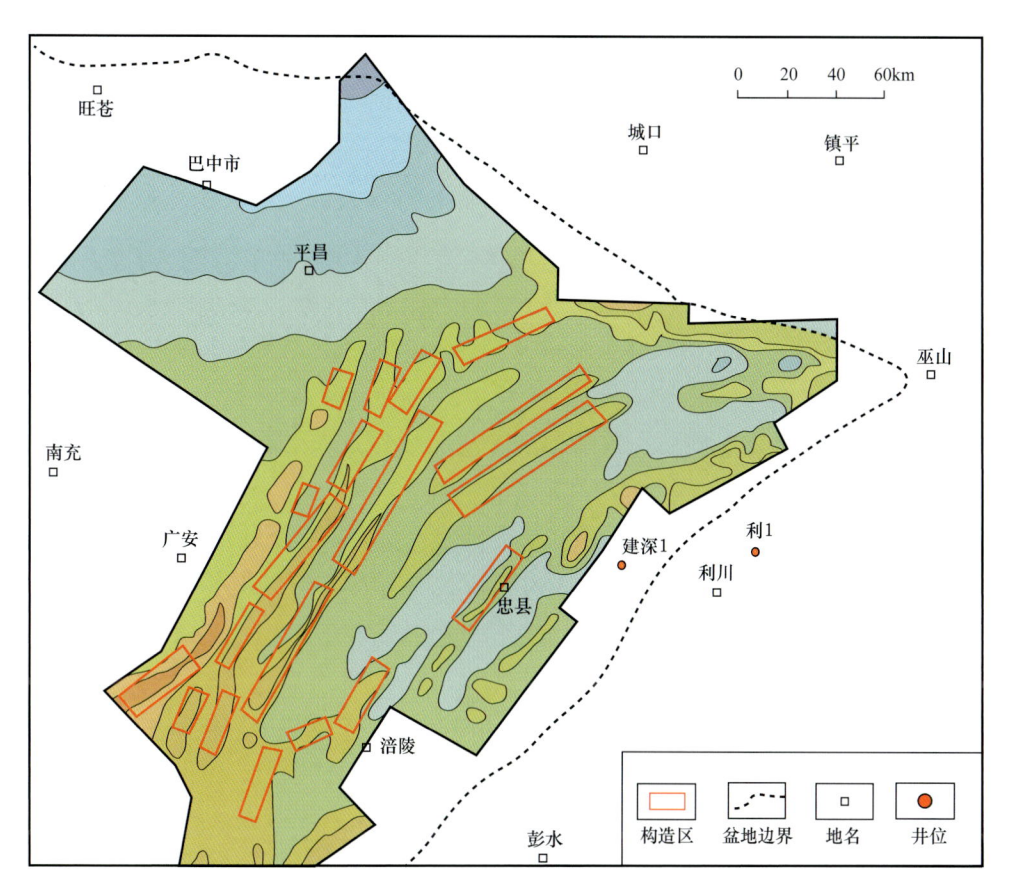

图 5-23 川东地区洗象池组顶界构造及盐上有利勘探区

参 考 文 献

白国平，曹斌风．2014．全球深层油气藏及其分布规律［J］．石油与天然气地质，35（1）：19-25．

查明，曲江秀，张卫海．2002．深层超高压生烃滞后机理［J］．石油勘探与开发，29（1）：19-23．

陈建平，赵文智，王招明，等．2007．海相干酪根天然气生成成熟度上限与生气潜力极限探讨——以塔里木盆地研究为例［J］．科学通报，52（A01）：95-100．

戴金星，倪云燕，周庆华，等．2008．中国天然气地质与地球化学研究对天然气工业的重要意义［J］．石油勘探与开发，35（5）：513-525．

戴金星，邹才能，陶士振，等．2007．中国大气田形成条件和主控因素［J］．天然气地球科学，18（4）：473-484．

杜金虎，胡素云，张义杰，等．2013．从典型实例感悟油气勘探［J］．石油学报，34（5）：809-819．

杜金虎，邹才能，徐春春，等．2014．四川盆地川中古隆起龙王庙组特大型气田战略发现与理论技术创新［J］．石油勘探与开发，41（3）：268-277．

冯佳睿，高志勇，崔京钢，等．2016．深层、超深层碎屑岩储层勘探现状与研究进展［J］．地球科学进展，31（7）：718-736

冯子辉，邵红梅，童英，等．2008．松辽盆地庆深气田深层火山岩储层储集性控制因素研究［J］．地质学报，82（6）：760-768．

郭正吾，邓康龄，韩永辉．1996．四川盆地形成与演化［M］．北京：地质出版社．

国土资源部．2005．石油天然气储量计算规范《DZ/T 0217—2005》[S]．北京：中国标准出版社．

郝芳，邹华耀，倪建华，等．2002．沉积盆地超压系统演化与深层油气成藏条件［J］．地球科学，27（5）：610-615．

何海清，王兆云，韩品龙．1998．渤海湾盆地深层油气藏类型及油气分布规律［J］．石油勘探与开发，25（3）：6-9．

何幼斌，罗进雄．2010．中上扬子地区晚二叠世长兴期岩相古地理［J］．古地理学报，12（5）：497-514．

胡明毅，付晓树，蔡全升，等．2014．塔北哈拉哈塘地区奥陶系鹰山组——一间房组岩溶储层特征及成因模式［J］．中国地质，41（5）：1476-1486．

黄籍中，陈盛吉．1993．四川盆地震旦系气藏形成的烃源地化条件分析：以威远气田为例［J］．天然气地球科学，4：16-20．

黄娟，叶德燎，韩彧．2016．超深层油气藏石油地质特征及其成藏主控因素分析［J］．石油实验地质，38（5）：635-640.

黄旭楠，李华启，王锡柱，等.2010.油气勘探项目后评价指标体系与定量化评价［J］.国际石油经济，18（1）：57-61.

贾承造，何登发，石昕，等.2006.中国油气晚期成藏特征［J］.中国科学，36（5）：412-420.

贾承造，李本亮，张兴阳，等.2007.中国海相盆地的形成与演化［J］.科学通报，52（增Ⅰ）：1-8.

全强，朱光有，王娟.2008.咸化湖盆优质烃源岩的形成与分布［J］.中国石油大学学报，32（4）：19-23.

金之钧，胡文瑄，张刘平.2007.深部流体活动及油气成藏效应［M］.北京：科学出版社.

金之钧.2005.中国海相碳酸盐岩层系油气勘探特殊性问题［J］.地学前缘，12（3）：15-22.

康玉柱.2008.我国古生代海相碳酸盐岩成藏理论的新中国储量千亿立方米以上气田天然气地球化学特征进展［J］.海相油气地质，13（4）：8-11.

李国辉，李翔，杨西南.2000.四川盆地加里东古隆起震旦系气藏成藏控制因素［J］.石油与天然气地质，21（1）：80-83.

李江海，王洪浩，李维波.2014.显生宙全球古板块再造及构造演化［J］.石油学报，35（2）：207-218.

李凌，谭秀成，曾伟，等.2013.四川盆地震旦系灯影组灰泥丘发育特征及储集意义［J］.石油勘探与开发，40（6）：666-673.

梁狄刚，郭彤楼，陈建平.2008.中国南方海相生烃成藏研究的若干新进展（一）：南方四套区域性海相烃源岩的分布［J］.海相油气地质，13（2）：1-16.

刘树根，马永生，孙玮，等.2008.四川盆地威远气田和资阳含气区震旦系油气成藏差异性研究.地质学报，82（3）：328-337.

刘文汇，陈孟晋，关平，等.2009.天然气成烃、成藏三元地球化学示踪体系及实践［M］.北京：科学出版社，119-126.

刘文汇，王杰，腾格尔，等.2012.中国海相层系多元生烃及其示踪技术［J］.石油学报，33（S1）：115-125.

罗晓容，张立宽，付晓飞，等.2016.深层油气成藏动力学研究进展［J］.矿物岩石地球化学通报，35（5）：876-889.

马永生，郭彤楼，赵雪凤，等.2007.普光气田深部优质白云岩储层形成机制［J］.中国科学，37（增Ⅱ）：43-52.

庞雄奇.2010.中国西部叠合盆地深部油气勘探面临的重大挑战及其研究方法与意义［J］.石油与天然气地质，31（5）：517-534.

谯汉生，李峰.2000.深层石油地质与勘探［J］.勘探家，5（4）：10-15.

谯汉生. 2002. 中国东部深层石油地质[M]. 北京：石油工业出版社.

邱中建, 方辉. 2009. 中国天然气大发展——中国石油工业的二次创业[J]. 天然气工业, 29（10）：1-4.

邱中建, 康竹林, 何文渊. 2002. 从近期发现的油气新领域展望中国油气勘探发展前景[J]. 石油学报, 23（4）：1-6.

沈传波, 梅廉夫, 徐振平, 等. 2007. 大巴山中—新生代隆升的裂变径迹证据[J]. 岩石学报, 23（11）：2901-2910.

沈平, 徐仁芬. 1998. 川东五百梯气田成藏条件及高效勘探经验[J]. 天然气工业, 18（6）：5-9.

石书缘, 刘伟, 姜华, 等. 2015. 塔北哈拉哈塘地区古生代断裂—裂缝系统特征及其与奥陶系岩溶储层关系[J]. 中南大学学报（自然科学版）（12）：4568-4577.

石昕, 戴金星, 赵文智. 2005. 深层油气藏勘探前景分析[J]. 中国石油勘探, 10（1）：1-10.

宋文海. 1996. 乐山—龙女寺古隆起大中型气田成藏条件研究[J]. 天然气工业, 16：13-26.

宋岩, 赵孟军, 胡国艺, 等. 2012. 中国天然气地球化学研究新进展及展望[J]. 矿物岩石地球化学通报, 31（6）：529-542.

孙龙德, 邹才能, 朱如凯, 等. 2013. 中国深层油气形成、分布与潜力分析[J]. 石油勘探与开发, 40（6）：641-649.

田辉, 王招明, 肖中尧, 等. 2006. 原油裂解成气动力学模拟及其意义[J]. 科学通报, 51（15）：1821-1827.

童晓光, 张光亚, 王兆明, 等. 2014. 全球油气资源潜力与分布[J]. 地学前缘, 21（3）：1-9.

妥进才, 王先彬, 周世新, 等. 1999. 深层油气勘探现状与研究进展[J]. 天然气地球科学, 10（6）：1-8.

汪泽成, 姜华, 王铜山, 等. 2014. 上扬子地区新元古界含油气系统与勘探潜力[J]. 天然气工业, 34（4）：27-36.

汪泽成, 姜华, 王铜山, 等. 2014. 四川盆地桐湾期古地貌特征及其成藏意义[J]. 石油勘探与开发, 41（3）：305-312.

汪泽成, 赵文智, 张林, 等. 2002. 四川盆地构造层序与天然气勘探[M]. 北京：地质出版社, 1-287.

王剑, 2005. 华南"南华系"研究新进展——论南华系地层划分与对比[J]. 地质通报, 24（6）：491-495.

王剑, 曾昭光, 陈文西, 等. 2006. 华南新元古代裂谷系沉积超覆作用及其开启年龄新证据[J]. 沉积与特提斯地质, 26（4）：1-7.

王京红, 靳久强, 朱如凯, 等. 2011. 新疆北部石炭系火山岩风化壳有效储层特征及分布规律[J]. 石油学报, 32（5）：757-766.

王涛.2002.中国深盆气田[M].北京:石油工业出版社.

王铁冠,韩克猷.2011.论中—新元古界的原生油气资源[J],石油学报,32(1):1-7.

王一刚,文应初,洪海涛,等.2004.川东北三叠系仙关组深层鲕滩气藏勘探目标[J],天然气工业,24(12):5-9.

王宇,苏劲,王凯,等.2012.全球深层油气分布特征及聚集规律[J].天然气地球科学,23(3):526-534.

王兆云,赵文智,王云鹏.2004.中国海相碳酸盐岩气源岩评价指标研究[J],自然科学进展,14(11):1236-1243.

王兆云,赵文智,张水昌,等.2009.深层海相天然气成因与塔里木盆地古生界油裂解气资源[J].沉积学报,27(1):153-163.

魏国齐,沈平,杨威,等.2013.四川盆地震旦系大气田形成条件与勘探远景区[J].石油勘探与开发,40(2):129-138.

徐春春,邹伟宏,杨跃明,等.2017.中国陆上深层油气资源勘探开发现状及展望[J].天然气地球科学,28(8):1139-1153.

杨威,谢武仁,魏国齐,等.2012.四川盆地寒武纪—奥陶纪层序岩相古地理、有利储层展布与勘探区带[J].石油学报,33(增刊2):21-34.

余浩元,蔡春芳,郑剑锋,等.2018.微生物结构对微生物白云岩孔隙特征的影响——以塔里木盆地柯坪地区肖尔布拉克组为例[J].石油实验地质,40(2):233-243.

翟光明,王世洪,何文渊.2012.近十年全球油气勘探热点趋向与启示[J].石油学报,33(增刊Ⅰ):14-19.

翟秀芬,汪泽成,罗平,等.2017.四川盆地高石梯东部地区震旦系灯影组微生物白云岩储层特征及成因[J].天然气地球科学,28(8):1199-1210.

张宝民,刘静江.2009.中国岩溶储集层分类与特征及相关的理论问题[J].石油勘探与开发,36(1):12-39.

张宝民,张水昌,边立曾,等.2007.浅析中国新元古界—下古生界海相烃源岩发育模式[J].科学通报,52(增刊1):58-69.

张光亚,马锋,梁英波,等.2015.全球深层油气勘探领域及理论技术进展[J].石油学报,36(9):1156-1166.

张光亚,马锋梁,英波,等.2015.全球深层油气勘探领域及理论技术进展[J].石油学报,36(9):1156-1166.

张健,沈平,杨威,等.2012.四川盆地前震旦纪沉积岩新认识与油气勘探的意义[J].天然气工业,32(7):1-5.

张静,张宝民,单秀琴.2014.古气候与古海洋对碳酸盐岩储集层发育的控制[J].石油勘探与开发,41(1):121-128.

张水昌,胡国艺,米敬奎,等.2013.三种成因天然气生成时限与生成量及其对深部油气资源预测的影响[J].石油学报,34(增刊1):41-50.

张水昌,张宝民,李本亮,等.2011.中国海相盆地跨重大构造期油气成藏历史——以塔里木盆地为例[J].石油勘探与开发,38(1):1-15.

张水昌,朱光有.2006.四川盆地海相天然气富集成藏特征与勘探潜力[J].石油学报,27(5):1-8.

张之一.2005.更新勘探观念,开拓深层油气新领域[J].石油与天然气地质,26(2):193-196.

赵文智,胡素云,刘伟,等.2014.再论中国陆上深层海相碳酸盐岩油气地质特征与勘探前[J].天然气工业,34(4):1-9.

赵文智,胡素云,汪泽成,等.2018.中国元古宇—寒武系油气地质条件与勘探地位[J].石油勘探与开发,45(1):1-13.

赵文智,沈安江,胡素云,等.2012.中国碳酸盐岩储集层大型化发育的地质条件与分布特征[J].石油勘探与开发,39(1):1-12.

赵文智,汪泽成,王一刚.2006.四川盆地东北部飞仙关组高效气藏形成机理[J].地质论评,52(5):708-717.

赵文智,汪泽成,张水昌,等.2007.中国叠合盆地深层海相油气成藏条件与富集区带[J].科学通报,52(增刊Ⅰ):9-18.

赵文智,王兆云,王东良,等.2015.分散液态烃的成藏地位与意义[J].石油勘探与开发,42(4):401-413.

赵文智,王兆云,王红军,等.2006.不同赋存状态油裂解条件及油裂解型气源灶的正演和反演研究[J].中国地质,33(5):952-965.

赵文智,王兆云,王红军,等.2011.再论有机质"接力成气"的内涵与意义[J].石油勘探与开发,38(2):129-135.

赵文智,王兆云,张水昌,等.2005.有机质"接力成气"模式的提出及其在勘探中的意义[J].石油勘探与开发,32(2):1-7.

赵文智,张光亚,王红军.2005.石油地质理论新进展及其在拓展勘探领域中的意义[J].石油学报,26(1):1-7.

赵岩,刘池阳.2016.火山活动对烃源岩形成与演化的影响[J].地质科技情报,35(6):77-82.

赵政璋,杜金虎,邹才能,等.2011.大油气区地质勘探理论及意义[J].石油勘探与开发,38(5):513-522.

郑荣才,李珂,马启科,等.2014.川东五百梯气田黄龙组碳酸盐岩储层成岩相[J].成都理工大学学报,41(4):401-412.

钟大康,朱筱敏,王红军.2008.中国深层优质碎屑岩储层特征与形成机理分析[J].中国科学:D辑,38(增刊1):11-18.

周世新，王先彬，妥进才，等．1999.深层油气地球化学研究新进展［J］.天然气地球科学，6：9-15.

朱光有，张水昌，梁英波．2006.四川盆地深部海相优质储集层的形成机理及其分布预测［J］.石油勘探与开发，33（2）：161-166.

朱光有，张水昌，张斌，等．2010.中国中西部地区海相碳酸盐岩油气藏类型与成藏模式［J］.石油学报，31（6）：871-878.

邹才能，杜金虎，徐春春，等．2014.四川盆地震旦系—寒武系特大型气田形成分布、资源潜力及勘探发现［J］.石油勘探与开发，41（3）：278-293.

邹才能，赵文智，贾承造，等．2008.中国沉积盆地火山岩油气藏形成与分布［J］.石油勘探与开发，35（3）：257-271.

Aase N E, Walderhaug O. 2005. The effect of hydrocarbons on quartz cementation: Diagenesis in the Upper Jurassic sandstones of the Miller field, North Sea, revisited［J］. Petroleum Geoscience, 11（3）: 215-223.

Ajdukiewicz J M, Nicholson P H, Esch W L. 2010. Prediction of deep reservoir quality from early diagenetic process models in the Jurassic eolian Norphlet Formation, Gulf of Mexico［J］. AAPG Bulletin, 94（8）: 1189-1227.

Behar F, Kressmann S, Rudkiewicz J L, et al. 1992. Experimental simulation in a confined system and kinetic modelling of kerogen and oil cracking［J］.Organic Geochemistry,19(1-3): 173-189.

Caillet G, Judge N C, Bramwell N P, et al. 1997. Overpressure and hydrocarbon trapping in the Chalk of the Norwegian Central Graben［J］. Petroleum Geoscience, 3: 33-42.

Cao B F, Bai G P, Wang Y F. 2013. More attention recommended for global deep reservoirs［J］. Oil & Gas Journal, 111（9）: 78-85.

Chen J P, Ge H P, Chen X D, et al. 2008. Classification and origin of natural gases from Lishui Sag, the East China Sea Basin［J］. Science China: Earth Sciences, 51（Sup）: 122-130.

Claypool G E, Mancini E A. 1989. Geochemical relationships of petroleum in Mesozoic reservoirs to carbonate source rocks of Jurassic Smackover Formation, Southwest Alabama［J］. AAPG Bull, 73（10）: 904-924.

Ehrenberg S N, Nadeau P H, Steen O. 2008. A megascale view of reservoir quality in producing sandstones from the offshore Gulf of Mexico［J］. AAPG Bulletin, 92（2）: 145-164.

Hao F, Zou H Y, Gong Z S, et al. 2007. Hierarchies of overpressure retardation of organic matter maturation: case studies from petroleum basins in China［J］. AAPG Bulletin,91（10）: 1467-1498.

Hunt J. 1990. Generation and Migration of petroleum from abnormally pressured fluid compartments［J］. AAPG Bulletin, 74（1）: 1-12.

Lerche I., Lowrie A. 1992. Quantitative models for the influence of salt-associated thermal anomalies on hydrocarbon generation, Northern Gulf of Mexico Continental Margin[J]. Gulf Coast Association of Geological Societies Transactions, 42: 213–225.

O' Brien J J, Lerche I. 1988. Impact of heat flux anomalies around salt diapirs and salt sheets in the Gulf Coast on hydrocarbon maturity: models and observations[J]. Gulf Coast Association of Geological Societies Transactions, 38: 231–243.

Richardson N J, Densmore A L, Seward D, et al. 2008. Extraordinary denudation in the Sichuan Basin: Insights from low-temperature thermochronology adjacent to the eastern margin of the Tibetan Plateau[J]. Journal of Geophysical Research, 113: 1–23.

Schroder S, Schreiber B C, Amthor J E. 2010. A depositional model for the terminal Neoproterozoic & Early Cambrian Ara Group evaporates in south Oman[J]. Sedimentology, 50(5): 879–898.

Tissot B P, Welte D H. 1978. Petroleum formation and occurrence: A new approach to oil and gas exploration[M]. New York: Springer-Verlag, 185–188.

Visser J. 1991. Biochemical and molecular approaches in understanding carbohydrate metabolism in Aspergillus niger[J]. Journal of Chemical Technology & Biotechnology, 50(1): 111–113.

Wilkinson M, Darby D, Haszeldine R S, et al. 1997. Secondary porosity generation during deep burial associated with overpressure leak-off, Fulmar Formation, U.K. Central Graben[J]. AAPG Bulletin, 81: 803–813.

Zhao W Z, Wang Z Y, Zhang S C, et al. 2005. Oil cracking: An important way for highly efficient generation of gas from marine source rock kitchen[J]. Chinese Science Bulletin, 50(22): 2628–2635.

Zhao W Z, Wang Z Y, Zhang S C, et al. 2008. Cracking conditions of crude oil under different geological environments[J]. Science in China Series: Earth Sciences, 51(S1): 77–83.

图 版 I

(a) 一期沥青环带，磨溪22井，4941.1m
(b) 两期沥青环带，磨溪22井，4941.1m 
(c) 沥青网格孔，磨溪12井，4952.5m 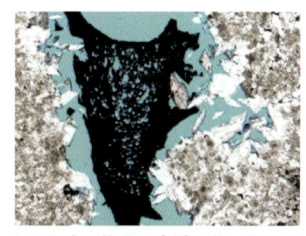
(d) 沥青沉淀团块，磨溪16井，4762.3m 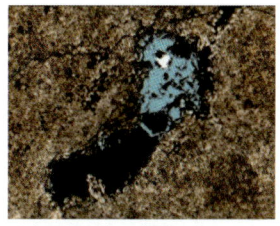
(e) 两期沥青环带，磨溪17井，4629.5m 
(f) 光面球藻 *Leiosphaeridia* spp. 
(g) 光面球藻 *Leiosphaeridia* spp.  
(h) 光面球藻 *Leiosphaeridia* spp. 
(i) 底栖藻类 *fragment of benthonic algae* 
(j) 拟昆布膜片 *Laminarites* sp. 
(k) 底栖藻类 *fragment of benthonic algae* 
(l) 底栖藻类 *fragment of benthonic algae* 
(m) 连球藻 *Synsphaeridium* sp. 
(n) 连球藻 *Synsphaeridium* sp. 
(o) 古鞘丝藻 *Palaeolyngbya* sp.

图 版 Ⅱ

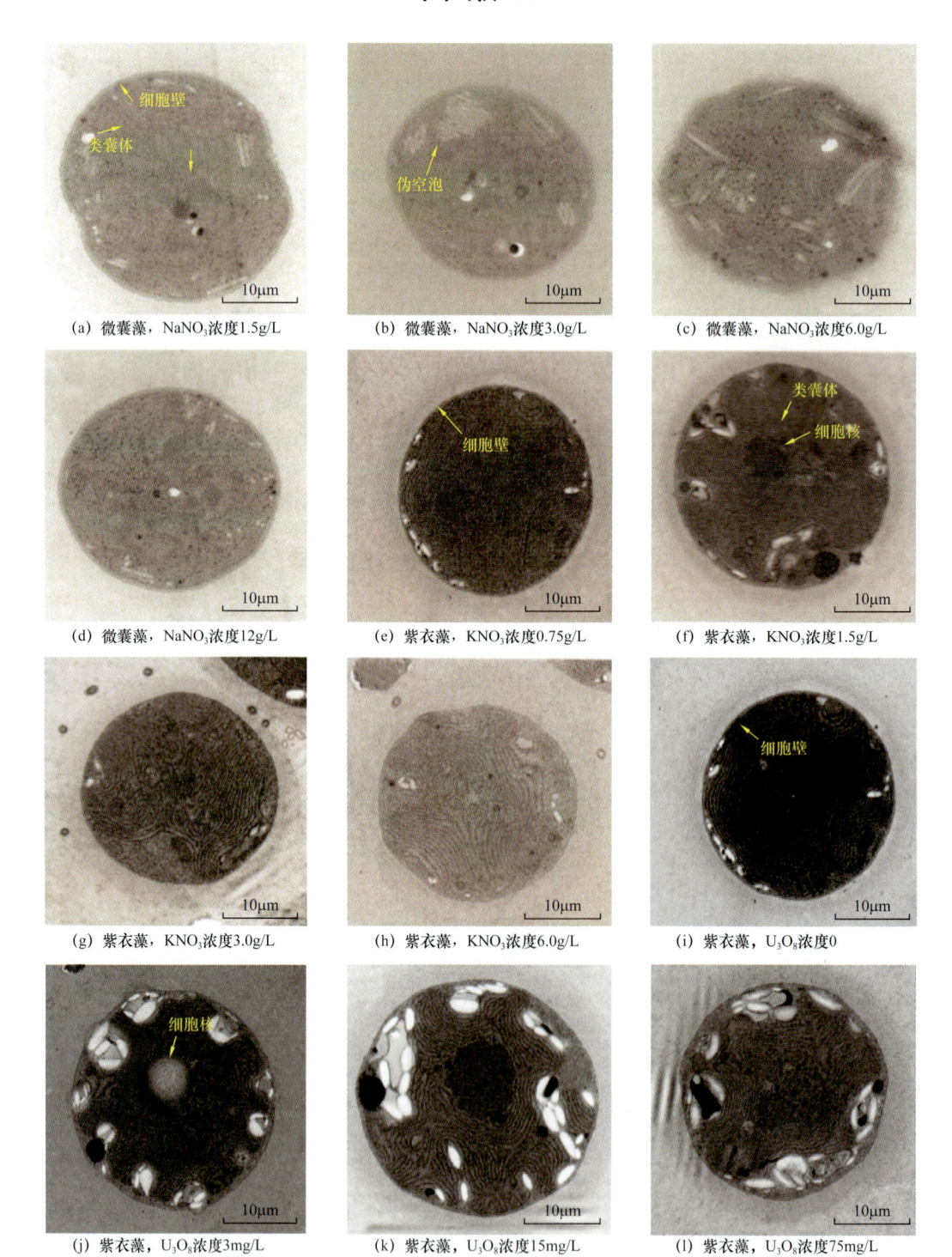

(a) 微囊藻，NaNO₃浓度1.5g/L
(b) 微囊藻，NaNO₃浓度3.0g/L
(c) 微囊藻，NaNO₃浓度6.0g/L
(d) 微囊藻，NaNO₃浓度12g/L
(e) 紫衣藻，KNO₃浓度0.75g/L
(f) 紫衣藻，KNO₃浓度1.5g/L
(g) 紫衣藻，KNO₃浓度3.0g/L
(h) 紫衣藻，KNO₃浓度6.0g/L
(i) 紫衣藻，U₃O₈浓度0
(j) 紫衣藻，U₃O₈浓度3mg/L
(k) 紫衣藻，U₃O₈浓度15mg/L
(l) 紫衣藻，U₃O₈浓度75mg/L

图 版 Ⅲ

(a) 含油细砂岩，塔中4井，3650.3m

(b) 细砂岩无油气充注，石英次生加大，塔中17井，3820m

(c) 微晶石英膜，东河1井，5721m

(d) 微晶方解石膜，塔中4井，3688.3m

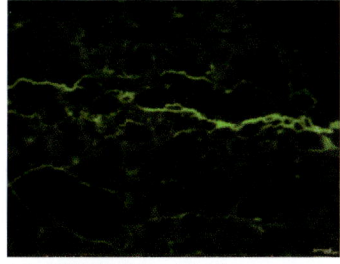

(e) 早期残留沥青，依南4井，J_1y，3675.4m

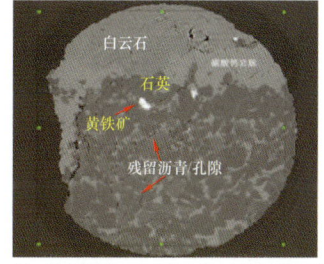

(f) 显微裂缝，大北202井，巴什基奇克组

(g) 汉1井，粒间溶孔，雷三井，3605m，×5

(h) 鸭深1井，叠层泥晶溶孔白云岩 2.5×（-），5783.11m

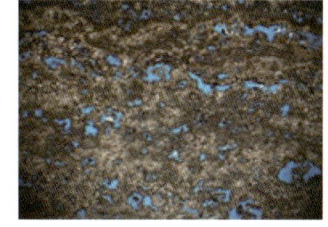

(i) 鸭深1井，纹层泥晶白云岩，溶孔顺纹层发育，2.5×（-），5793.92m

— 187 —